浙江省高职院校“十四五”重点教材

Linux 操作系统实用教程
——统信 UOS

吴泽徐　楼程伟　董彭立　主　编

曾　艳　包佳佳　程　雷　副主编

宋新方　朱献华　姚跃亭　参　编

刘家惠　胡园英　陈丽娟

電子工業出版社

Publishing House of Electronics Industry

北京 • BEIJING

内 容 简 介

操作系统国产化是软件国产化的根本保障，是软件行业必须要攻克的阵地。本书以“理论+实操”相结合的方式，主要讲解国产操作系统统信UOS的基础知识及应用技术。本书全面、系统、由浅入深地介绍了该操作系统的概念、使用、原理、开发和管理等方面的内容。通过大量应用实例，循序渐进地引导读者学习操作系统。全书共有8章，内容包括：国产操作系统统信UOS的起源、发展和应用；图形化界面操作、操作系统常用的命令、用户和用户组的管理、文件系统及磁盘管理、进程与日志管理、应用软件的安装及使用、操作系统网络与安全管理方面的知识。教材安排布局和内容组织紧密围绕8个知识单元，有系统、有层次、有广度、有深度地展开全书内容。

本书可作为高等学校计算机相关专业操作系统课程的教材，也可作为广大Linux用户、管理员及Linux系统自学者的学习用书。

图书在版编目（CIP）数据

Linux 操作系统实用教程：统信 UOS / 吴泽徐，楼程伟，董彭立主编. —北京：电子工业出版社，2023.7

ISBN 978-7-121-45232-1

Ⅰ. ①L… Ⅱ. ①吴… ②楼… ③董… Ⅲ. ①Linux 操作系统-高等学校-教材 Ⅳ. ①TP316.89

中国国家版本馆 CIP 数据核字（2023）第 046038 号

责任编辑：贺志洪
印　　刷：北京捷迅佳彩印刷有限公司
装　　订：北京捷迅佳彩印刷有限公司
出版发行：电子工业出版社
　　　　　北京市海淀区万寿路 173 信箱　　邮编 100036
开　　本：787×1092　1/16　印张：14　　字数：358.4 千字
版　　次：2023 年 7 月第 1 版
印　　次：2024 年 12 月第 3 次印刷
定　　价：44.00 元

凡所购买电子工业出版社图书有缺损问题，请向购买书店调换。若书店售缺，请与本社发行部联系，联系及邮购电话：（010）88254888，88258888。

质量投诉请发邮件至 zlts@phei.com.cn，盗版侵权举报请发邮件至 dbqq@phei.com.cn。

本书咨询联系方式：（010）88254609，hzh@phei.com.cn。

序言——今日长缨在手，何时缚住苍龙

2020 年，美国通过颁布针对中国科技公司的“限芯令”，把众多中国科技公司列入“实体清单”等手段，试图卡住中国信息产业发展的咽喉。为避免掐脖子，中国工程院院士倪光南指出战略方向：只有加快推进自主创新，构建安全可控的国产信息技术体系，才能避免核心技术受制于人，为国家网络安全和利益提供坚实保障。科技自立自强是国家发展的战略支撑，从内因看，这是我国实现现代化、数字化发展的需要，核心技术是国之重器，化缘要不来，花钱买不来，市场换不来，必须立足自主创新、自立自强；从外因看，处理器、操作系统等一些关键核心技术受制于人是我国现代化发展最大的隐患。不掌握关键核心技术，就好比在别人的墙基上砌房子，基础不牢，地动山摇。只有大力提升自主创新能力，才能从根本上保障国家经济、社会、国防安全。

CPU 和操作系统则是核心技术的典型代表，是信息产业的根基，操作系统作为信息系统的底层支撑，有着牵一发而动全身的作用，在产业发展上也有着重要的引领作用。因此，我国自研的操作系统不论是在产业发展还是国家安全层面都具有非常重要的战略意义。事实上，不仅是中国，从全球范围来看，谋求“操作系统自主权”已经成为各国不约而同的选择。韩国准备在 2026 年前，将其政府的操作系统转向开源国产系统。而德国、瑞士、巴西、荷兰等国家都有类似的计划，不光是为了降低成本更重要的是预防风险。

随着市场和外部环境变化，对我国自主研发的操作系统的需求大幅上升，开发国产操作系统也迎来重大转机。2020 年，一款名为统信 UOS 的国产操作系统渐渐在国内市场崭露头角。目前，国产操作系统大多基于 Linux 开源内核开发，由于此前这些操作系统虽能满足日常上网办公的需求，但对常用或专业软件支持度不足，大多限于党政机关使用，进一步开拓市场依然面临瓶颈。而且，随着国产操作系统使用场景的不断丰富，尤其是在政府、金融等关键领域的推广应用，用户数量的不断增加和业务迁移改造的需要，对使用、维护、开发国产操作系统的专业技术人员的需求也越来越旺盛，整个行业人才缺口达到数百万之多。因此，在高等院校和职业院校的专业教学中引入统信 UOS 操作系统是具有重大意义的。

未来十年，统信软件将立足中国、面向国际，发展和建设以中国软硬件产品为核心，同时面向全球的创新生态。力争实现统信 UOS 产品与解决方案在应用领域的全覆盖，使其成为全球主流操作系统产品，进一步推动中国信息产业创新发展，这离不开每一位开发者和使用者的添砖加瓦、众人拾柴。东方欲晓，莫道君行早，踏遍青山人未老，风景这边独好。

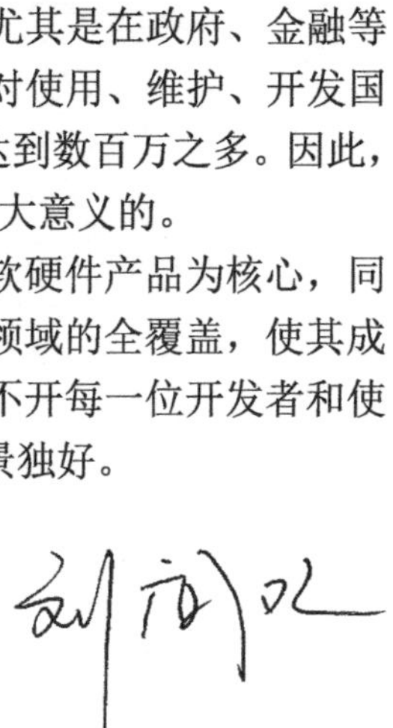

序言——今日长缨在手，何时缚住苍龙

2020年，美国对[illegible]华为[illegible]……[illegible]中国[illegible]……[illegible]……核心技术要[illegible]人，为国家网络安全和[illegible]提供[illegible]保障。Linux[illegible]……[illegible]现代化、数字化发展的前提，核心技术是国之重器，[illegible]要不来、[illegible]要不来、市场换不来，必须立足自主创新，自立自强，[illegible]……核心技术[illegible]……才能从[illegible]……国家安全、社会、[illegible]。

CPU 和操作系统则是核心技术的集中体现，是信息产业的根基，操作系统作为信息系统的底层支撑，[illegible]……起着重要的基础作用。因此，我国自研的操作系统[illegible]……具有非常重要的战略意义。事实上，[illegible]……在 20[illegible] 年前，将其所有的操作系统转向[illegible]国产系统。[illegible]……[illegible]技术实现[illegible]是必要的[illegible]。

随着[illegible]……对我国自主研发的操作系统[illegible]……2020年[illegible]，一款名为统信 UOS 的国产操作系统[illegible]……目前，国产操作系统大多基于 Linux 开源内核[illegible]……[illegible]用户数量的不断[illegible]……对使用[illegible]……统信 UOS 操作系统[illegible]。

未来十年，[illegible]……发展和建设[illegible]国产操作系统[illegible]……UOS 产品[illegible]……[illegible]。

前　言

近年来，开源操作系统生态不断成熟，国产操作系统依托开源生态和政策东风正快速崛起，涌现出了一大批以 Linux 为基础的国产操作系统，在政企办公中反响巨大，发展前景值得期待。

本书以“理论+实践”的方式，讲解了国产操作系统的基础知识及应用技术。本书对相关知识点的叙述通俗易懂，对较难理解的某些流程及实践操作配有大量详细的图解，让学生一目了然。本书每个章节相关知识点后都紧跟与之相关的实操，这些实操主题明确，容易实施，可调动学生的课堂积极性及主动创造性。此外，在每章的最后还设置了实训环节，可锻炼学生独立完成工作的能力。

【为什么要学习本书】

操作系统国产化是软件国产化的根本保障，是软件行业必须要攻克的阵地。操作系统在 IT 国产化中起着承上启下的重要作用，承接上层软件生态和底层硬件资源。操作系统产品面临贸易封锁，自主化势在必行。国产操作系统正在从“可用”走向“好用”。

统信操作系统（统信 UOS）是由统信软件技术有限公司（简称“统信软件”）开发的基于 Linux 内核的操作系统。本书介绍的统信桌面操作系统家庭版是一款定位于家庭、办公场景的桌面操作系统。该系统包含原创专属的桌面环境、多款自主研发的应用，以及众多来自开源社区的原生应用软件。通过系统预装的应用商店和互联网中的软件仓库，用户能够获得近千款应用软件的支持，足够满足日常办公和娱乐需求。

【如何使用本书】

本书共分 8 模块，每模块配有实训案例，具体内容如下：

模块 1 介绍了国产操作系统的起源、发展和应用，如何下载和安装操作系统，以及如何关闭和使用操作系统。

模块 2 介绍了国产操作系统的图形化界面、应用商店以及系统自带的工具的使用方法及步骤。

模块 3 介绍了国产操作系统常用的命令，包括终端基础知识、雷神模式、操作系统常用命令、文件和目录的相关命令以及文本编辑器的使用。

模块 4 介绍了用户和用户组的管理，包括用户及用户组概述、图形化界面和命令方式管理用户及用户组、用户和用户组的配置文件。

模块 5 介绍了文件系统及磁盘管理，主要包括文件系统的结构、文件系统的管理、磁盘存储、磁盘分区方式及外部存储设备的挂载和使用。

模块 6 介绍了进程与日志管理，主要包括进程和进程管理的概念、使用图形化和命令两种方式管理进程、系统日志的分类、查看系统日志的方法。

模块 7 介绍了国产操作系统应用软件，主要从办公、语音图文处理、影音娱乐、社交四个方面入手介绍常用软件的安装及使用。

模块 8 介绍了系统网络与安全管理方面的知识，主要包括 TCP/IP 协议及网络参数概述、网络参数设置与调试、远程桌面管理、安全设置等。

【致谢】

本书由浙江金华科贸职业技术学院计算机网络技术专业带头人吴泽徐、金华教育学院图文信息中心主任楼程伟、统信浙江省区域经理董彭立三人任主编，曾艳、包佳佳、程雷任副主编。吴泽徐统筹教材建设，楼程伟负责全书审阅，董彭立提供技术支持，包佳佳对全书课程思政融入进行了指导与审核。模块编写分工如下：吴泽徐编写模块 1、2；曾艳编写模块 3、4；宋新方编写模块 5；程雷编写模块 6、7；朱献华、董彭立共同编写模块 8。参加编写工作的还有姚跃亭、刘家惠、胡国英、陈丽娟。此外，浙江金华科贸职业技术学院学生兰海、倪立阳、胡彤为本书的思政案例配音。

本书是校企合作共同编写的成果，在编写过程中得到了统信软件技术有限公司的大力支持。在过去的半年里，我们一起努力，共同完成了这本教材的编写，在此特别向我们团队中的每一位成员致以衷心的感谢和崇高的敬意。

【意见反馈】

尽管我们尽了最大的努力，但教材中仍难免会有不妥之处，欢迎各界专家和读者朋友们来信给予宝贵意见，我们将不胜感激。您在阅读本书时，若发现任何问题或有不认同之处，可以通过电子邮件与我们取得联系。电子邮件地址：mrcool121@qq.com。

编　者

2023 年 3 月

目　录

模块 1　国产操作系统基础

导读

本模块首先介绍了国产操作系统的起源、发展、特点和应用、现阶段的发行版本，然后介绍了下载操作系统的镜像文件、制作系统 U 盘、安装操作系统、使用虚拟机安装操作系统，最后介绍了打开、关闭和使用该系统，以及开发环境与工具等内容。

学习要点

1. 统信 UOS 的起源与发展
2. 统信 UOS 的特点与优势
3. 统信 UOS 家庭版 21.1 简介
4. 安装国产操作系统统信 UOS
5. 初级使用统信 UOS 操作系统
6. 统信 UOS 操作系统的开发环境与工具

学习目标

【知识目标】

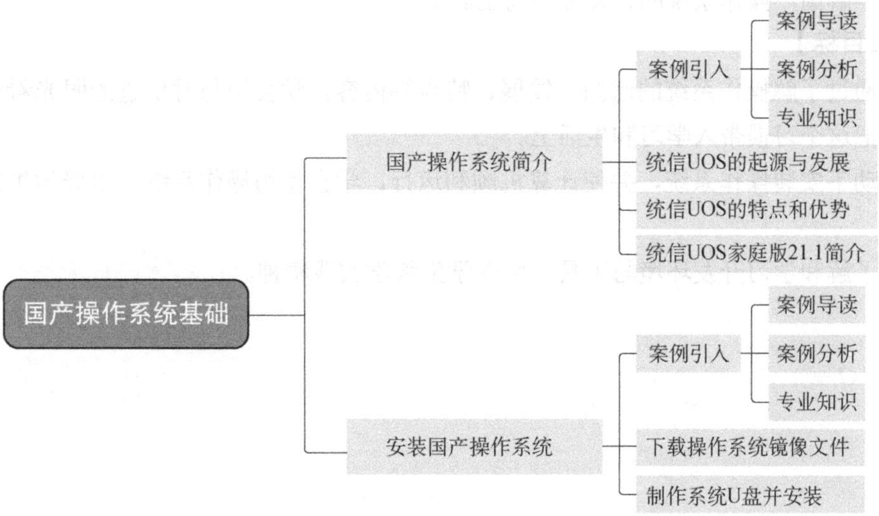

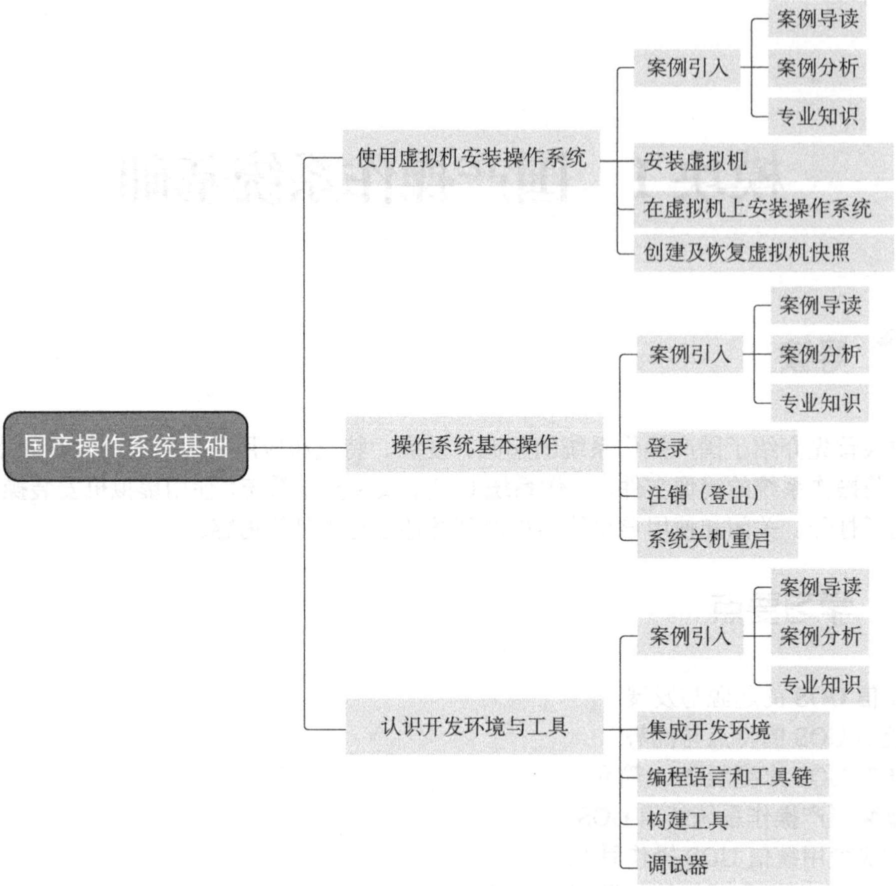

【技能目标】

（1）认识国产操作系统——统信 UOS。

（2）掌握安装操作系统的方法。

（3）掌握使用虚拟机安装操作系统的方法。

（4）了解国产操作系统的开发环境与工具。

【素质目标】

（1）通过了解操作系统的起源、发展、特点等内容，学会用与时俱进的眼光看待事物的发展，并把这个习惯带入学习和生活上。

（2）动手安装操作系统，并使计算机顺利运行，学会使用操作系统，培养学生自我学习的习惯。

（3）了解和学习开发环境与工具，培养学生科学实践精神。

单元 1.1　国产操作系统简介

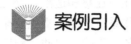

案例引入

1.1 案例导读

【案例导读】

操作系统的现状

操作系统（Operating System，OS），是配置在计算机硬件上的第一层软件，是对硬件系统的第一次扩充，占据整个计算机系统核心地位。从 1945 年第一台计算机诞生至今，随着半导体技术的快速迭代，操作系统也经历了从企业商用、个人计算机（PC），再到移动端的三个阶段，目前市场上的主流操作系统包括 Windows、OSX、ChromeOS、Linux、UNIX、Android 等。其中 Windows 和 OSX 长期占据市场统治地位。由于知识产权壁垒森严和垂直分工的体系，信息技术产业没有发展出相互竞争的体系。目前，美国主导的体系是信息技术产业规则的绝对制定者。2019 年以来，一系列的贸易摩擦和随之而来的技术封锁，让国内市场意识到中国在高科技领域“缺芯少魂”的现状。发展自主核心技术，避免被“卡脖子”成为行业共识。操作系统作为软硬件纽带，在信息和技术安全领域扮演着核心角色。发展本土化操作系统，是国家防范网络攻击与威胁需要直接面对的问题。

1.1 案例分析

【案例分析】

截至 2019 年，全球计算机桌面操作系统市场，微软的 Windows 全球市场占有率高达 77.68%，国内市场占据 87.23%的市场份额，遥遥领先于其他操作系统。微软+英特尔形成的“Wintel”体系在国内操作系统市场长期处于垄断地位，因为行业垄断带来的问题日益突出，国内许多行业甚至一些涉及国家安全机密的党、政、军、企等领域大量用户仍在使用 Windows 软件服务组合来满足各种办公和业务需求。要知道，这些软件服务的技术核心始终是掌握在海外跨国企业的手中的，这背后高风险不言而喻。网络信息安全是大国科技竞争的核心要素，早已被视为核心战略。如果基础软件领域无法做到真正的独立自主研发，网络信息安全就只能是无根之木。伊朗震网事件、斯诺登事件早已给全球信息安全敲响警钟。以优质的国产化操作系统提供安全可控的全行业信息化解决方案，是基础软件行业必须要解决的问题，中国人必须要有自己的操作系统。

【专业知识】

纵观当今操作系统市场格局，微软虽然仍然处于垄断地位，但在过去的 10 年里，Windows 占据的市场份额已出现下滑趋势；而苹果 OSX 系统、谷歌 ChromeOS 及 Linux 发行版本的市场份额都在稳步提升，新兴操作系统越来越多地为市场所认可。此外，在安全可控成为我国高新技术产业的发展原则的市场背景下，市场对于优质国产化操作系统产品的需求日益高涨。Linux 以其开源、稳定性高、安全性好等优势受到用户喜爱，基于这些特点，利用 Linux 开发新的操作系统成了国产化发展的首选方向。近年来，开源操作系统生态不断成熟，国产操作系统依托开源生态和政策东风正快速崛起，涌现出了一大批以 Linux 为基础的国产操作系统，在政企办公中反响巨大，发展前景值得期待。

1.1.1 统信 UOS 的起源与发展

统信软件技术有限公司（简称“统信软件”）成立于 2019 年，由国内多家长期从事操作系统研发的核心企业整合后组成。公司专注于国产操作系统等基础软件的研发与服务，作为国内顶尖的 Linux 研发团队，拥有操作系统研发、行业定制、国际化、迁移和适配、交互设计、咨询服务等多方面专业人才，研发了基于 Linux 内核的多种操作系统产品，提供安全可靠、美观易用的操作系统与开源解决方案。目前统信软件已经和龙芯、飞腾、申威、鲲鹏、兆芯、海光等厂商开展了广泛和深入的合作，与国内各主流整机厂商，以及数百家软件厂商展开了全方位的兼容性适配工作，共同发展和建设新的软硬件技术生态。统信软件武汉研发中心如图 1-1 所示。

图 1-1 统信软件武汉研发中心

统信操作系统（UniontechOS）是由统信软件开发的基于 Linux 内核的操作系统。本书介绍的统信桌面操作系统家庭版是一款定位于家庭、办公场景的桌面操作系统。系统包含原创专属的桌面环境、多款自研应用，以及众多来自开源社区的原生应用软件。通过系统预装的应用商店和互联网中的软件仓库，用户能够获得近千款应用软件的支持，足够满足日常办公和娱乐需求，如图 1-2 所示。

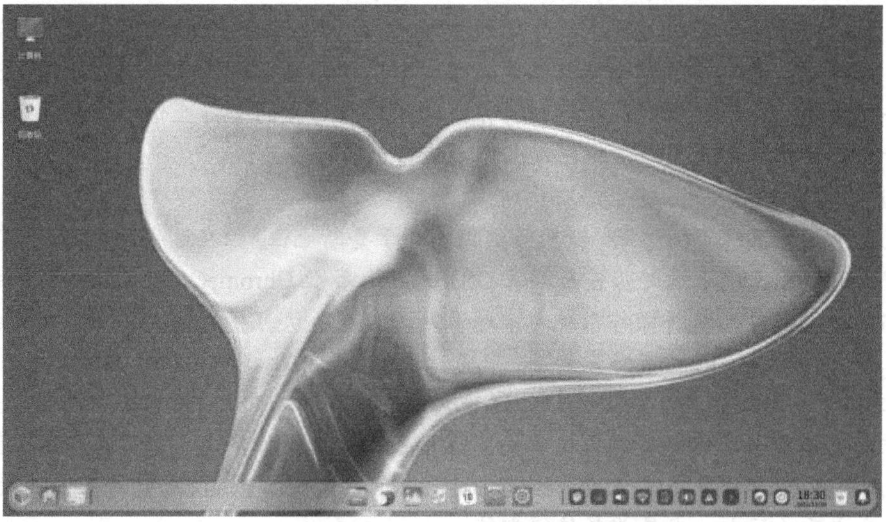

图 1-2 统信桌面操作系统家庭版桌面界面

1.1.2 统信 UOS 的特点和优势

统信桌面操作系统家庭版依托功能强大的自研桌面环境（DDE），为用户提供了界面精美、交互灵动、操作简洁而统一的操作体验。系统集成了几十款自研的桌面应用，涵盖图形图像、影音播放、编程开发、即时通信、应用商店、邮件服务、数据同步、系统维护、文件管理等功能；支持用户日常办公学习、影音娱乐、编程开发、网络安全等各种场景下的业务需求。此外，统信提供了成熟的软件生态平台和应用管理审核机制，为生态软件开发者提供友好便利的平台保障和发展助力。统信桌面操作系统家庭版支持内网环境部署，自带硬盘加密、开发者模式开关、安全启动、应用软件签名、安全中心、文件保险箱等多重安全机制，从硬件到软件全方位保障用户系统使用和数据安全。

1. 高易用性

一键安装统信 UOS 系统，简化安装方式。采用一键启动系统安装 U 盘，默认自动优化安装，无须用户干预，无须复杂设置。一键完成系统安装全流程，便捷高效，让用户安装无忧；极简的系统操作，友好的交互体验使用户更省心。

2. 可靠性与安全性

统信桌面操作系统家庭版提供定期更新服务。用户可在互联环境下通过控制中心便捷获取更新包和更新特性介绍，一键升级系统至最新版本，完成功能升级和漏洞修复。统信桌面操作系统家庭版还提供局域网更新仓库解决方案，局域网用户可轻松实现系统升级和补丁安装。统信桌面操作系统家庭版在系统安全方面经过了专业设计和严格论证，且与国内各大安全厂商展开了深入合作，定期进行安全漏洞扫描和修复，确保系统安全可靠，打造稳固的系统安全防线。统信内部系统安全机制提供快速的安全漏洞监控和响应机制，确保所有被发现的高危系统漏洞能够在第一时间内得到修复。

3. 良好的兼容性

统信桌面操作系统家庭版具备良好的软件、硬件及外设兼容性。当前统信桌面操作系统已适配超过万款软硬件产品，涵盖应用软件、基础软件、外设、整机、整机配件等操作系统生态。

4. 全平台统一性

统信桌面操作系统家庭版实现了六个维度的统一，确保多平台用户获得一致的完美体验，包括：

- 统一的源代码版本。同源异构，使用统一的源代码构建不同 CPU 平台的产品。
- 统一的应用商店和仓库。使用统一的软件签名认证，统一的应用包仓库，统一的后台上架机制，遵循统一的打包规范。
- 统一的开发工具链。使用统一的编译工具链进行开发。使用统一的开发环境，一次开发即可在多种架构平台完成构建。
- 统一的交互规则。使用 DTK+QT 组件进行开发，从桌面环境到应用的界面风格和交互逻辑均保持了统一，降低了用户学习成本。
- 统一的测试标准和规范。提供统一的符合规范的测试标准，为适配厂商提供高效适配支撑和相互认证等。

- 统一的文档。采用一致的开发文档、维护文档、使用文档，降低运维门槛。

5. 广泛的社区影响力

统信软件自研的开源操作系统享誉全球，在全球 Linux 发行版百强排行榜上常年保持在前 10 名，是国内知名度最高的 Linux 发行版之一。截至 2022 年 4 月，社区注册会员数超过 13 万人，在全球主流开源操作系统社区中排名第三位。开源社区和开发者基因是统信软件的核心优势，统信桌面操作系统家庭版站在巨人的肩膀上，吸收了深度操作系统的全部优点，并在兼容性、使用体验和应用软件生态方面做了深度优化。同时，应用商店一站式融合多平台应用，新增大量应用软件。

6. 对硬件配置要求低

统信桌面操作系统家庭版支持主流国产芯片平台的笔记本电脑、台式机、一体机和工作站，对硬件要求不高，配置要求如表 1-1 所示，具备良好的可移植性。

表 1-1　配置要求

项目	CPU	内存大小	硬盘大小
最低配置	双核双线程 1.6GHz	4GB	64GB
推荐配置	双核四线程 >2.0GHz	8GB	>128GB

1.1.3 统信 UOS 家庭版 21.1 简介

统信桌面操作系统家庭版整体架构如图 1-3 所示。

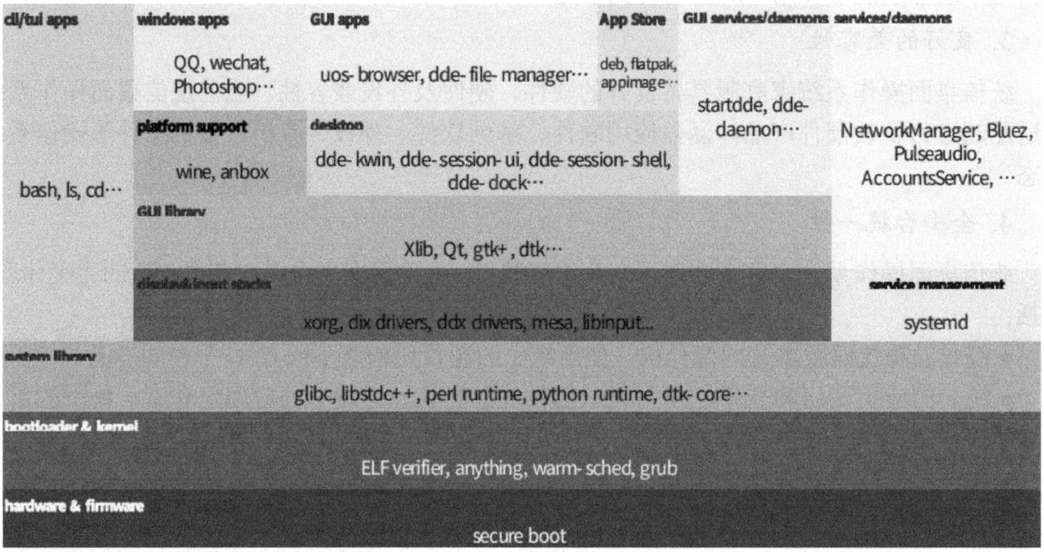

图 1-3　整体架构

统信桌面操作系统家庭版主要的结构可以抽象为桌面应用程度等几个层级，如表 1-2 所示。

表 1-2　系统层级结构

系统层级	功能描述
硬件和固件层	该层是基础设备，包含一个基本输入/输出的系统用于直接控制物理设备
加载器和系统内核层	该层是基本输入/输出系统在初始化完硬件信息以后负责引导系统的程序
系统开发库	该层是系统的底层库，为上层应用程序提供了接口统一的 API，用于访问被内核屏蔽差异的硬件
显示和输入层	图形程序的基础，负责显示（输出），事件分发（输入）
图形用户界面	该层是上层应用程序所在的区域，操作系统为当前层屏蔽了不同硬件的差异，并提供了进程调度、I/O 调度等功能，使每个程序都可以公平地运行
系统桌面环境	提供系统最核心（图形程序方面）的功能，负责账户登录、注销、系统设置、桌面、任务栏、启动器等系统中常用的必要功能
桌面应用程序	各种各样的应用程序，如浏览器、文件管理器、视频播放器等

统信桌面操作系统家庭版通过对整机、终端办公应用、服务端应用和硬件外设的适配支持，对桌面应用的开发、移植和优化，以及对应用场景解决方案的构建，完全满足项目支撑、平台应用、软件开发和系统定制的需求，体现了当今操作系统发展的最新水平；同时，也为能源、金融、军队军工等关键行业提供了符合当前业务需求和满足未来发展的平台支撑。

目前，在硬件方面，统信桌面操作系统家庭版能够兼容联想、华为、清华同方、长城、曙光、航天科工、浪潮等整机厂商发布的主流型号终端设备；在软件方面，能够兼容流式、版式、电子签章等厂商发布的常用办公应用软件；在外设方面，能够兼容主流的打印机、扫描仪、高拍仪、读卡器等硬件设备。

单元 1.2　安装国产操作系统

案例引入

1.2 案例导读

【案例导读】

统信 UOS 全程护航！统信软件圆满完成全国两会保障工作

2022 年 3 月 11 日，全国两会正式落下帷幕，这也代表着统信软件圆满完成了 2022 年全国两会的保障任务。

会议期间，统信桌面操作系统、统信服务器操作系统（下文简称统信操作系统或统信 UOS）所支撑的党政机关信息平台、关键业务系统均安全稳定运行，这也是统信操作系统首次服务于全国两会。

会议期间，全国人大代表工作信息化平台安全稳定运行，统信操作系统优异的使用体验和简洁高效的交互操作为代表履职提供了便捷稳定、安全易用的信息化服务。

在人大信息中心的统一指挥协调下，统信软件技术团队严阵以待，现场保障、线上支持等工作有条不紊，以“听从指挥、及时响应、团结协作”为准则，以精湛的技术和高效专业的服务圆满完成了基于统信操作系统的关键业务系统的运维保障工作，实现系统稳定运行“零”故障，为大会的顺利召开和圆满闭幕贡献了统信力量。

【案例分析】

1.2 案例分析

统信操作系统产品及解决方案在本次全国两会中安全稳定运行，再次在实践中验证了基于统信操作系统打造的“中国方案”可以承担更多、更大的挑战。操作系统是软件之魂、大国重器。只有加快推进自主创新，构建安全可控的国产信息技术体系，才能避免核心技术受制于人，为网络安全和国家利益提供坚实保障。国产自主创新软件逐步替代目前处于垄断地位的国外产品，也将成为中国信创产业的新常态。所以我们应该紧跟信息化建设的浪潮，着手当下，放眼未来。安装并使用国产操作系统，担负起社会责任，为国家和社会进步做一份贡献。

【专业知识】

如何安装统信桌面操作系统家庭版是使用该系统的第一步，也是最重要的开始。

1.2.1 下载操作系统镜像文件

系统镜像文件是一种与 rar 或 zip 压缩文件类似的文件，是将特定的一系列文件按照一定的格式制作成的单一的文件，供用户下载使用。系统镜像文件包含操作系统文件、引导文件、分区表信息等，用于系统的安装和修复。系统镜像文件可以理解成是对整个系统安装光盘所有数据的克隆文件，一般镜像文件后缀名大多为.iso。

【例 1-1】下载镜像文件。

（1）访问统信软件官网。

（2）在菜单栏中选择“资源中心”，单击下拉菜单中的“镜像下载”，如图 1-4 所示。

（3）在镜像下载中找到“桌面家庭版”，选择一种适合自己的通道，在打开的“新建下载任务”对话框中，设置好文件保存的位置后单击“下载”按钮，如图 1-5 所示。

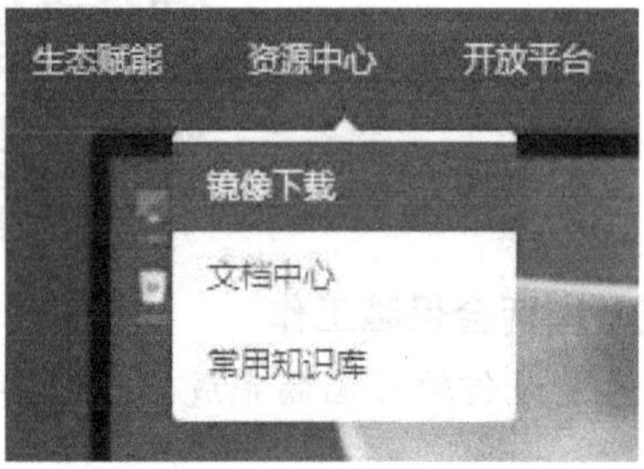

图 1-4 镜像下载

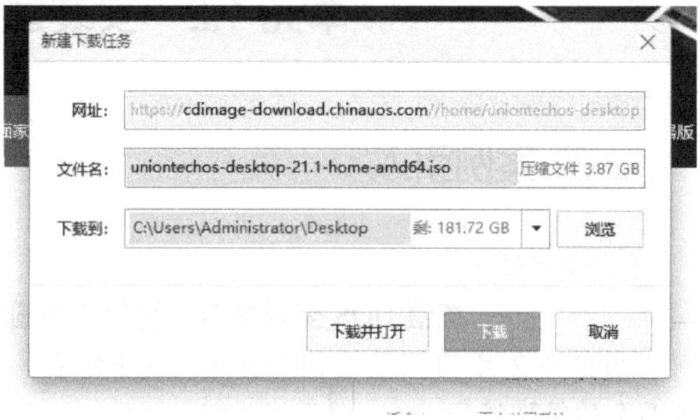

图 1-5 “新建下载任务”对话框

1.2.2 制作系统 U 盘并安装

系统 U 盘制作

系统 U 盘是指有启动引导文件的 U 盘装置。带启动引导文件的 U 盘可以借助机器的内存为载体从而启动系统。系统 U 盘就是用普通 U 盘做成的。

【例 1-2】制作一个系统 U 盘并安装统信 UOS 操作系统。

（1）准备一个容量至少达 8GB 的空白 U 盘或光盘。

（2）统信 UOS 操作系统已经默认集成了启动盘制作工具，可直接使用制作启动盘。

Windows 系统用户可以从官网上下载 DEEPIN_BOOTMAKER.exe 软件版本到计算机中。

（3）单击选择光盘镜像文件，找到前一步下载好的镜像文件，单击“下一步”按钮，在选择磁盘后单击“开始制作”按钮，出现“制作成功”的提示，表明完成系统启动 U 盘的制作，如图 1-6 所示。

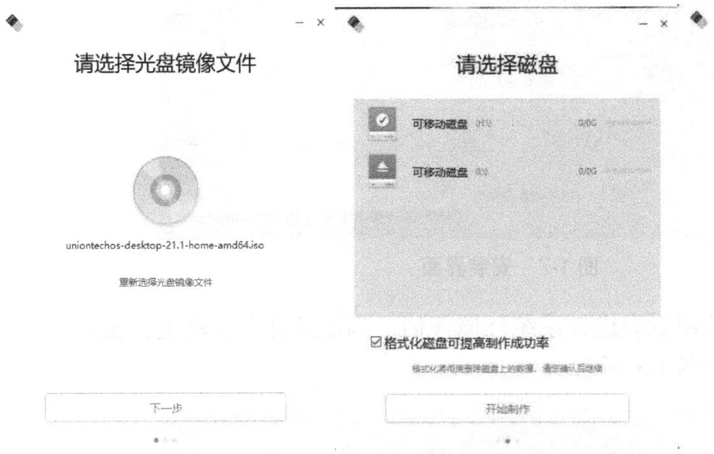

图 1-6　制作引导盘

（4）将计算机关机，并且将计算机上的 U 盘拔掉，确认计算机关机后，将 U 盘插到计算机上，再开机。开机前先确认启动 U 盘的快捷键。计算机设备机型较多，常见品类涉及的启动 U 盘快捷键见表 1-3。

表 1-3　启动 U 盘快捷键

机器类型	快捷键
常见台式机	Delete
常见笔记本电脑	F2
联想笔记本电脑	F10
惠普笔记本电脑	F12
苹果笔记本电脑	C

（5）找到对应的启动按键以后，开机时要不停地按这个按键，直到出现统信 UOS 家庭版启动画面，如图 1-7 所示。

（6）出现两个安装方式，可以选择“立即安装”或“自定义设置”，如果想以双系统的形式体验统信 UOS，推荐选择“立即安装”方式；如果想自己选择安装的位置，对安装路径有要求，就可以选择“自定义设置”。

注：以下 4 种情况不适合“立即安装”，需要通过“自定义设置”方式安装系统：

① 只有一个系统磁盘或磁盘剩余空间不足 64GB。

② 双硬盘。

③ 安装过统信 UOS 类似系统。

④ 已有 4 个主分区。

图 1-7　安装界面

（7）单击“立即安装”按钮后会进行系统环境评估，满足条件会自动进行安装，成功后会显示“立即重启”按钮，如图 1-8 所示。

图 1-8　安装完成界面

（8）重启后即可进入操作系统，开机界面如图 1-9 所示。

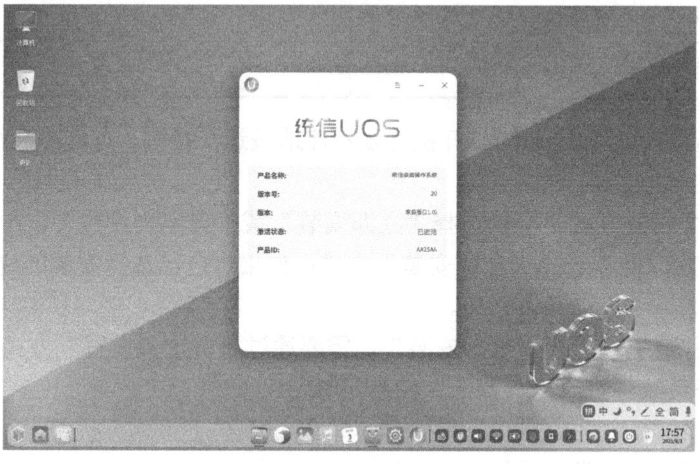

图 1-9　开机界面

单元 1.3　使用虚拟机安装操作系统

案例引入

1.3 案例导读

【案例导读】

14 秒！统信助力国产笔记本开机速度实现新突破

2022 年，搭载统信操作系统的同方超锐 L860-T2 笔记本电脑实现了开机速度 14 秒的飞跃性突破。

长期以来，国产笔记本电脑在轻薄设计、创新品质、续航能力和响应速度等方面一直不尽如人意。统信软件与合作伙伴及时响应用户需求，通过联合攻关切实解决“开机慢、续航短”等痛点问题，极大地提高了国产笔记本电脑的品质与使用体验。

该款产品汇集了统信软件、同方、龙芯中科、中电科技等多方企业的优势技术，通过持续数月围绕开机速度、续航时间、整体性能进行深度定制调优和技术攻关，实现了极速开机、超长续航，成为业内中国芯笔记本电脑的标杆产品之一。

1.3 案例分析

【案例分析】

数字时代，人们生活节奏快，工作、学习讲求的是高效率，人们追求的也是高质量的生活。同时，人们对终端设备也有了更高的品质追求和更严格的评价标准。比如，一台计算机虽然可以安装多个操作系统，但是那将对计算机硬件有极大的要求，并且不同操作系统中的文件也难以同步。虚拟机的出现则完美地解决了这一问题，它使得每个人都可以在同一台计算机上方便地体验、使用、测试不同的操作系统，可谓是一种“神器”！

【专业知识】

虚拟机指通过软件模拟的具有完整硬件系统功能的、运行在一个完全隔离环境中的完整计算机系统。虚拟系统能够生成现有操作系统的全新虚拟镜像，它具有和真实操作系统完全一样的功能，进入虚拟系统后，所有操作都是在这个全新的独立的虚拟系统里面进行的，可以独立安装运行软件，保存数据，拥有自己的独立桌面，不会对真正的系统产生任何影响，而且能够在现有系统与虚拟镜像之间进行灵活切换。

在保证原有系统不受影响的情况下，使用新的操作系统进行实验学习，十分适合初学者使用。

1.3.1　安装虚拟机

安装虚拟机视频

目前广为流行的虚拟机软件有 VMware、VirtualBox 等。本书使用的虚拟机为 VMware，该软件可以从官方网站下载，本书使用的是 15.1.0 版本，到本书成稿前最新版本为 Workstation16Pro，使用各个版本对本书内的实验实训内容影响不大。

【例 1-3】安装 VMware-workstation-full-15.1.0 版本虚拟机软件。

（1）双击下载 VMware-workstation-full-15.1.0 虚拟机软件，下载完成后单击安装软件启动程序，等待软件自动进行初始化设置后，弹出“欢迎使用 VMware Workstation Pro 安装向导”安装向导界面，如图 1-10 所示。

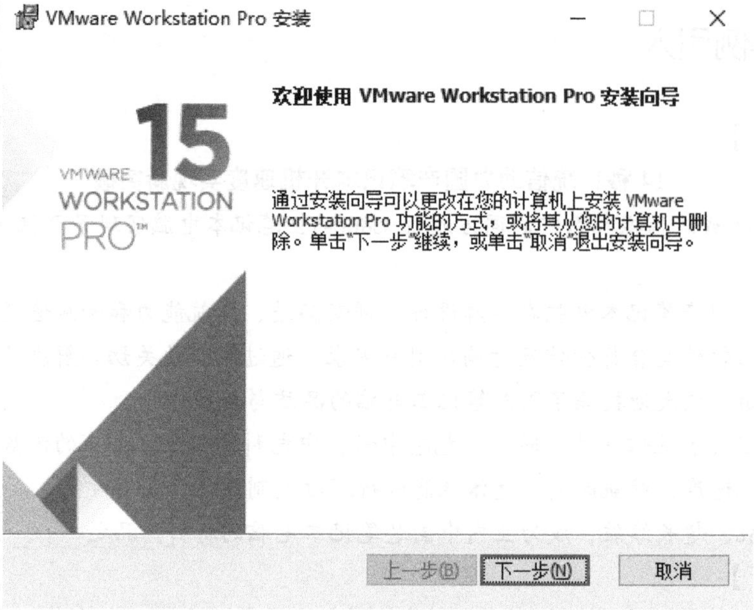

图 1-10　安装向导界面

（2）单击“下一步”按钮，勾选“我接受可协议中的条款”，再次单击“下一步”按钮继续操作，如图 1-11 所示。

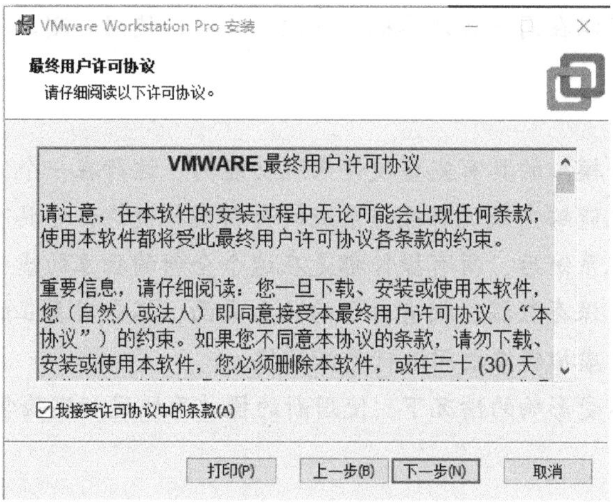

图 1-11　最终用户许可协议界面

（3）可以自行选择安装位置，也可以默认原有的安装位置，如图 1-12 所示，然后单击“下一步”按钮继续操作。

（4）设置用户体验，可以全部勾选或者根据自己的需要进行勾选，然后单击“下一步”按钮进行操作，如图 1-13 所示。

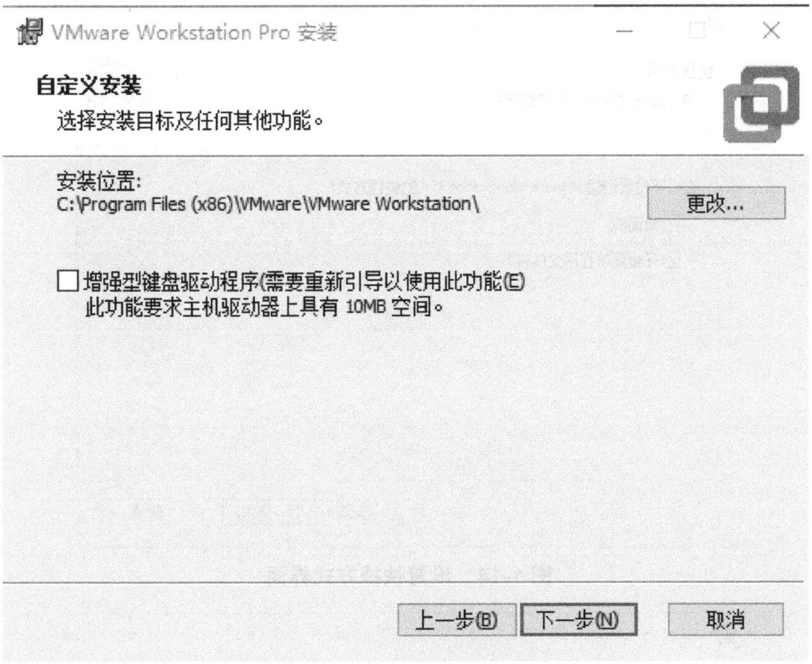

图 1-12　选择安装位置界面

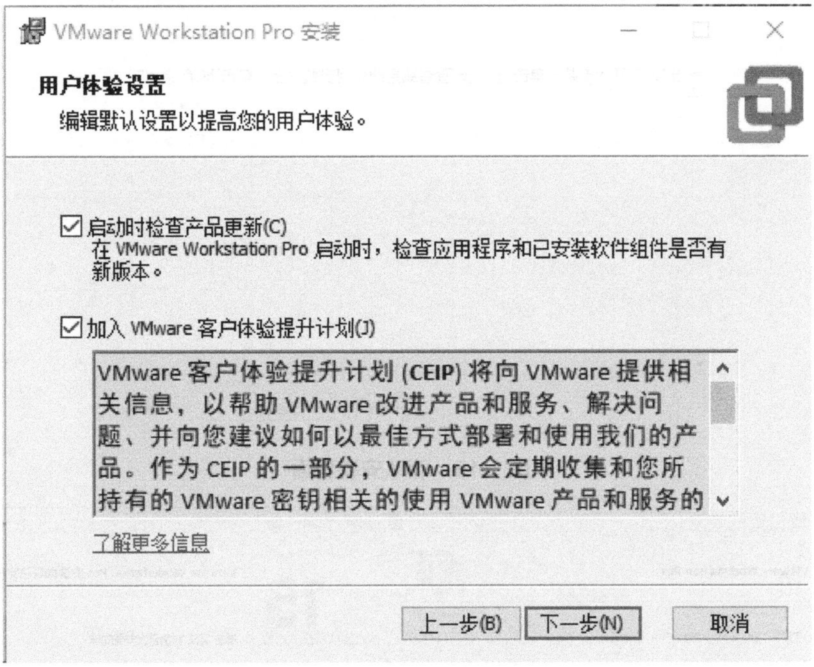

图 1-13　用户体验设置界面

（5）设置是否需要创建快捷方式，建议全选以方便后续使用。设置完毕后，继续单击“下一步”按钮进行后续操作，如图 1-14 所示。

（6）所有的安装设置完毕，单击“安装”按钮后即可马上安装虚拟机程序软件，如图 1-15 所示，如果有需调整的内容则单击“上一步”按钮找到需要更改的位置进行重新设置即可。

（7）进入安装界面，等待安装完毕后单击“完成”按钮，如图 1-16 所示。

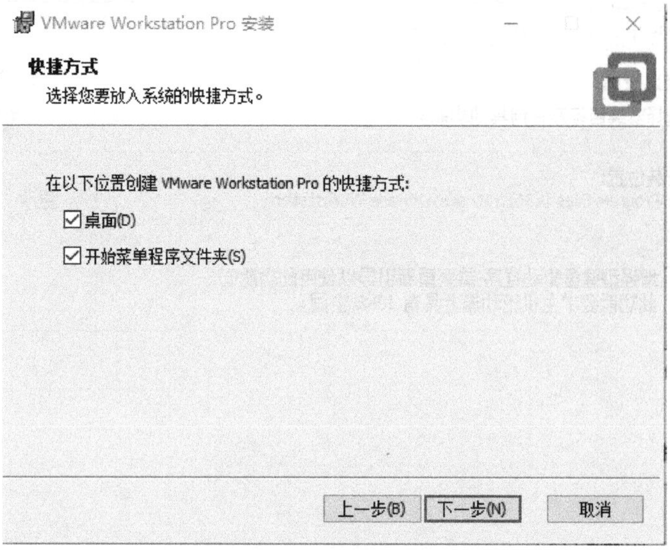

图 1-14　设置快捷方式界面

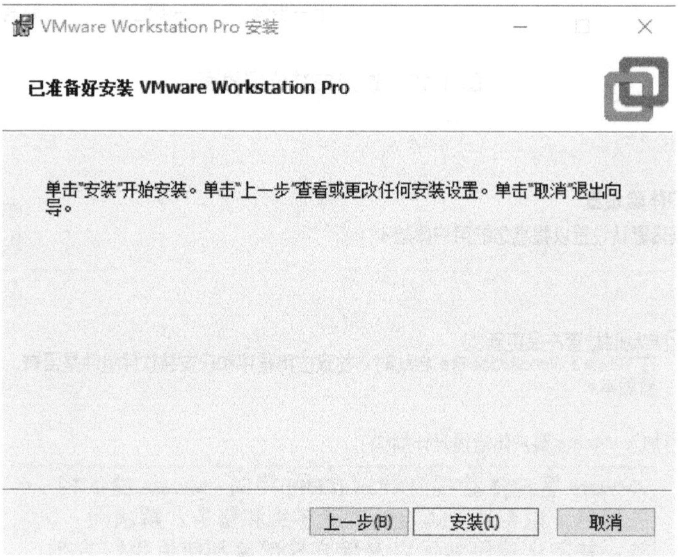

图 1-15　确认安装界面

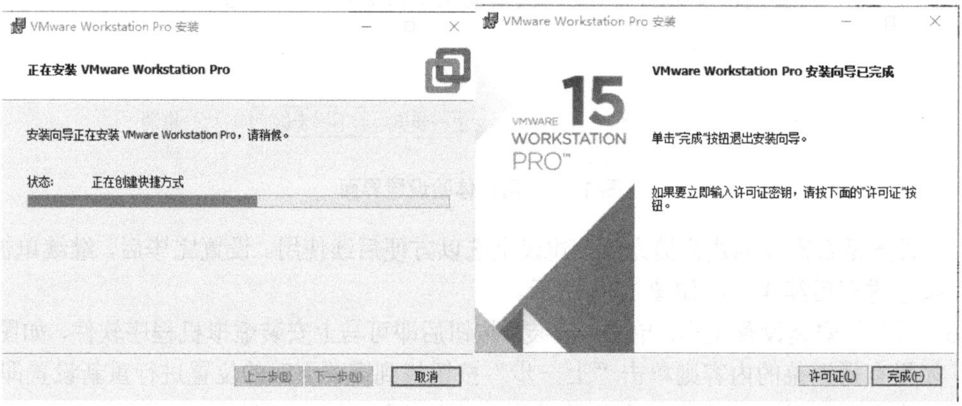

图 1-16　安装界面

（8）虚拟机安装完毕后可以单击“是”按钮立即重新启动系统，当然也可以单击“否”按钮稍后再重新启动，如图 1-17 所示。

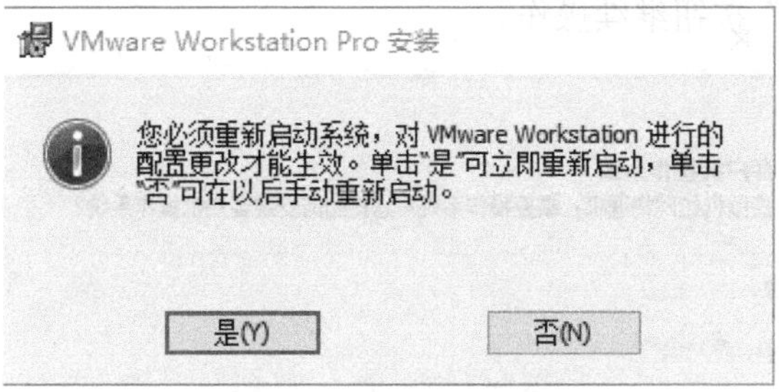

图 1-17　重启选项界面

1.3.2　在虚拟机上安装操作系统

在虚拟机上安装操作系统和在真机上安装操作系统几乎一样。

【例 1-4】在 VMware 虚拟机上安装统信桌面操作系统家庭版。

（1）打开虚拟机软件，可以看到如图 1-18 所示的启动界面，单击“创建新的虚拟机”按钮来创建一个新的虚拟计算机用来安装操作系统。

图 1-18　虚拟机启动界面

（2）在弹出的对话框中选择“典型（推荐）”，然后单击“下一步”按钮继续操作，如图 1-19 所示。

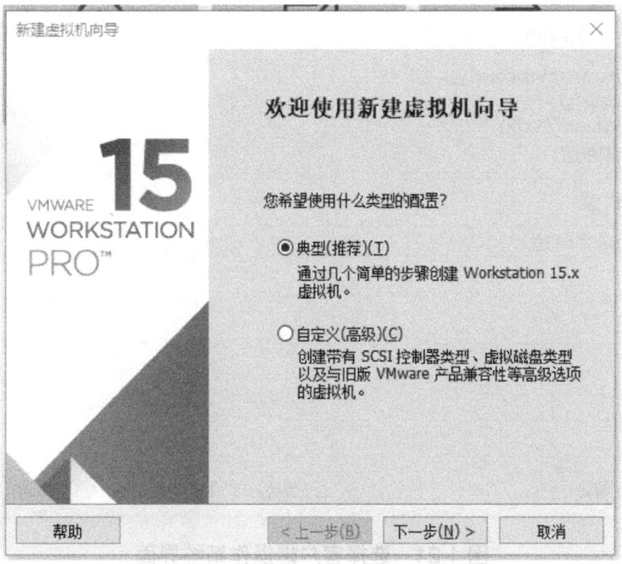

图 1-19　虚拟机向导界面

（3）选择操作系统的安装来源，可以选择“安装程序光盘”或者“安装程序光盘映像文件”，这里的操作是选择之前下载好的统信 UOS 家庭版操作系统的镜像文件，如图 1-20 所示。然后单击“下一步”按钮继续操作。

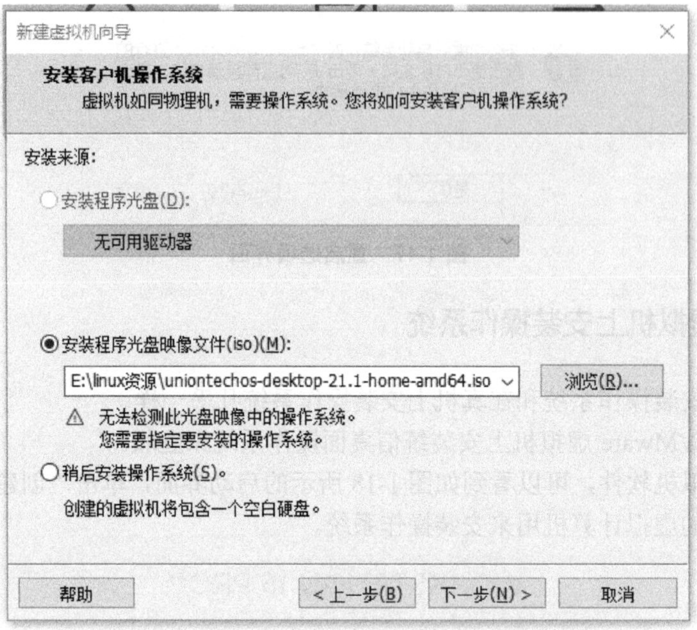

图 1-20 选择镜像文件界面

（4）在选择客户机操作系统向导处选择“Linux（L）”，如图 1-21 所示，再次单击“下一步”按钮继续完成操作。

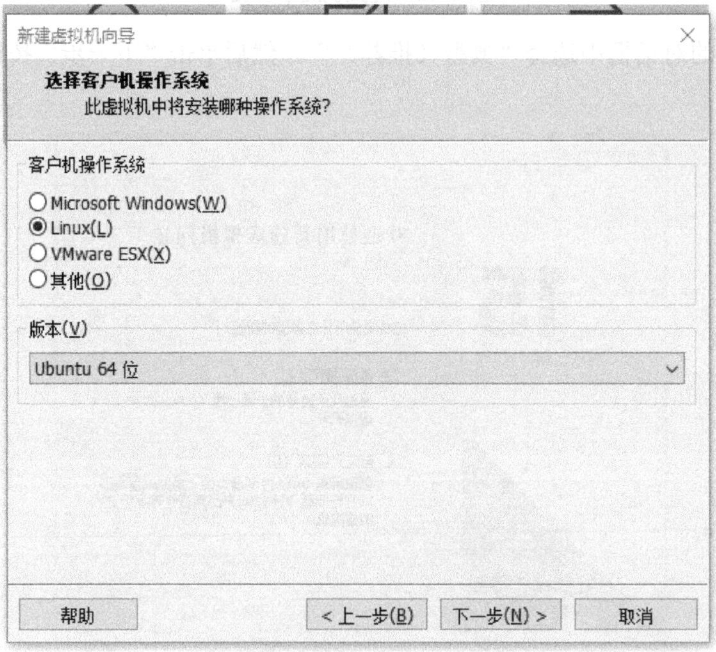

图 1-21 选择客户端操作系统界面

（5）在打开的界面内可以命名虚拟机，也可以更改保存的位置，如图 1-22 所示，设置完毕后单击“下一步”按钮继续操作。

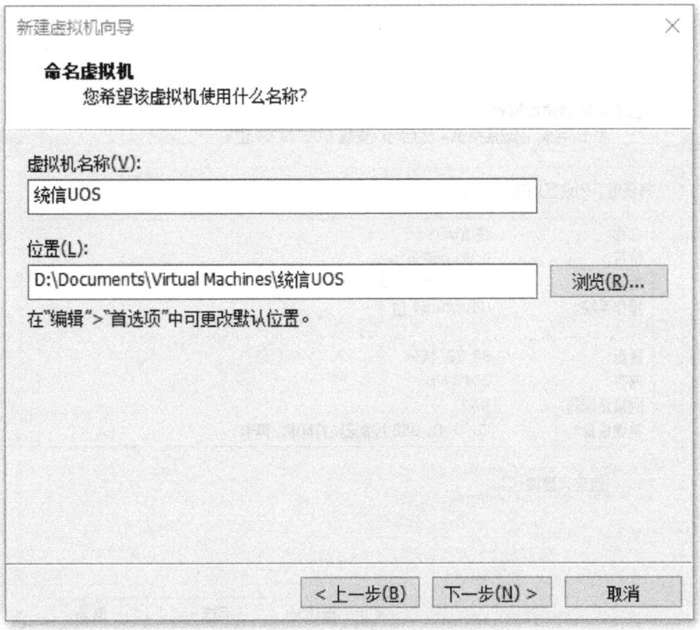

图 1-22　命名虚拟机界面

（6）在打开的界面中可以设置磁盘容量大小，统信 UOS 家庭版的推荐安装大小是 60GB，我们可以多预留一点空间，如 80GB，如图 1-23 所示。设置完毕后单击“下一步”按钮继续操作。

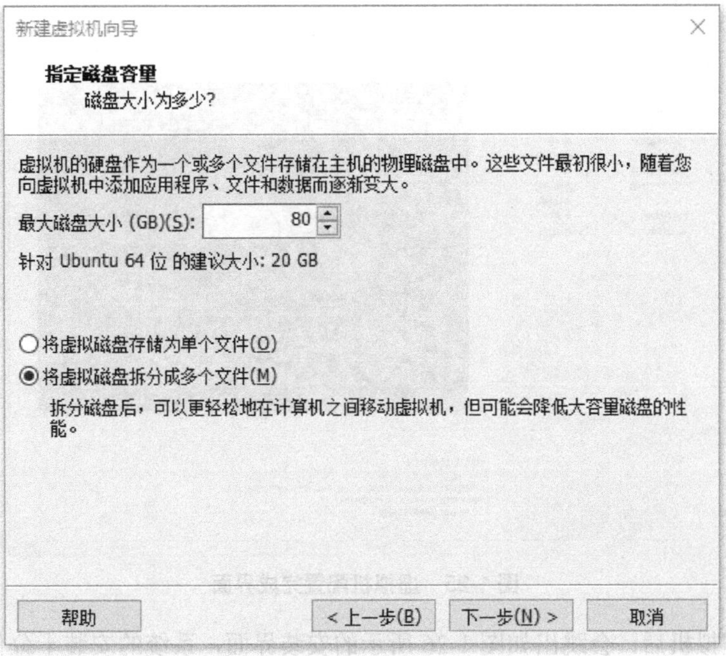

图 1-23　设置磁盘容量界面

（7）前面已经基本完成新建虚拟机的操作，在打开的界面中单击“完成”按钮即可开始安装虚拟机，如图 1-24 所示。如果有一些设置需要更改，则可单击“上一步”按钮找到相应的界面位置去更改。

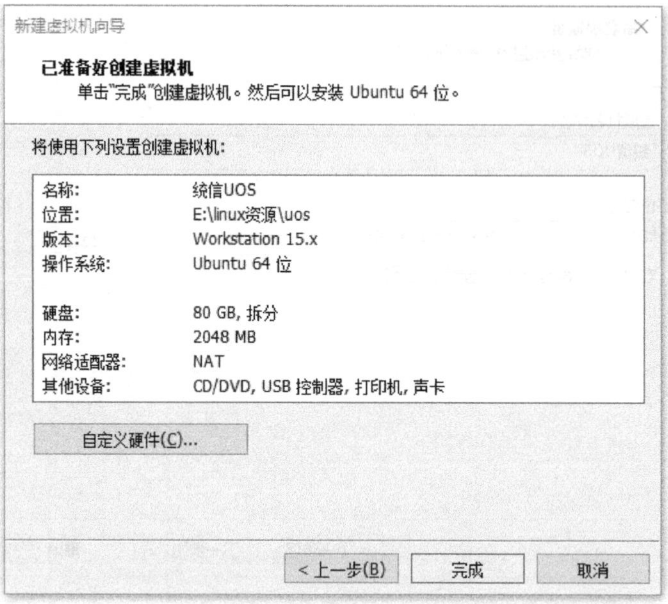

图 1-24　准备安装操作系统界面

（8）配置完成的虚拟机界面，如图 1-25 所示，单击“开启此虚拟机”进行下一步的操作。

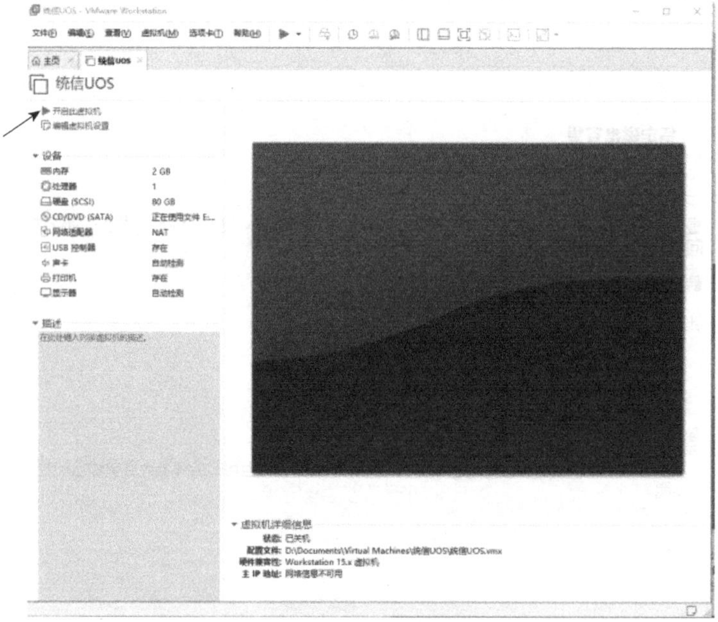

图 1-25　虚拟机配置完成界面

（9）运行虚拟机后，会跳出如图 1-26 所示的安装界面，系统的安装十分便捷，内容可以参考之前的小节。单击“立即安装”，等待系统安装完成后立即重启即可。

图 1-26　安装界面

（10）重新启动后，第一次登录系统会让用户设置账号密码，如图 1-27 所示，根据自己的喜好设置即可。

图 1-27　设置账号密码界面

（11）设置好账号和密码，就进入了操作系统界面，在相对应的账号下方输入刚才设置的密码，就可以进入操作系统使用界面，如图 1-28 所示。

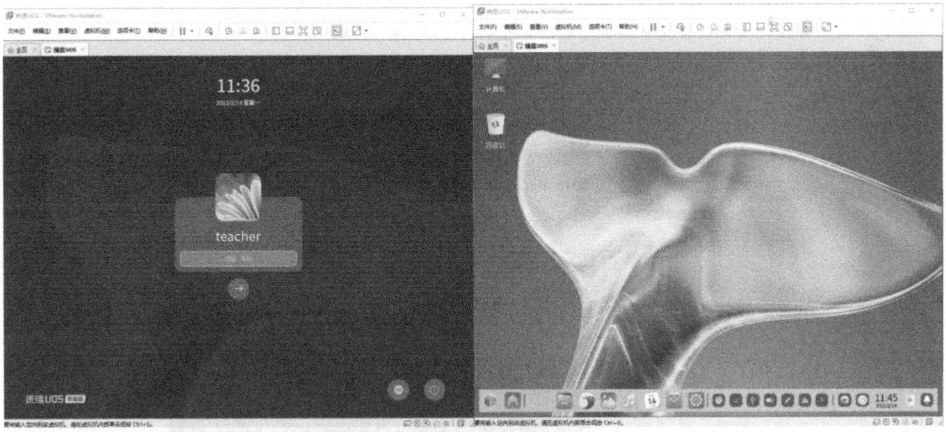

图 1-28　登录界面和系统桌面

1.3.3　创建及恢复虚拟机快照

创建虚拟机快照旨在解决一些系统异常，这些异常可能会导致我们无法使用操作系统。

使用快照功能，能够快速恢复系统到原来的某个状态，如此可以节约大量重新安装系统、安装软件等操作的时间。虚拟机快照就是用于解决这个问题的。

【例 1-5】创建一个名为“快照 1”的快照。

（1）在已经安装好的统信 UOS 虚拟机中选择菜单栏中的“虚拟机”，单击后选择“快照”→“拍摄快照”命令，如图 1-29 所示。

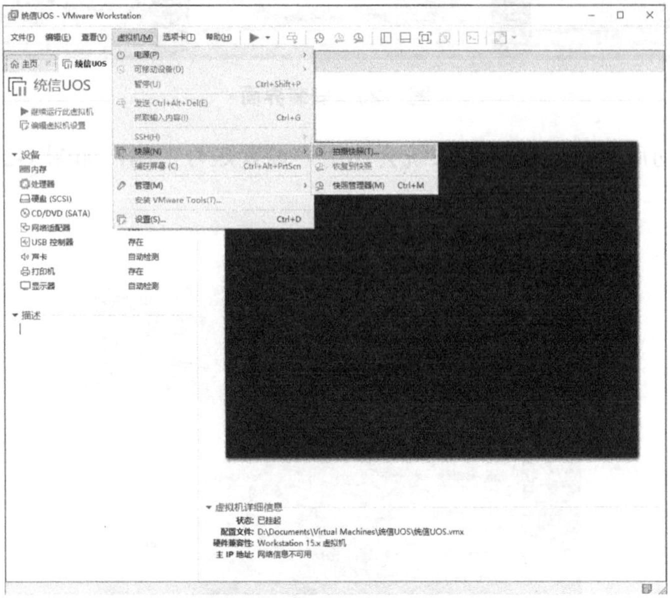

图 1-29　虚拟机快照界面

（2）在打开的对话框中可以自行修改快照的名称，可以简单描述目前拍照的系统的情况，方便以后查找使用，设置完毕后单击“拍摄快照”按钮，就完成了拍摄快照的操作，如图 1-30 所示。

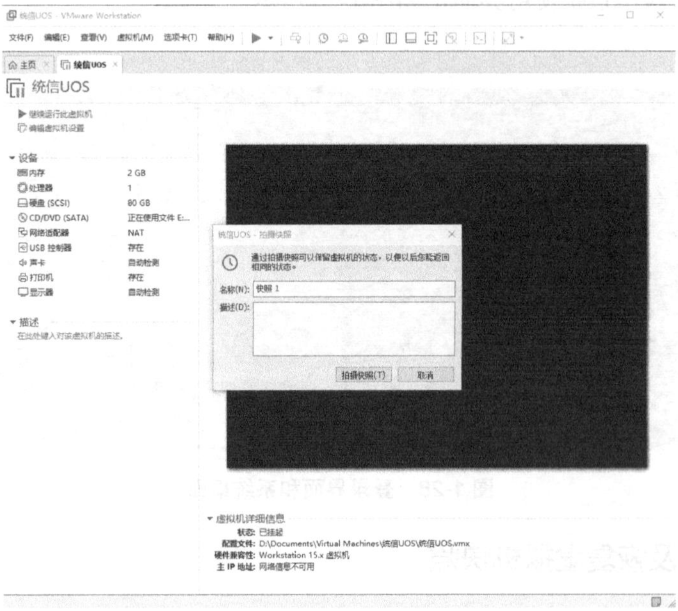

图 1-30　设置快照对话框

【例 1-6】将系统恢复到“快照 1”的状态。

（1）在已经安装好的统信 UOS 虚拟机中选择菜单栏中的“虚拟机”，单击“快照”→“恢复到快照（R）：快照 1”命令，如图 1-31 所示。

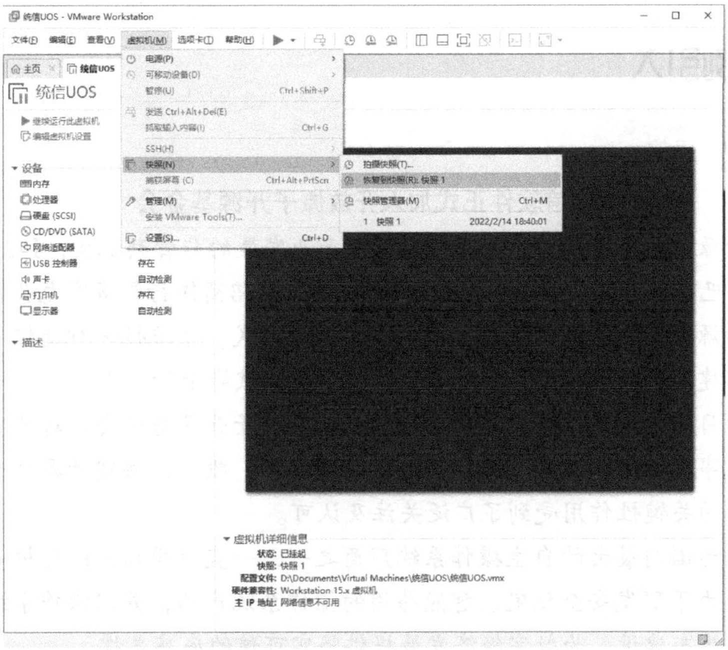

图 1-31　选择恢复快照界面

（2）在打开的对话框中请谨慎选择，单击“是”按钮即把系统恢复到快照 1 的状态，而现有的数据会被删除，如图 1-32 所示。

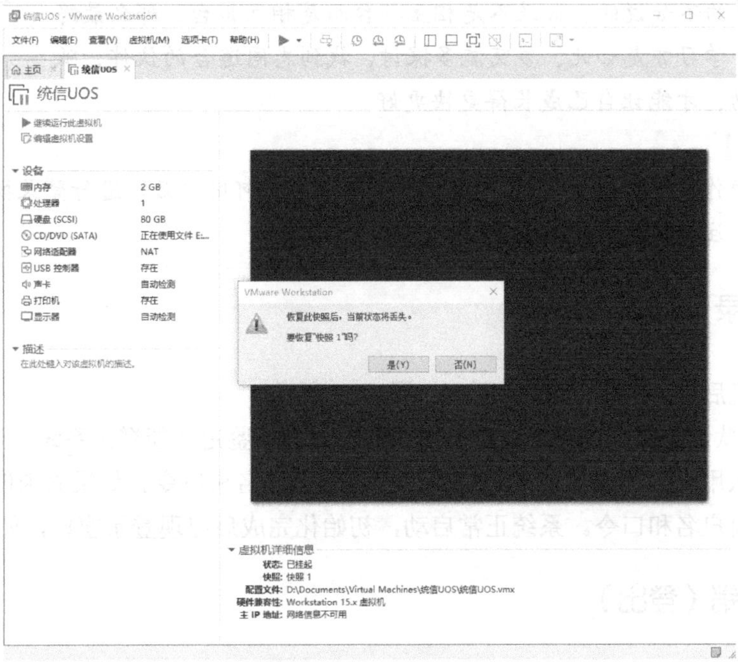

图 1-32　恢复快照界面

单元 1.4 操作系统基本操作

案例引入

1.4 案例导读

【案例导读】

统信软件正式加入开放原子开源基金会

开放原子开源基金会是致力于推动全球开源产业发展的非营利机构，于 2020 年 6 月在北京成立，由阿里巴巴、百度、华为、浪潮、360、腾讯、招商银行等多家龙头科技企业联合发起。开放原子开源基金会拟通过共建、共治、共享的方式，系统性地打造信息产业和工业开源开放框架，搭建国际开源社区，提升行业协作效率，赋能千行百业。

作为开源项目的孵化器、连接器和倍增器，开放原子开源基金会以对开源代码展开开放治理的形式促成事实标准，连接“政、产、学、研、创、投”，共建开源生态，对于中国开源产业发展发挥的关键性作用受到了广泛关注及认可。

统信软件作为国内最大的自主操作系统厂商之一，一直以操作系统为核心不断进行技术积累与创新，致力于研发安全稳定、智能易用的操作系统产品，并以操作系统为核心引领中国自主信息产业生态建设，为数字经济发展提供坚实可信的底座支撑。

【案例分析】

1.4 案例分析

“人多力量大”，说的是大家都往一个方向使力。干事创业，有好的环境才有干成事的合力。如果不能拧成一股绳、上下左右一条心，如果干的不如站的、站的不如说的，如果不是相互补台而是相互拆台，那么最终就很难干成事。学习亦是如此，多交流多探讨，找到志同道合的伙伴，砥砺前行互帮互助，才能让自己成长得更快更好。

【专业知识】

对于国产操作系统统信 UOS 家庭版的使用来说，任何用户必须进行登录操作才能登录系统，使用登出（注销）才能退出系统。

基本操作视频

1.4.1 登录

启动计算机后进入统信 UOS 界面，如图 1-33 所示。

统信 UOS 默认选择进入系统。所有用户都必须进行鉴定才能登录系统。当启动系统后，系统会提示输入用户名和口令，即系统中已创建的用户名和口令。如果尚未创建，请与管理员联系以获取用户名和口令。系统正常启动，初始化完成后出现登录窗口，如图 1-34 所示。

1.4.2 注销（登出）

（1）在统信 UOS 桌面，单击任务栏右侧的图标，如图 1-35 所示。

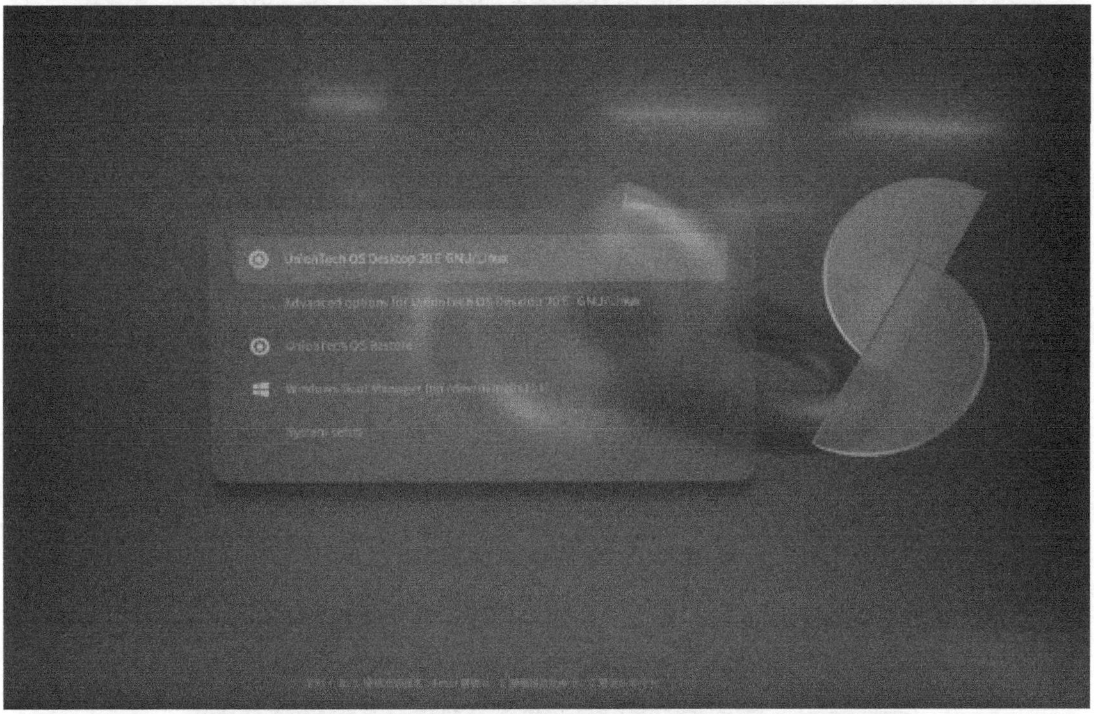

图 1-33　启动界面

图 1-34　登录界面

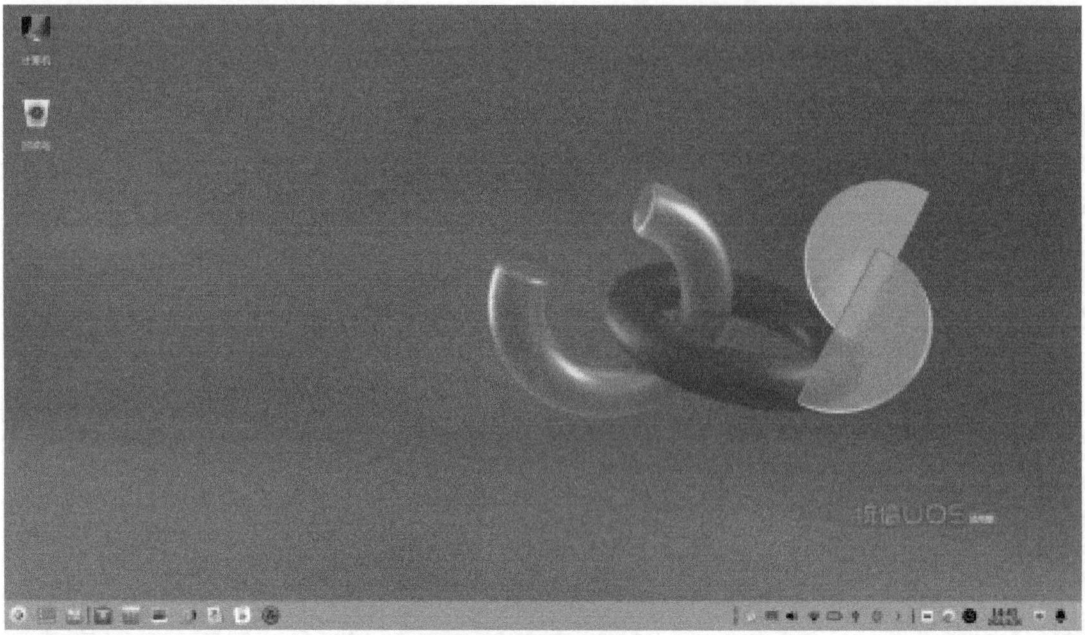

图 1-35　统信 UOS 桌面界面

（2）弹出如图 1-36 所示窗口，单击“注销”按钮，登出系统。

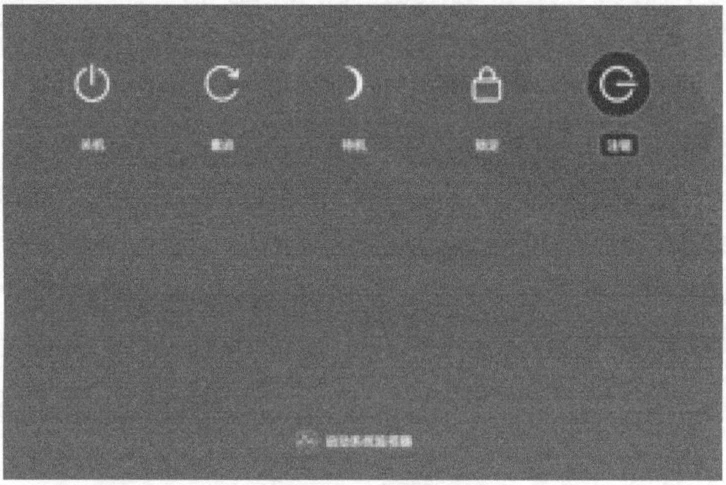

图 1-36　注销界面

1.4.3　系统关机重启

（1）在统信 UOS 桌面上，单击任务栏右侧的图标，如图 1-37 所示。

图 1-37　关机选项位置界面

（2）弹出如图 1-36 所示窗口，单击“关机”或“重启”，关闭系统或者重启系统。

单元 1.5　认识开发环境与工具

案例引入

1.5 案例导读

【案例导读】

《共产党宣言》的诞生

1848 年，马克思、恩格斯共同完成了《共产党宣言》这部国际共产主义运动的第一个纲领性文件，第一次完整、系统地阐述了马克思主义的科学社会主义基本理论、基本思想。它的诞生就像一盏耀眼的明灯，照亮了世界无产阶级和劳动人民的解放道路，为劳苦大众翻身解放提供了科学的思想武器。《共产党宣言》最早传入我国是在 19 世纪末，在被正式介绍到中国之前，已经用 30 多种语言出版了 300 多种版本。

【案例分析】

星星之火可以燎原，国产操作系统也和当年的《共产党宣言》一样，深入人心。未来几年，随着党政操作系统的国产化，金融、法律、能源等行业的操作系统也将逐渐国产化，办公使用的计算机也将预装国产操作系统，对于用户而言，这既是挑战也是机遇。

1.5 案例分析

【专业知识】

统信桌面操作系统家庭版支持主流开发语言以及开发工具，满足用户使用系统开发软件的需求。

1.5.1　集成开发环境

集成开发环境是集成代码编辑器、编译器、构建工具和调试器于一体的工具软件，在程序开发人员中被广泛使用。统信桌面操作系统家庭版支持多种集成开发环境，根据每种集成开发环境支持编程语言的异同，常见的集成开发环境如表 1-4 所示。

表 1-4　常见的集成开发环境

集成开发环境	支持语言
QtCreator	Qt/C++
Eclipse	Java、C/C++
Clion	C++
Goland	Go
PyCharm	Python
PhPStorm	PHP
WebStorm	JavaScript

1.5.2　编程语言和工具链

统信桌面操作系统家庭版支持多种范式的编程语言，包括 C/C++、Java、Go、Rust 等编译型编程语言，也包括 Python（2 和 3）、Perl、PHP、Node.js 和 Shellscript 等解释型编程语言。这些语言基本涵盖了桌面应用开发、系统底层、Web 服务器和 Web 前端开发等绝大部分的编程开发需求，统信 UOS 系统集成编程语言和开发库（部分）情况如表 1-5 所示。

表 1-5　集成编程语言和开发库（部分）

编程语言和开发库	版本
GCC	8.3.0
Binutils	2.31.1
Java	Java8 和 java11
Go	1.11.6
Rust	1.36.0
Python	2.7.16 和 3.7.3
Perl	5.28.1
PHP	7.3
Node.js	10.15.2
Libc	2.28
Licx11	1.6.7
libxcb	1.13.1
Qt	4.8.7 和 5.11.3
GTK	1.24.32 和 3.24.5
Devhelp	3.30.1-1
Glade	3.22.1-3

1.5.3　构建工具

在软件开发过程中，源代码项目的工程化管理是非常重要的，也是非常复杂的一件事情。项目构建是其中很关键的一个环节，因此出现了类似 make、autotools、qmake 和 cmake 等自动化构建工具。统信桌面操作系统家庭版对这些方案的支持情况如表 1-6 所示。

表 1-6　构建工具

构建工具	支持情况说明
make	支持，默认版本 4.2.1
autotools	支持，20180224.1
qmake	支持，4.8.7 和 5.11.3
cmake	支持，3.13.4

1.5.4　调试器

调试器是一种非常特殊的软件，主要是通过操作系统提供的特权接口，实现对其他程序进程进行调试的一种工具软件。统信桌面操作系统家庭版支持使用 GDB（The GNU Project Debugger）对软件进行调试，主要提供以下调试功能：

- 为程序设置断点，使程序暂停在特定的位置。

- 单步执行，调试程序运行过程。
- 查看进程内存信息，如变量、线程、堆栈等。
- 修改进程内存信息。
- 查看程序汇编等。

性能剖析工具属于调试工具，主要用于分析程序的性能瓶颈，如 CPU 消耗、内存占用、磁盘读取、执行时间等。统信桌面操作系统家庭版支持的常见性能剖析工具如表 1-7 所示。

表 1-7　性能剖析工具

性能剖析工具	说明
Strace	跟踪程序的系统调用
Ltrace	跟踪程序的动态库调用情况
Google-perftools	综合性的性能剖析工具
perf	基于 Linux 内核特性的一种综合型性能剖析工具

知识总结

（1）国产操作系统统信 UOS 是基于 Linux 操作系统的延伸。

（2）安装操作系统有多种方法，可以选择安装双系统，也可以使用虚拟机来安装。

（3）VMware 虚拟机可以自由配置系统参数用以安装统信 UOS 操作系统，并提供如“快照”、“恢复快照”等实用工具。

（4）了解国产操作系统的开发环境与工具。

综合实训　国产操作系统基础

【实训目的】

（1）掌握 VMware 软件的下载和安装方法。

（2）掌握创建虚拟机的方法。

（3）掌握安装统信桌面操作系统家庭版的方法。

（4）掌握一些常用的虚拟机管理功能。

【实训内容】

（1）下载最新的 VMware 虚拟机软件和统信桌面操作系统家庭版操作系统镜像文件。

（2）安装 VMware 虚拟机软件。

（3）创建统信桌面操作系统家庭版的虚拟机。

（4）对安装好的虚拟机进行拍摄快照和恢复快照的操作。

思考与练习

1. 选择题

（1）下列哪款操作系统是由我国研发的？（　　）

[A]Windows　　[B]苹果 OSX　　[C]谷歌 ChromeOS　　[D]统信 UOS

（2）统信 UOS 操作系统的特点不包括哪项？（　　）

[A]高易用性　　[B]可靠性　　[C]安全性　　[D]兼容性不佳

（3）统信 UOS 对 CPU 最低的要求是（　　）。

[A]双核双线程 1.6GHz　　[B]多核双线程 2GHz

[C]单核双线程 1.6GHz　　[D]双核单线程 1.6GHz

（4）统信 UOS 对内存最低的要求是（　　）。

[A]1GB　　[B]2GB　　[C]4GB　　[D]8GB

（5）自动安装统信 UOS 操作系统对硬盘最低的要求是（　　）。

[A]16GB　　[B]32GB　　[C]64GB　　[D]128GB

（6）制作系统 U 盘需要至少多大的空 U 盘（　　）。

[A]4GB　　[B]8GB　　[C]16GB　　[D]32GB

（7）下列哪种情况适合自动安装？（　　）

[A]磁盘剩余空间大于 64GB　　[B]双硬盘

[C]已有四个主分区　　[D]安装过统信 UOS 类似系统

（8）下列哪项不是常用的虚拟机软件？（　　）

[A]VMware　　[B]VirtualBox　　[C]VrtulPC　　[D]Xbox

（9）虚拟机拍摄快照的功能是（　　）。

[A]拍摄照片　　[B]保存系统状态　　[C]查看流量　　[D]浏览记录

（10）统信桌面操作系统家庭版 V21 是哪年公开发布的？（　　）

[A]2010 年　　[B]2015 年　　[C]2020 年　　[D]2021 年

2. 填空题

（1）列举 3 种国产 Linux 操作系统发行版本包括_______、_______和_______。

（2）常见的虚拟机软件有_______、_______和_______。

（3）统信桌面操作系统家庭版的特点有_______、_______、_______、_______、_______、和_______。

3. 判断题

（1）国产操作系统统信桌面操作系统家庭版只能使用图形界面。（　　）

（2）国产操作系统统信桌面操作系统家庭版是供用户免费使用的操作系统。（　　）

（3）国产操作系统统信桌面操作系统家庭版是一个真正的多任务和分时的操作系统。（　　）

（4）VMware 软件只能创建 Linux 操作系统。（　　）

（5）国产操作系统统信 UOS 安装非常简便。（　　）

4. 简答题

（1）简述统信 UOS 的起源与发展。

（2）简述统信 UOS 的特点和优势。

（3）简述统信桌面操作系统家庭版图形化安装步骤。

（4）简述个人安装国产操作系统统信桌面操作系统家庭版的感受。

模块 2　国产操作系统图形化界面使用

导读

本模块首先对国产操作系统的图形化界面基础知识进行了简单介绍，然后对操作系统的控制中心进行了讲解，对于最具特色的应用商店进行了分析和说明，最后对一些系统自带的常用工具进行了介绍并列出相应的实例。

学习要点

1. 国产操作系统桌面环境
2. 国产操作系统控制中心
3. 应用商店的使用
4. 常用工具的掌握

学习目标

【知识目标】

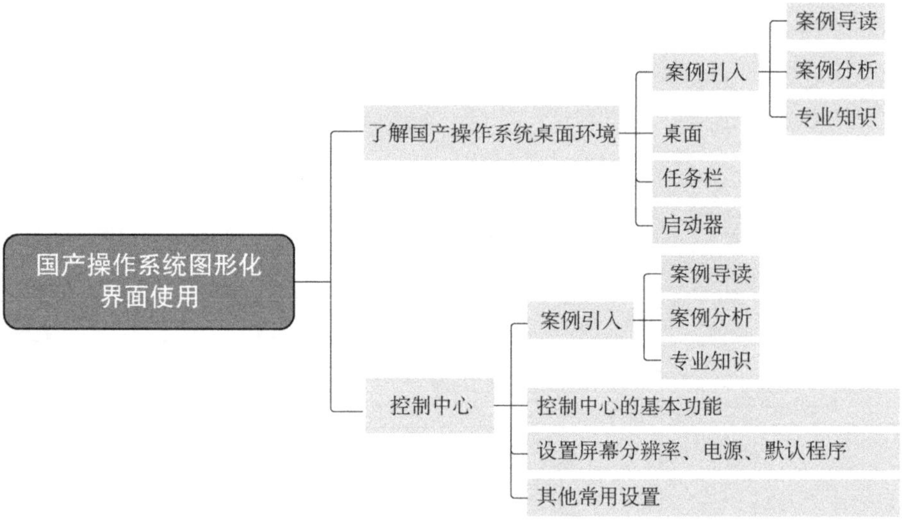

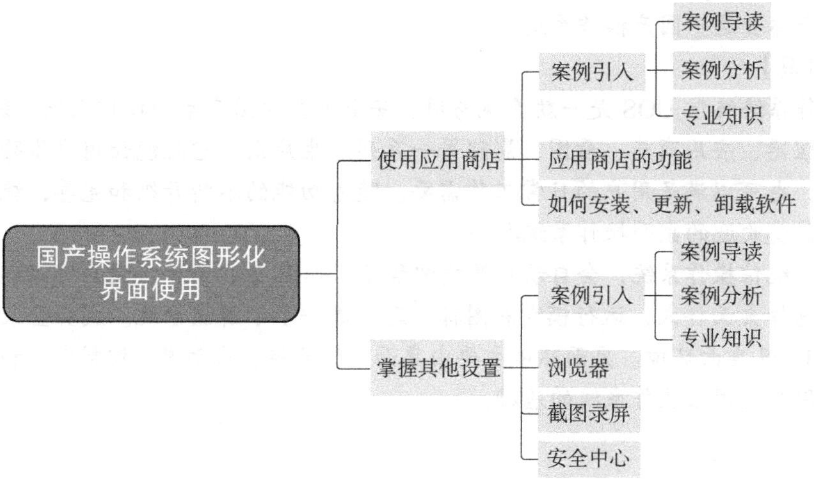

【技能目标】

（1）认识操作系统图形化界面。

（2）掌握操作系统图形化界面的使用方法。

（3）掌握操作系统图形化界面的设置方法。

（4）掌握常见的操作系统功能。

【素质目标】

（1）通过介绍操作系统图形化界面的操作步骤，学会用严谨的态度对待操作系统，继而也用严谨的态度对待工作和学习。

（2）设置不同的图形化界面如同创作自己创作的作品，培养学生的作品意识。

（3）通过对常见功能的介绍，学生能学会举一反三，形成正确做事的习惯，能够做到事半功倍。

单元 2.1　了解国产操作系统桌面环境

案例引入

2.1 案例导读

【案例导读】

统信 UOS 系列课程进入学习强国

“学习强国”是由中央宣传部主管，立足全体党员、面向全社会的权威内容平台，也是全国规模最大的在线学习平台，其课程内容甄选自全国优质教育机构及单位。

统信 UOS 系列课程于 2021 年在中共中央宣传部学习强国平台正式上线，共 108 课时，涵盖桌面管理员、系统工程师等精品内容，适用于不同技术水平、不同从业方向的人员学习。

用户只需在学习强国 PC 端、手机客户端搜索“桌面管理员”、“系统工程师”等关键词或者在手机端“电视台-看教育-软件应用”栏目中可查看相关课程内容，并且相关课程都是免费的。

【案例分析】

“纸上得来终觉浅，绝知此事要躬行”。借助“学习强国”这一平台和本教材，我们可以自主学习相关课程，并在理论学习的基础上，不断熟悉、使用国产操作系统。只有在实操实践中才能切身体会这一国产操作系统。

【专业知识】

国产操作系统统信 UOS 是一款美观易用、安全可靠的国产桌面操作系统。统信 UOS 预装了文件管理器、应用商店、看图、影院等一系列原生应用。它既能让用户体验到丰富多彩的娱乐生活，也可以满足用户的日常工作需要。随着功能的不断升级和完善，统信操作系统已成为国内最受欢迎的桌面操作系统之一。

初次进入统信操作系统，会自动打开欢迎程序，如图 2-1 所示。用户可以观看视频了解系统功能，选择桌面样式、运行模式和图标主题，进一步了解该系统。成功登录系统后，即可体验统信 UOS 桌面环境。桌面环境主要由桌面、任务栏、启动器、控制中心和窗口管理器等组成，是用户使用该操作系统的基础。

图 2-1　欢迎程序

2.1.1　桌面

桌面是用户登录后看到的主屏幕区域，类似于 Windows 系统的桌面，相当简洁。系统桌面由三大块组成，分别是桌面图标、启动器和任务栏，如图 2-2 所示。

桌面图标默认只有 2 个，分别是“计算机”和“回收站”。

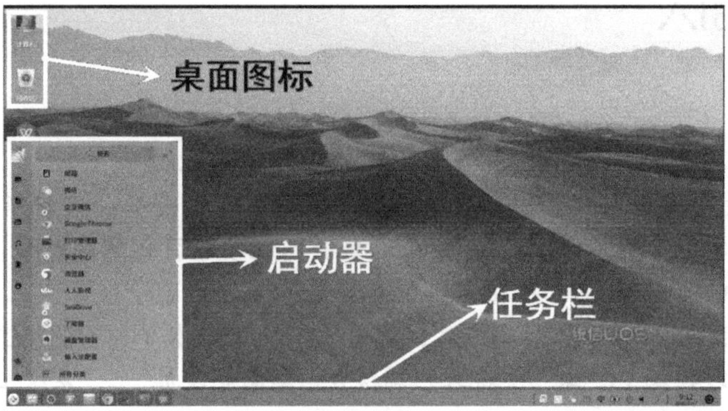

图 2-2　桌面

利用“计算机”图标可以实现对计算机上的文件和目录进行管理操作。

“回收站”图标的作用是帮助用户找到已删除的文件及文件夹。用户也可以在该图标上单击右键，然后在弹出的快捷菜单中选择“清空回收站”菜单选项，从而将其中的文件及文件夹彻底删除。

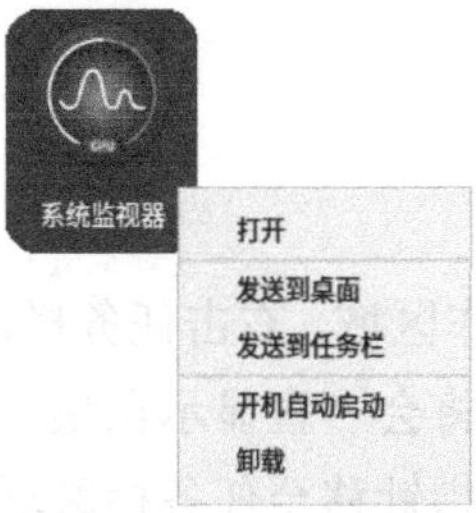

图 2-3　发送快捷方式

在桌面上，用户可以新建文件/文件夹、排列文件、打开终端、设置壁纸和屏保等，还可以通过右击应用图标选择“发送到桌面”菜单选项向桌面添加应用的快捷方式，如图 2-3 所示，根据自己的工作需求定制自己的个性桌面。

【例 2-1】在桌面上创建空文件夹 test。

在桌面上单击右键，在弹出的快捷菜单中选择“新建文件夹”菜单选项，然后将新建文件夹重命名为“test”，输入名字后按 Enter 回车键即可。

【例 2-2】删除桌面上的文件夹 test。

在桌面上用鼠标选择文件夹 test，单击右键，，在弹出的快捷菜单中选择“删除”菜单选项，即可删除文件夹 test。

2.1.2　任务栏

任务栏是指位于桌面底部的长条，主要由启动器、应用程序图标、托盘区、系统插件等组成。利用任务栏，用户可以打开启动器，显示桌面，进入工作区，对其上的应用程序进行打开、新建、关闭、强制退出等操作，还可以设置输入法、调节音量、连接 Wi-Fi、查看日历、进入关机界面等。

任务栏提供两种显示模式，即时尚模式和高效模式，用于显示不同的图标大小和应用窗口激活效果。时尚模式为，高效模式为。

可以通过以下操作来切换显示模式：

（1）右击任务栏。

（2）在“模式”子菜单中选择一种显示模式。

任务栏中的图标包括启动器、多任务视图、控制中心、文件管理器等。通过表 2-1 可以直观地认识相关内容。

表 2-1　任务栏图标

图标	说明	图标	说明
	启动器，单击查看所有已安装的应用		显示桌面
	多任务视图，单击显示工作区		文件管理器，单击可以查看磁盘中的文件、文件夹
	浏览器，单击打开网页		商店，可以搜索安装应用软件
	相册，导入并管理照片		音乐，用于播放本地音乐
	联系人，用于好友通信、视频会议		日历，用于查看日期、新建日程
	控制中心，单击进入系统设置		通知中心，用于显示所有系统和应用的通知
	桌面智能助手，使用语音或文字来发布指令或进行询问		屏幕键盘，单击使用虚拟键盘
	电源，单击进行关机界面		回收站

通过如下设置，可以将任务栏放置在桌面的任意方向。

（1）右击任务栏。

（2）在“位置”子菜单中选择一个方向。

（3）通过设置，可以调整任务栏高度。

（4）利用鼠标拖动任务栏边缘，改变任务栏高度。

通过设置，可以显示/隐藏任务栏，以便最大限度地扩展桌面的可操作区域。右击任务栏，在弹出的“状态”子菜单中可以选择“一直显示”菜单选项，则任务栏将会一直显示在桌面上；选择“一直隐藏”菜单选项，则任务栏将会隐藏起来，只有在鼠标指针移至任务栏区域时才会显示；选择“智能隐藏”菜单选项，则当占用任务栏区域时，任务栏将自动隐藏。

【例 2-3】设置任务栏“一直隐藏”。

在桌面上找到任务栏，用鼠标右击任务栏空白处，在弹出的菜单中选择“状态”→“一直隐藏”菜单选项。

2.1.3 启动器

在启动器中存放了管理系统中已安装的所有应用。在启动器中使用分类导航或搜索功能可以快速找到用户需要的应用程序。用户可以进入启动器查看新安装的应用。新安装的应用的旁边会出现一个小蓝点。

启动器有全屏和小窗口两种模式，如图 2-4、图 2-5 所示。单击启动器界面右上角的  图标可以切换模式。两种模式均支持搜索应用、设置快捷方式等操作。小窗口模式还支持快速打开文件管理器、控制中心和进入关机界面等功能。

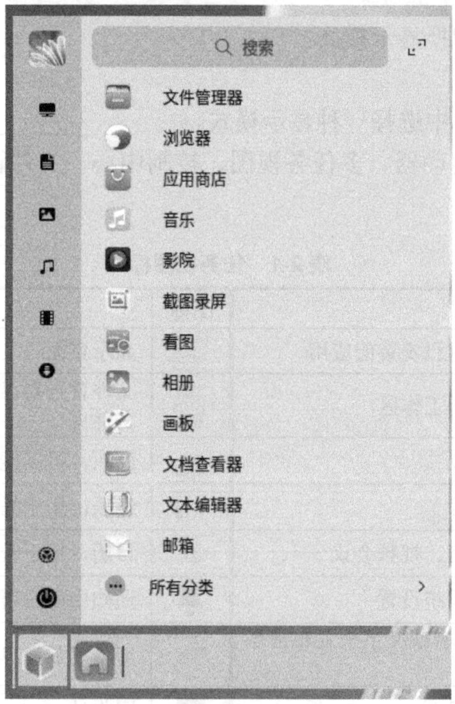

图 2-4　启动器全屏模式

图 2-5　启动器小窗口模式

在启动器中，用户可以滚动鼠标滚轮或切换分类导航查找应用。如果知道应用名称，则直接在搜索框中输入关键字，快速定位到需要的应用。

【例 2-4】使用搜索工具查找“控制中心”。

通过系统菜单“启动器”，在启动器页面上方找到“搜索”栏，在栏内输入文字“控制中心”或者汉语拼音首字母“kzzx”，立即就能显示“控制中心”。

单元 2.2　控制中心

案例引入

2.2 案例导读

【案例导读】

朱德的扁担

1928 年，朱德同志带领一支红军队伍到井冈山跟毛泽东领导的井冈山工农革命军会师。山上是红军，山下不远就是敌人。井冈山上出产粮食不多，常常要抽出一些人到山下的茅坪去挑粮。从井冈山上到茅坪，来回路程有五六十里，山高路陡，非常难走，可是每次挑粮大家都争着去。

朱德同志也跟战士们一块儿去挑粮。他穿着草鞋，戴着斗笠，挑起满满的一担粮食，跟大家一块儿爬山。白天挑粮，晚上还常常整夜整夜地研究怎样跟敌人打仗。大家看了心疼，就把他那根扁担藏了起来。不料朱德同志又找来了一根扁担，写上“朱德扁担不准乱拿”八个大字。大家见了，越发敬爱朱德同志，不好意思再藏他的扁担了。

【案例分析】

从朱德同志的言行表现中，我们可以看出他是一个身先士卒、以身作则、脚踏实地、勤劳能干的革命好干部。同时朱德同志与战士同甘共苦的精神和以身作则的模范行动，更激励了红军战士克服困难的勇气和信心。在如今的计算机时代，我们很多的管理控制操作突破了人工管理的局限，更多的是依赖控制算法的精确性，所以拥有自己知识产权的国产计算机、国产操作系统是十分必要的，在此基础上才能完成精确的操作控制，才能发挥我们的主观能动性。

【专业知识】

统信操作系统通过控制中心来管理系统的基本设置，包括账户管理、网络设置、日期和时间、个性化设置、显示设置、系统升级等。当用户进入桌面环境后，单击任务栏上的图标即可打开控制中心窗口。

2.2.1 控制中心的基本功能

控制中心首页主要展示各个设置模块，方便日常查看和快速设置，如图 2-6 所示。

图 2-6　控制中心功能

打开控制中心的某一设置模块后，可以通过左侧导航栏快速切换到另一设置模块，如图 2-7 所示。

（1）在安装系统时用户已经创建了一个账户。在这里，用户可以修改账户设置或创建一个新账户，如图 2-8 所示。

在这个页面中，用户可以添加、删除、修改用户，根据自己的需要添加相应的密码，它支持数字密码和指纹密码，保护用户的数据信息安全。

【例 2-5】创建一个用户 test。

通过系统菜单“启动器”，在启动器页面上方找到“搜索”栏，在栏内输入文字“控制中心”或者汉语拼音“kzzx”，立即能显示控制中心。

在控制中心中选择“账户”，单击下方的“+”号，添加用户 test。

图 2-7　功能延伸展示

图 2-8　账户设置

（2）登录 UnionID 后，用户可以使用云同步、应用商店、邮件客户端、浏览器等相关云服务功能。首次登录时，会弹出隐私政策窗口，如果用户需要开启云服务等功能，可以勾选“我已阅读并同意《隐私政策》”，单击“确定”按钮开启云服务等功能。开启云同步，可自动同步各种系统配置到云端，如网络、声音、鼠标、更新、任务栏、启动器、壁纸、主题、电源等。若想在另一台计算机上使用相同的系统配置，则只需登录此网络账户，即可一键同步以上配置到该设备上，十分方便。

2.2.2 设置屏幕分辨率、电源、默认程序

（1）设置显示器的分辨率、亮度、屏幕缩放及刷新率，让用户的计算机显示达到最佳状态，如图 2-9 所示。

更改分辨率：在控制中心首页，选择“分辨率”这一选项，进入分辨率设置界面，在列表中选择合适的分辨率参数，根据自己的喜好选择相应的系统分辨率，最后保存即可。

更改亮度：在控制中心首页，选择“亮度”这一选项，进入亮度设置界面。拖动亮度条滑块，调节屏幕亮度。打开“自动调节色温”开关，开启护眼模式，也可以打开手动调节色温开关，手动拖动色温条滑块调节屏幕色温。

设置屏幕缩放：当桌面和窗口显示过大或过小时，用户可能需要调节屏幕大小，以便正常显示。在控制中心首页，选择“屏幕缩放”这一选项，然后调整缩放倍数，注销后重新登录以便缩放生效。

图 2-9 显示设置

【例 2-6】设置计算机分辨率为“2160×1440”。

方法一：通过系统菜单“启动器”，在启动器页面上方找到“搜索”栏，在栏内输入文字“控制中心”或者汉语拼音“kzzx”，立即能显示控制中心。在控制中心内选择“显示”并单击，在“分辨率”选项中选择“2160×1440”这一分辨率，关闭页面后即可生效。

方法二：右击桌面空白处，在弹出的快捷菜单中选择“显示设置”菜单选项，在打开页面的“分辨率”选项中选择“2160×1440”这一分辨率，关闭页面后即可生效。

（2）设置电源。对系统电源进行一些设置，让笔记本电脑电池更耐用，让系统更安全，如图 2-10 所示。

在这里可以直接对整个系统的电源进行设置，根据自己的需要选择平衡模式、高性能模式或者节能模式。当然在该界面中可以设置低电量时自动开启节能模式，或者使用电池时自

动开启节能模式（仅笔记本电脑支持）。唤醒时需要的密码也在此处设置，方便办公时临时离开工位，保护自己的文件资料信息。

图 2-10　设置电源

【例 2-7】将计算机性能模式调节为“平衡模式”。

打开控制中心，在“电源管理”选项中找到“通用”，在“通用”设置页面中找到“性能模式”，选择“平衡模式”并退出，即可生效。

（3）设置默认程序。

当安装有多个功能相似的应用程序时，可以选择其中的一个应用作为对应文件类型的默认启动程序，如图 2-11 所示。

图 2-11　设置默认程序

【例 2-8】设置默认程序。

（1）右击文件，在弹出的快捷菜单中选择“打开方式”菜单选项，选择“默认程序”选项。

（2）选择一个应用，勾选“设为默认”，单击“确定”按钮。该应用将自动添加到控制中心的默认程序列表。

【例 2-9】更改默认程序。

（1）在控制中心首页，单击“默认程序”选项。

（2）选择一个文件类型进入默认程序列表。

（3）在列表中选择另一个应用程序。

【例 2-10】添加默认程序。

（1）在控制中心首页，选择文件类型进入默认程序列表。

（2）单击列表下的加号，选择 desktop 文件（一般在/usr/share/applications），或特定的二进制文件。该程序将被添加到列表，并自动设置为默认程序。

【例 2-11】删除默认程序。

在默认程序列表中，用户只能删除自己添加的应用程序，不能删除系统已经安装的应用。要删除系统已经安装的应用，只能卸载应用。卸载后该应用将自动从默认程序列表中删除。

2.2.3 其他常用设置

1. 个性化设置

在这里，用户可以设置透明度、调节启动器（小窗口模式），还可以设置系统主题、活动用色、字体、窗口特效等，改变桌面和窗口的外观，设置用户喜欢的显示风格，如图 2-12 所示。

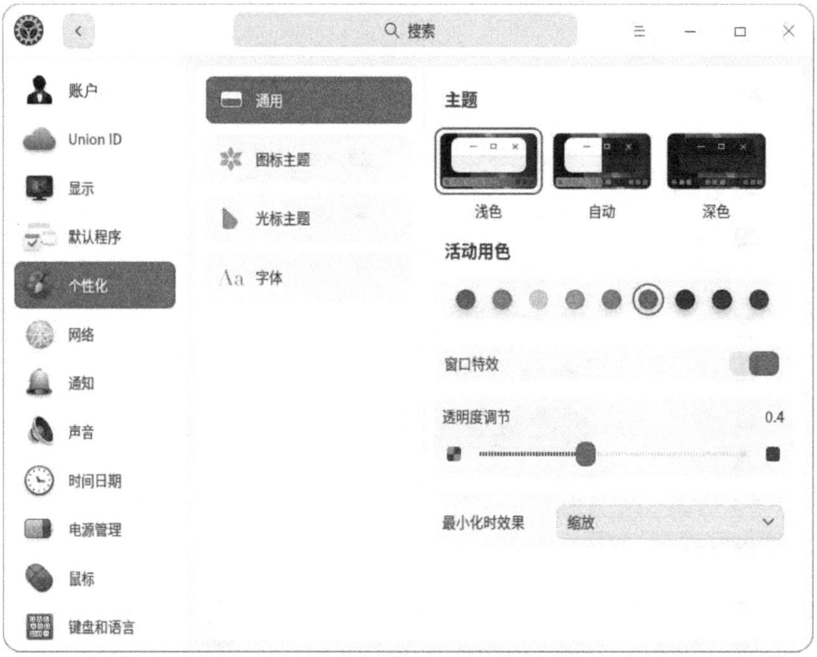

图 2-12　个性化设置

进入控制中心后，在“个性化”选项中，用户可以根据自己的需要设置主题颜色、窗口特效、透明度、最小化时效果、字体大小等，方便构建自己的图形化窗口界面。

【例 2-12】将计算机的主题更改为深色。

打开控制中心，在“个性化”选项中找到“通用”，在“通用”设置页面中找到“主题”，选择“深色”并退出，即可生效。

2. 时间日期设置

在该界面中可以设置用户所在的时区，设置即可显示正确的日期和时间。用户也可以手动修改时间和日期，如图 2-13 所示。

图 2-13　时间日期设置

进入控制中心后，在“时间日期”选项中，可以进行时区列表、时间设置、格式设置等操作，选择自己喜欢的时间呈现方式，获得更好的体验。

3. 快捷键设置

快捷键，又叫快速键或热键，指通过某些特定的按键、按键顺序或按键组合来完成一个操作。一般的快捷键是固定的，而统信 UOS 可以根据自己的按键习惯来设置相应的快捷键，极大地提高了工作效率。快捷键列表显示了系统所有的快捷键。用户可以在这里查看、修改和自定义快捷键，如图 2-14 所示。

在控制中心首页，单击“键盘和语言”选项，然后选择“快捷键”选项，单击需要更改的快捷键名称，进入添加自定义快捷键界面，接着输入快捷键名称、命令和快捷键，单击“添加”按钮。当然也可以单击某个快捷键后，删除自定义的快捷键。另外还有更多的功能等待读者自行体验。

图 2-14 快捷键设置

单元 2.3 使用应用商店

案例引入

2.3 案例导读

【案例导读】

统信 UOS 成为国内第一家获得 UEFI 签名认证的自主操作系统

统信 UOS 已经成为国内第一家获得 UEFI 签名认证的自主操作系统。RedHat、Ubuntu、Debian、Fedora、CentOS 等基于 Linux 内核的国外发行版系统此前都已经支持 UEFI 安全启动，统信 UOS 则是国内第一个做到的。

据悉，安全启动（Secure Boot）是 UEFI 扩展协议定义的安全标准，可以确保设备只使用 OEM 厂商信任的软件启动。

基于安全启动机制，在计算机启动时，固件只会引导签名过的内核，并且会检查每个启动软件片段的签名，包括 UEFI 固件驱动程序、EFI 应用程序和操作系统。如果签名有效，计算机正常启动，固件也会将控制权传递给操作系统，否则将拒绝启动。

简而言之，安全启动是在设备启动时就开始对恶意软件进行防御的一种技术，是计算机信息安全的起点。

【案例分析】

2.3 案例分析

应用商店的本质是一个平台，用以展示、下载系统适用的应用软件。应用商店的复兴充分体现了移动互联网精神，各方面的人员都应该从中得到启示。想让自己的生态做得强大，自己的技术必须得到认可，打铁还需自身硬，所以我们要抓住时代赋予的机会，创造属于自己的事业。

【专业知识】

应用商店是一款集应用展示、下载、安装、卸载、评分、评论于一体的应用程序。

应用商店为用户精心筛选和收录了不同类别的应用，每款应用都经过人工安装和检验，杜绝一些恶意软件，给用户提供安全的网络服务。用户可以放心进入应用商店搜索热门应用，一键下载并自动安装。

2.3.1　应用商店的功能

2.3 应用商店

应用商店主界面由热门推荐、装机必备、效率办公、全部分类、应用更新和应用管理等组成，如图 2-15 所示（如果有区别，则是运营人员通过管理端配置，并依据运营需求的不同所特别定制的）。

图 2-15　应用商店

2.3.2　如何安装、更新、卸载软件

可以通过应用商店搜索、下载、安装不同分类的应用，同时还可以根据轮播图、装机必备、热门推荐、热门专题、下载排行等不同方式挖掘更多精彩应用，如图 2-16 所示。

【例 2-13】搜索应用。

（1）应用商店自带搜索功能，输入关键字，单击“搜索”按钮。

（2）输入关键字后，含该关键字的应用名称将在搜索栏下方显示，可查看包含该关键字的所有应用。

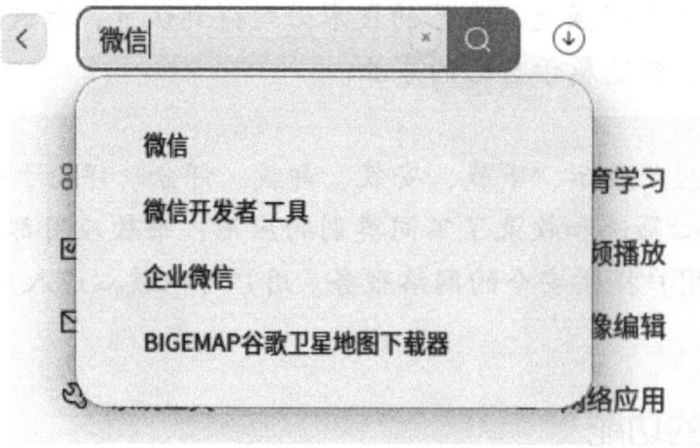

图 2-16　软件管理

【例 2-14】下载/安装应用。

（1）应用商店提供一键式的应用下载和安装，无须手动处理。

（2）在应用商店界面，直接将鼠标悬停在应用的封面图或名称上，单击“下载”按钮。

（3）在下载安装应用的过程中，用户可以在下载管理界面查看当前应用的下载和安装进度，还可以暂停或删除下载任务。

【例 2-15】应用更新。

在应用商店界面，选择“应用更新”，可查看待升级的应用，并选择是否更新应用，还可以查看最近更新的应用列表及信息。

【例 2-16】卸载应用。

在应用管理界面，找到用户要卸载的应用，单击“卸载”按钮。

单元 2.4　掌握其他设置

案例引入

2.4 案例导读

【案例导读】

统信软件携手龙芯中科成立“悟空联合创新实验室”

应用生态一直以来都是自主软硬件厂商联合攻坚的重点方向，为加速完善自主平台生态体系，统信软件与龙芯中科正式成立“悟空联合创新实验室”。通过建立悟空联合创新实验室，以“啃硬骨头”的决心，携手打造 CPU OS 基础底座，为产业伙伴提供一个创新性的平台，进而突破应用壁垒，形成产品稳定、应用丰富的良好生态。

【案例分析】

2.4 案例分析

对于一个操作系统来说，安全好用、生态完善是重中之重。而如何完成这一目标，需要多方的共同努力，而不是开发人员一方面的工作。国产之路确实充满挑战，就更加需要我们齐心协力、齐头并进去克服一个又一个的难关。

【专业知识】

在图形化界面中，除了上述常用设置以外，还可以进行一些其他实用的操作，如浏览器、截图录屏、安全中心等。

2.4.1 浏览器

浏览器是用来检索、展示以及传递 Web 信息资源的应用程序。这些信息资源包括网页、图片、影音或其他内容，它们由统一资源标志符标志，信息资源中的超链接可使用户方便地浏览相关信息，如图 2-17 所示。

【例 2-17】设置默认浏览器。

（1）当打开浏览器时，可能弹出“浏览器不是用户的默认浏览器”提示框。

（2）单击“设为默认浏览器”按钮。

图 2-17 UOS 浏览器

【例 2-18】标签页管理。

（1）在浏览器窗口，不仅可以打开、查看多个标签页，还可以在它们之间进行切换。

（2）在窗口中添加新标签页。

（3）开启浏览器后，用户可以通过下列方法之一添加新标签页：

① 在浏览器窗口顶部，单击右侧最后一个标签页旁边的 或右击，在弹出的快捷菜单中选择“打开新的标签页（T）”菜单选项。

② 在浏览器窗口中，单击 ，打开新的标签页。

③ 按下键盘上的组合键 Ctrl+T 可以打开新的标签页。

【例 2-19】在新窗口中打开新标签页。

开启浏览器后，打开新的窗口，会同时打开新标签页。用户可以通过下列方法之一打开新标签页：

① 单击标签页并将其拖曳出浏览器窗口，创建一个新的窗口。

② 在浏览器窗口中，单击“+”打开新的窗口。

③ 按下键盘上的组合键 Ctrl+N，打开新的窗口。

图 2-18 青少年保护模式

在常规的浏览器功能中，UOS 增加了青少年保护模式，如图 2-18 所示。青少年上网保护是一款基于浏览器的插件，有效地过滤网页中的低俗广告、弹窗广告、全屏广告，向用户提供一个绿色纯净的网络环境，让用户远离骚扰，安静上网。

系统自带的浏览器已预装好青少年上网保护插件，用户无须另外安装。

用户在使用浏览器时，可自主设置青少年上网保护功能，包括功能开启、功能设置等。

功能启用：用户单击统信浏览器地址栏右侧的 图标，将界面设置功能开启或关闭；在上网过程中，如遇到无法拦截的网站垃圾低俗广告，用户可以通过“举报”进行反馈。

功能设置：可在青少年上网保护模块“ ”按钮的右侧单击“ ”图标进行设置。

2.4.2 截图录屏

截图录屏是一款集截图和录制屏幕于一体的工具。在截图或者录制屏幕时，既可以自动选定窗口，也可手动选择区域，如图 2-19 所示。

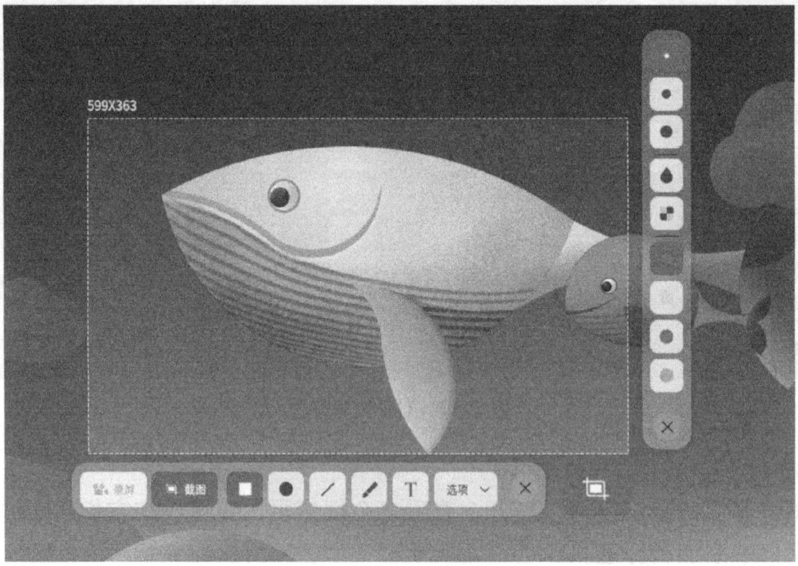

图 2-19 截图录屏

【例 2-20】运行截图录屏。

（1）单击桌面底部的 图标，进入启动器界面。

（2）在界面中找到“截图录屏”选项并单击运行。

【例 2-21】关闭截图录屏。

（1）截图录屏的对话框会在截图或者录屏结束后自动关闭。

（2）在截图录屏界面，单击 图标，退出录屏。

（3）按下键盘上的 Ctrl+S 组合键或 Esc 键。

（4）在截图录屏界面，单击鼠标右键，在弹出的快捷菜单中选择“保存”或“退出”菜单选项。

【例 2-22】快捷键。

（1）在截图模式下，按下键盘上的“Ctrl+Shift+?”组合键，打开快捷键预览界面。

（2）在快捷键预览界面，用户可以查看到所有的快捷键。

通过快捷键来进行相关操作，省时又省力，如图 2-20 所示。

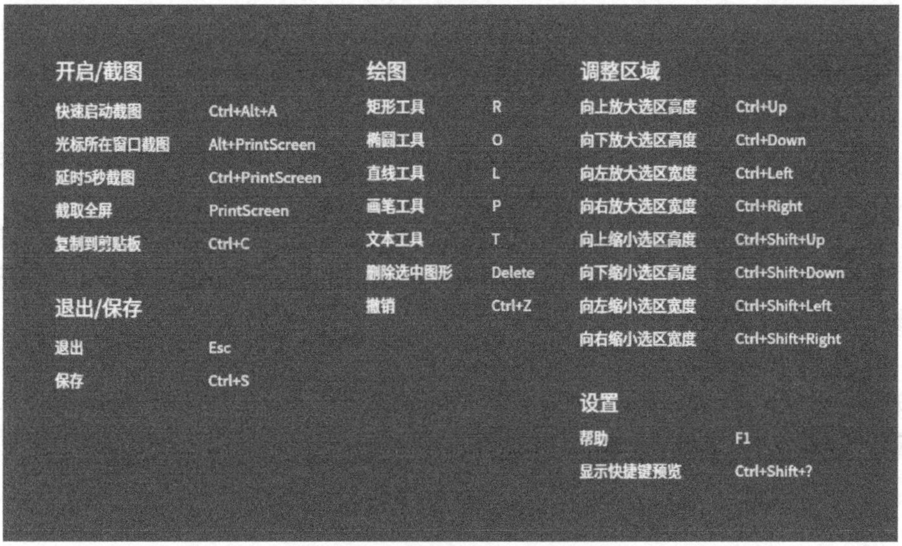
开启/截图
快速启动截图 Ctrl+Alt+A
光标所在窗口截图 Alt+PrintScreen
延时5秒截图 Ctrl+PrintScreen
截取全屏 PrintScreen
复制到剪贴板 Ctrl+C
退出/保存
退出 Esc
保存 Ctrl+S
绘图
矩形工具 R
椭圆工具 O
直线工具 L
画笔工具 P
文本工具 T
删除选中图形 Delete
撤销 Ctrl+Z
调整区域
向上放大选区高度 Ctrl+Up
向下放大选区高度 Ctrl+Down
向左放大选区宽度 Ctrl+Left
向右放大选区宽度 Ctrl+Right
向上缩小选区高度 Ctrl+Shift+Up
向下缩小选区高度 Ctrl+Shift+Down
向左缩小选区宽度 Ctrl+Shift+Left
向右缩小选区宽度 Ctrl+Shift+Right
设置
帮助 F1
显示快捷键预览 Ctrl+Shift+?

图 2-20 截屏录屏快捷键汇总

2.4.3 安全中心

安全中心视频

安全中心是系统预装的安全辅助软件，主要包括系统体检、病毒查杀、防火墙、自启动管理、系统安全等功能，可以全面提升系统的安全性，如图 2-21 所示。

图 2-21 安全中心

【例 2-23】首页设置。

（1）在安全中心主界面，选择左侧导航栏的“首页”选项。

（2）在首页可以单击“立即体检”按钮，进行系统体检。

（3）体检完后，可以根据系统的安全状况选择是否提升系统安全性，如账户密码安全等级较低、未设置锁屏时间等，单击“前往设置”，可重新设置。

【例 2-24】病毒扫描操作。

（1）安全中心支持三种病毒扫描方式，分别为全盘扫描、快速扫描和自定义扫描。

（2）在安全中心主界面，选择左侧导航栏的“病毒查杀”选项。

（3）在“病毒查杀”界面，根据需求选择病毒扫描方式，扫描完成后会显示扫描结果。

（4）根据扫描结果，可以对每个风险项单独操作，也可以选择批量操作，有以下几个操作项：修复、隔离、信任。

【例 2-25】防火墙设置。

在安全中心主界面，选择左侧导航栏的“防火墙”选项，在打开的“防火墙”页面中可以设置应用联网、远程访问等，如图 2-22 所示。

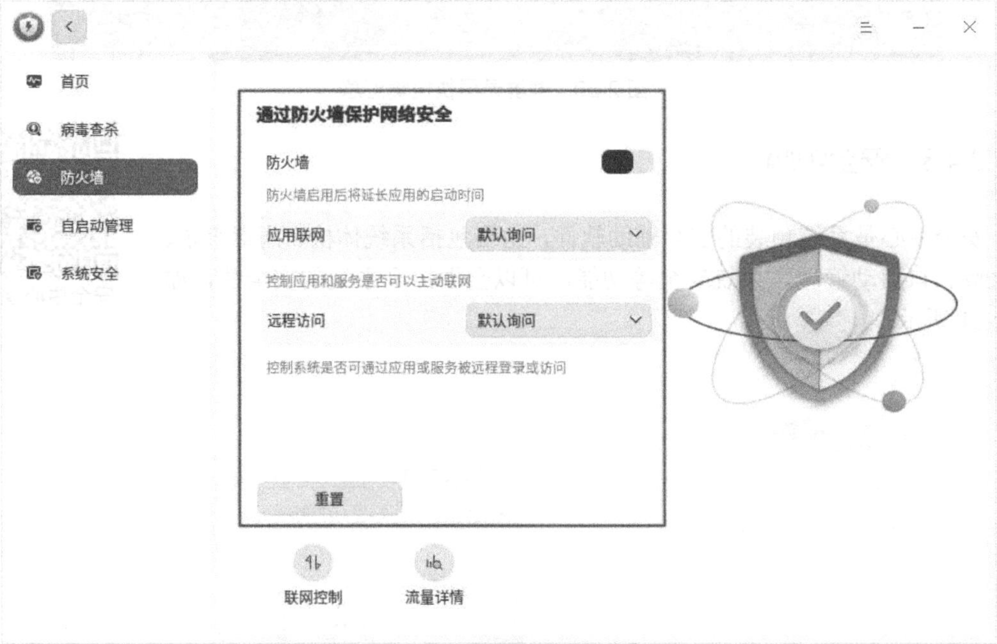

图 2-22　防火墙设置

防火墙开关主要控制应用联网及远程访问功能是否生效，但是不影响流量详情功能的使用，系统默认为关闭状态。

关闭：联网管控/远程访问管控功能都不生效。

开启：联网管控/远程访问管控功能均生效。

【例 2-26】自启动管理设置。

打开安全中心，选择左侧导航栏的“自启动管理”选项。“自启动管理”页面仅显示启动器里的应用，包括应用名称、自启动状态和操作按钮。每个应用可选择允许或禁止开机自启动，如图 2-23 所示。

【例 2-27】系统安全设置。

（1）在安全中心主界面，选择左侧导航栏的“系统安全”选项。

（2）进入“系统安全”页面后可以设置账户密码级别、屏幕及升级策略。

图 2-23　自启动管理

知识总结

（1）在一般的操作中，图形化界面已经能满足用户的使用需求，所以灵活使用图形化界面是使用该系统的基本要求。

（2）系统自带的应用比较丰富全面，也可以通过应用商店添加自己需要的软件。

（3）操作系统提供一些个性化设置，方便用户自己定制，包括桌面、任务栏、屏幕分辨率、电源、默认程序。

（4）系统自带的软件能解决大多数用户的需求，如截图录屏、安全中心等。

综合实训　国产操作系统图形化界面

【实训目的】

（1）掌握调整桌面设置的方法。

（2）掌握设置控制中心的方法。

（3）掌握应用商店的使用方法。

（4）掌握安全中心的使用方法。

【实训内容】

（1）设置屏保闲置时间为 5min。

（2）将任务栏状态设置为“智能隐藏”。

（3）将截图录屏软件发送到桌面，设置一个快捷启动方式。

（4）注册一个 UnionID，并在控制中心中登录。

（5）将计算机的分辨率设置为“1920×1440”。

（6）在应用商店中安装“微信”这一款软件。

（7）卸载“微信”这一款软件。

（8）使用系统自带浏览器打开统信软件的主页。

（9）使用截图软件进行一次截图。

（10）使用安全中心对系统进行一次体检。

思考与练习

1. 选择题

（1）统信 UOS 的桌面不含哪项内容？（　　）

[A]桌面图标　[B]启动器　[C]任务栏　[D]开机广告

（2）任务栏不包含哪项功能？（　　）

[A]显示桌面　[B]设置输入法　[C]连接 Wi-Fi　[D]打开终端

（3）控制中心不能实现什么功能？（　　）

[A]设置默认程序　[B]创建新用户　[C]电源管理　[D]删除文件

（4）个性化设置中主题没有哪项设置?（　　）

[A]浅色　[B]自动　[C]深色　[D]彩色

（5）应用商店暂时不能完成什么操作？（　　）

[A]下载　[B]更新　[C]卸载　[D]上传应用

（6）如何使用快捷键打开新标签页？（　　）

[A]Ctrl+N　[B]Ctrl+M　[C]Ctrl+L　[D]Ctrl+T

（7）如何快速启动截图？（　　）

[A]Ctrl+Alt+N　[B]Ctrl+Alt+T　[C]Ctrl+Alt+A　[D]Ctrl+Alt+F

（8）安全中心不支持哪种杀毒模式？（　　）

[A]随机扫描　[B]快速扫描　[C]自定义扫描　[D]全盘扫描

（9）哪项内容是无法在防火墙页面设置的？（　　）

[A]应用联网　[B]远程访问　[C]查看流量　[D]浏览记录

（10）右击应用软件的图标，哪项功能是不能实现的？（　　）

[A]打开　[B]发送到桌面　[C]卸载　[D]更新

2. 填空题

（1）国产操作系统桌面包括________、________和________三个部分。

（2）UOS 操作系统的启动器的两种模式分别是________和________。

（3）应用商店是一款集应用________、________、________、________、________、________于一体的应用程序。

3. 判断题

（1）安全中心是系统预装的安全辅助软件。（　　）

（2）浏览器，是一种用于检索并展示万维网信息资源的应用程序。（　　）

（3）进入控制中心后，在“时间日期”这个菜单内，你可以进行时区列表、时间设置。（　　）

（4）任务栏是指位于桌面底部的长条，主要由启动器、应用程序图标、托盘区、系统插件等组成。（　　）

（5）国产操作系统信 UOS 是一款美观易用、安全可靠的国产桌面操作系统。（　　）

4. 简答题

（1）UOS 的桌面包括哪几个部分？各个部分有什么作用？

（2）简述 UOS 自带浏览器功能，并阐述有什么特点。

（3）安全中心有何作用？和常规的管理工具有什么区别？

（4）简述个人使用国产操作系统图形化界面后的感受。

模块 3　国产操作系统常用命令

导读

本章首先对统信 UOS 系统终端的基础知识进行了简单介绍，包括启动终端以及终端的基本命令、雷神模式；然后对操作系统常用命令进行了讲解并列出常用的实例进行操作，包括常用的信息显示命令、日期时间命令、文件和目录操作命令等；最后对文本编辑器进行介绍说明。

学习要点

1. 统信 UOS 系统终端介绍
2. 统信 UOS 系统信息相关命令
3. 文件和目录的相关命令
4. 文本编辑器的工作模式及其应用

学习目标

【知识目标】

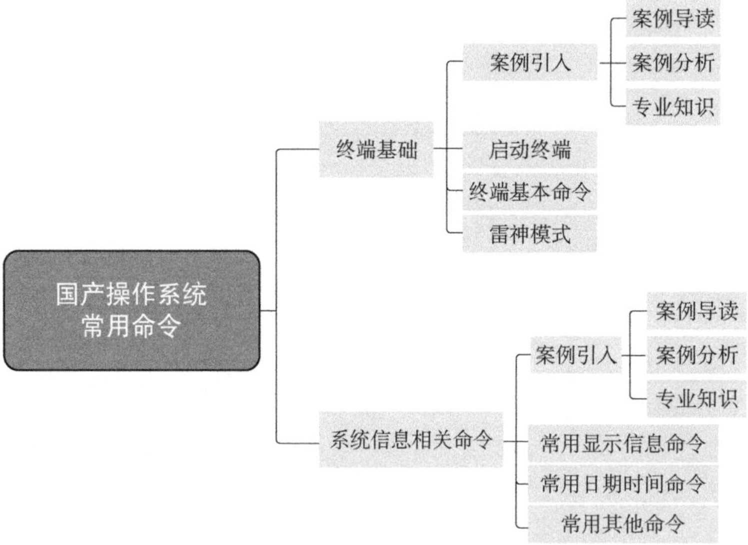

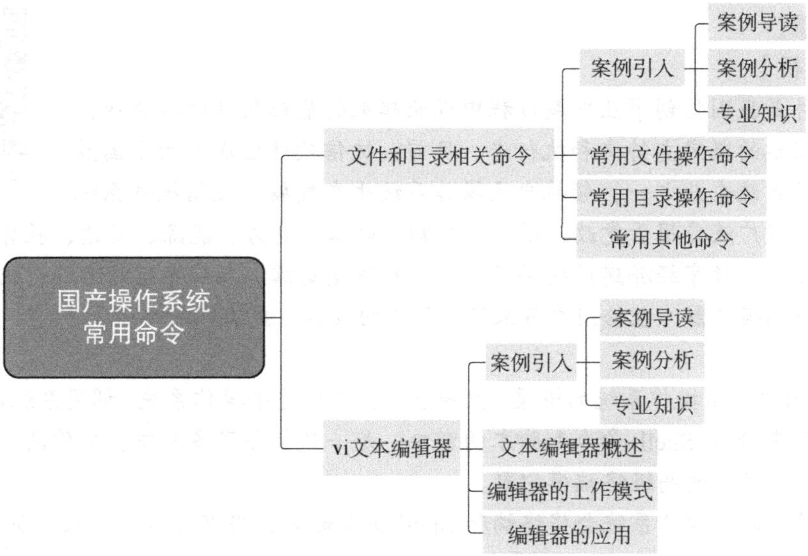

【技能目标】

（1）熟悉系统终端操作及 Shell 命令。

（2）掌握系统常用的信息命令。

（3）掌握文件和目录的相关命令。

（4）了解文本编辑器的工作模式及应用。

【素质目标】

（1）通过命令的相关语法规则学习，培养学生要守法守纪、遵守规范的情操。

（2）培养学生良好的知识理论素质，激发学习兴趣，使学生拥有多元发展的能力。

（3）培养学生良好的学习习惯、学习方法和自主化学习的能力，良好的学习习惯、学习方法和自主化学习的能力比获得知识更重要。

（4）培养学生实践操作的能力，在实践中善于从细微处洞察事物的变化，在危机中育新机、于变局中开新局，凝聚起战胜困难和挑战的强大力量。

单元 3.1　终端基础

案例引入

3.1 案例导读

【案例导读】

统信软件荣获“2022 年首都劳动奖状”！

北京市总工会、北京市人力资源和社会保障局公布了 2022 年首都劳动奖状、奖章和北京市工人先锋号名单，统信软件技术有限公司荣获“2022 年首都劳动奖状”！从众多参评单位中脱颖而出，荣获“2022 年首都劳动奖状”荣誉，这是对统信软件在操作系统领域的发展成果和对推动首都信息产业高质量发展的肯定。获此殊荣，统信软件倍感荣耀和责任，也将激励和鼓舞全体统信人不忘初心、牢记使命、勇于创新、敢为人先，不断提高自主创新能力，坚决打赢关键核心技术攻坚战，为推动首都高质量发展、实施科技自立自强战略贡献统信力量！

3.1 案例分析

【案例分析】

统信软件是我国信创事业发展过程中成长起来的基础软件核心企业，是国家信创战略的坚定支持者和执行者。目前，统信软件已成长为中国最大的独立操作系统企业之一，领航自主操作系统生态发展，统信操作系统产品与解决方案广泛应用于党政、国防、金融、电信、电力、能源、交通、教育等领域，不断为行业数字化、数字经济建设提供坚实可信的底座支撑。本节介绍的终端是统信软件精心打造的一款终端模拟器，也给用户带来了更优秀的性能、更流畅的体验。

【专业知识】

Shell 是用户使用操作系统的桥梁，把命令或程序传递给操作系统，调用系统内核来执行。终端是一个用来输入 Shell 命令和脚本的窗口，是一款集合了多窗口、工作区、远程管理、雷神模式等众多功能的高级终端模拟器。

当打开终端时，操作系统会将终端和 Shell 关联起来，当在终端中输入命令后，Shell 就负责解释命令。

终端的操作界面简单，功能丰富，用户可以快速启动和关闭终端，使用起来像普通文件窗口一样流畅，如图 3-1 所示。

图 3-1　终端界面

3.1.1　启动终端

终端基础视频

在统信 UOS 系统中可以通过以下方式运行、关闭终端或创建终端的快捷方式。

1. 运行终端

（1）单击桌面左下角的进入启动界面。

（2）上下滚动鼠标滚轮浏览或通过搜索，找到 终端，单击运行，如图 3-2 所示。

（3）右击 终端，可以在弹出的快捷菜单中，

- 选择“发送到桌面”菜单选项，在桌面创建快捷方式。
- 选择“发送到任务栏”菜单选项，将应用程序固定到任务栏。

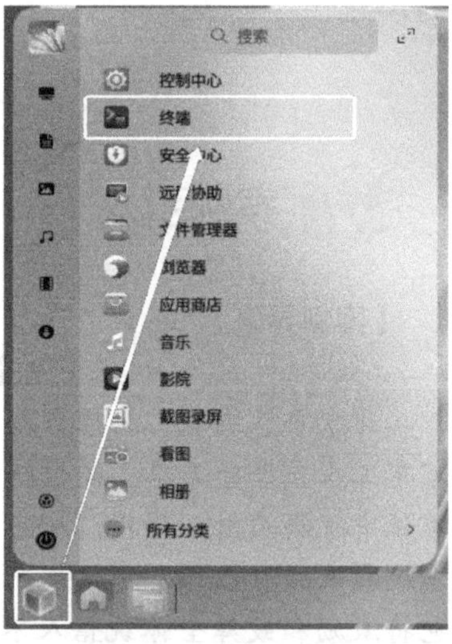

图 3-2　通过终端运行

● 选择“开机自动启动”菜单选项，将应用程序添加到开机启动项，在计算机开机时自动运行该应用。

（4）在统信 UOS 系统的首页使用 Ctrl+Alt+T 组合键，打开终端。统信 UOS 支持多终端，可以再次使用 Ctrl+Alt+T 组合键打开多个终端。

2. 关闭终端

（1）在终端界面单击右上角的 可以退出终端，如图 3-3 所示。

图 3-3　退出终端 1

（2）在任务栏右击 终端，在弹出的快捷菜单中选择“关闭所有”菜单选项来退出终端。

（3）在终端界面单击 ，在弹出的下拉菜单中选择“退出”菜单选项来退出终端，如图 3-4 所示。

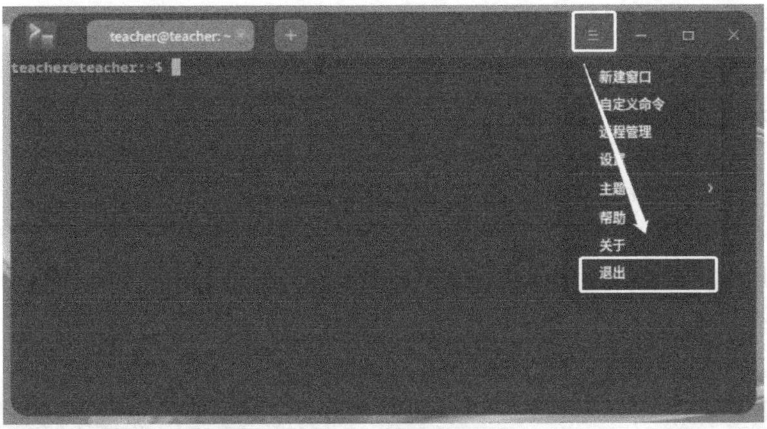

图 3-4　退出终端 2

说明：如果关闭终端时终端里面依然有程序在运行，则会弹出一个对话框询问用户是否退出，避免强制关闭引起的用户数据丢失。

3. 查看快捷键

在终端界面上，按下键盘上的“Ctrl+Shift+?”组合键可以查看快捷键，熟练使用快捷键，将大大提升工作效率。

3.1.2　终端基本命令

统信 UOS 提供的大量命令用于完成文件存取、目录管理、磁盘管理、进程管理、文件权限设定等操作。终端的基本命令主要包括系统的关机、重启、注销及常见的帮助命令，下面主要介绍这几种常用的基本命令。

1. 登录系统——login命令

功能：login 命令用于用户登录系统，也可以用 login 命令切换登录身份。

格式：login

【例 3-1】使用 login 命令登录系统。

```
teacher@teacher:~$ sudo login
```

输入以上命令后，终端界面提示输入用户名和密码，然后按下回车键即提示登录成功。运行结果如下：

```
teacher@teacher:~$ sudo login
请输入密码：
验证成功
teacher 用户名： aaa
请输入密码：
验证成功
上一次登录： 四 3月  10 14:18:17 CST 2022pts/1 上
Welcome to Uniontech OS Desktop 20 Home

homepage:https://www.chinauos.com/

bugreport:https://bbs.chinauos.com/
```

说明：登录系统需要用户拥有超级管理员权限，故需要 sudo 提权。

2. 重新启动和关闭系统

（1）reboot 命令。

格式：reboot ［选项］

选项：

- -d：重启后系统不向/var/tmp/wtmp 文件中写入记录。
- -f：强制系统重新启动。
- -w：仅用于测试，并不实际执行重新启动操作，但是系统会将重新启动信息写入/var/tmp/wtmp 文件。

【例 3-2】重新启动系统。使用如下命令：

```
teacher@teacher: ~
teacher@teacher:~$ sudo reboot
```

（2）halt 命令。

功能：该命令用于关闭系统，并在/var/tmp/wtm 文件中记录系统的关闭信息。

格式：halt ［选项］

选项：

- -d：重新启动以后，系统不向/var/tmp/wtm 文件中写入记录。
- -f：强制系统重新启动。
- -p：关闭系统以后，执行 poweroff 命令，关闭电源。
- -w：将重新启动信息写入/var/tmp/wtm 文件但不关闭系统。

【例 3-3】用 halt 命令关闭系统但不在/var/tmp/wtm 文件中记录信息。使用的命令如下：

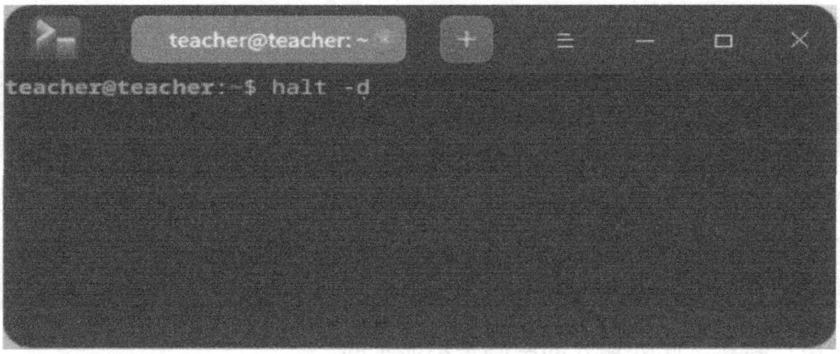

（3）shutdown 命令。

功能：该命令用于关闭系统，并在关闭前会向所有已登录的用户发送信息，向所有进程发送 SIGTERM 信号，并通知进程关闭。

格式：shutdown ［选项］

选项：

- time：设置关机时间。
- warning-message：设置发送给所有用户的警告信息。
- -a：使用/etc/shutdown.allow 文件关闭系统。
- -h：关闭系统以后关机。
- -r：关闭系统以后重新启动系统。

【例 3-4】用 shutdown 命令指定 5 分钟以后关闭系统，并弹出警告信息。使用如下命令：

3. 退出终端

当用户完成任务想要退出终端界面时，可在终端界面输入 exit 命令，然后按下回车键，即可退出，如下所示：

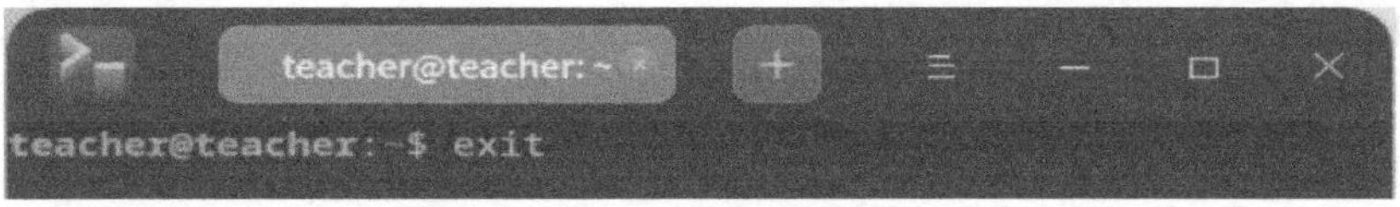

4. 修改登录密码——passwd命令

利用 passwd 命令可以修改用户的登录密码，操作过程如下。

（1）登录系统，在终端界面输入 passwd 命令，如下所示：

```
teacher@teacher:~$ passwd
```

（2）出现如下提示信息：

```
teacher@teacher:~$ passwd
为 teacher 更改 STRESS 密码。
当前的 密码：
```

（3）输入修改之前的密码，按回车键。系统验证原密码无误后，给出如下提示：

```
当前的 密码：
新的 密码：
```

为了保护用户隐私，此处输入的密码是不显示的。

（4）输入新密码，按下回车键，系统会要求再一次输入新密码：

```
重新输入新的 密码：
```

（5）如果两次输入的新密码一致，那么登录密码更改成功。

```
passwd: 已成功更新密码
```

5. 帮助命令

（1）man 命令。

功能：该命令用于格式化显示某命令的联机帮助。man 命令是单词“manual”的缩写，即使用手册的意思。

格式：man［选项］ 命令名

选项：

- -a：在所有的 man 帮助手册中搜索。
- -M 路径：指定查找 man 手册的路径。
- -S 章节：指定查找手册页的章节列表。
- -f：显示给定关键字的简短描述信息。
- -w：显示文件所在位置。

【例 3-5】显示 passwd 帮助文件路径，使用的命令及结果如下：

```
teacher@teacher:~$ man -aw passwd
/usr/share/man/zh_CN/man1/passwd.1.gz
/usr/share/man/man1/passwd.1.gz
/usr/share/man/man1/passwd.1ssl.gz
/usr/share/man/zh_CN/man5/passwd.5.gz
/usr/share/man/man5/passwd.5.gz
```

（2）help 命令。

功能：该命令用于查看所有 Shell 内置命令的帮助信息。

格式：help［选项］［参数］

选项：

- -s：输出短格式的帮助信息，仅包括命令格式。

【例 3-6】显示 cd 命令的帮助信息。使用的命令及结果如下：

```
teacher@teacher:~$ help cd
cd: cd [-L|[-P [-e]] [-@]] [目录]
    改变 shell 工作目录。

    改变当前目录至 DIR 目录。默认的 DIR 目录是 shell 变量 HOME
    的值。

    变量 CDPATH 定义了含有 DIR 的目录的搜索路径，其中不同的目录名
 称由冒号 (:)分隔。
    一个空的目录名称表示当前目录。如果要切换到的 DIR 由斜杠 (/)
开头，则 CDPATH
    不会用上变量。

    如果路径找不到，并且 shell 选项 `cdable_vars' 被设定，则参数
词被假定为一个
    变量名。如果该变量有值，则它的值被当作 DIR 目录。

    选项：
        -L      强制跟随符号链接：在处理 `..' 之后解析 DIR 中的符
 号链接。
        -P      使用物理目录结构而不跟随符号链接：在处理 `..' 之
前解析 DIR 中的符号链接。
        -e      如果使用了 -P 参数，但不能成功确定当前工作目录时
，返回非零的返回值。
        -@      在支持拓展属性的系统上，将一个有这些属性的文件当
```

3.1.3　雷神模式

在统信 UOS 系统中雷神模式可以随时方便地显示及隐藏终端，打开雷神模式默认的快捷方式是 Alt+F2，也可以右击任务栏上的 终端 图标，在弹出的快捷菜单中选择“雷神终端”菜单选项，来打开雷神模式的终端窗口，如下所示：

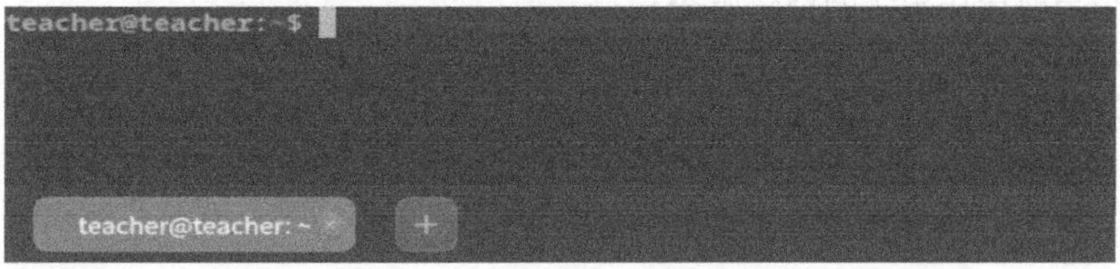

若要修改终端雷神的快捷键，单击“设置中心”或者在启动器中单击“设置”，然后单击“键盘和语言”→“快捷键”，找到终端雷神模式，单击快捷键后，输入自己定义的快捷键，比如 F4 键，就可以按 F4 键启动或者隐藏终端了。

单元 3.2　系统信息相关命令

案例引入

3.2 案例导读、案例分析

【案例导读】

王羲之苦练书法

我国晋代大书法家王羲之，刻苦练习书法。相传他在绍兴兰亭“临池学书”，苦练了 20 年。由于他经常在池里洗笔刷砚，竟把池里的水染黑了。有一次，他的儿子王献之问他写字

的秘诀，他指着家里的十八口水缸说：“你把这十八口缸里的水写完，就知道写字的秘诀了。”王献之真的把十八口缸的水写完了，果真也成了大书法家。

【案例分析】

大书法家王羲之之所以能有如此大的成就，秘诀就在于他的刻苦和专注。这个故事告诉我们，要想取得优异成绩，在学习上一定要专心致志、勤奋好学，要有恒心，要一边读，一边用心去思考。在学习操作系统的应用，尤其是学习系统的相关命令时，更要多思考、多练习，通过勤学苦练尽可能地提高速度。

【专业知识】

在统信 UOS 系统中，可以使用终端命令，快速查看系统各种软硬件设备的信息和配置详情，可以查看和设置系统日期时间等。本节主要介绍显示信息命令、日期时间命令以及常用的清屏命令等。

系统信息相关命令视频

3.2.1 常用显示信息命令

1. 查看系统信息命令——uname命令

功能：uname 命令用于显示系统信息，不加任何参数时仅显示操作系统名称。

格式：uname［选项］

选项：

- -a：显示全部的信息。
- -m：显示主机的硬件信息。
- -n：显示主机名。
- -r：显示当前操作系统的内核版本。
- -s：显示内核名称，输出信息与 uname 不带选项时输出的一样。
- -i：显示硬件平台。
- -p：显示处理器类型。
- -o：显示所使用的操作系统的名称。

【例 3-7】显示操作系统的全部信息，使用的命令及结果如下：

```
teacher@teacher:~$ uname -a
Linux teacher 5.10.0-amd64-desktop #20.00.42.02-cbg SMP Fri
 Nov 12 14:13:51 CST 2021 x86_64 GNU/Linux
```

2. 显示目录或文件的大小——du命令

功能：du 命令用于显示指定的目录或文件所占用的磁盘空间。

格式：du［选项］ 目录

选项：

- -a：显示所有文件大小。
- -s：仅显示总计。

【例 3-8】显示每个文件及整个目录所占用的空间。使用的命令如下：

```
teacher@teacher:~$ du -a
```

【例 3-9】仅显示整个目录所占用的空间。使用的命令及结果如下：

```
teacher@teacher:~$ du -s
100368  .
```

3. 显示文件系统磁盘使用情况——df命令

功能：df 命令用于显示目前在 Linux 系统上的文件系统磁盘使用情况统计。默认显示单位为 KB。

格式：df [选项]

选项：

- -a：包含所有系统文件。
- -h：使用人类可读的格式显示。
- -i：列出索引字节信息。
- -k：指定块大小为 1KB。
- -l：限制列出的文件结构。
- -t：限制列出文件系统的 TYPE。
- -T：显示文件系统的类型。

【例 3-10】显示磁盘分区使用情况。使用的命令及结果如下：

```
teacher@teacher:/$ df
文件系统            1K-块     已用      可用 已用% 挂载点
udev              1466836        0  1466836    0% /dev
tmpfs              302892     2864   300028    1% /run
/dev/sda5        15415240  7381260  7231216   51% /
tmpfs             1514448    11736  1502712    1% /dev/shm
tmpfs                5120        4     5116    1% /run/lock
tmpfs             1514448        0  1514448    0% /sys/fs/cgroup
/dev/sda1         1515376   136388  1283964   10% /boot
/dev/sda3        11287752  8568980  2125672   81% /recovery
/dev/sda7        35343936  4080904 29437960   13% /data
/dev/loop0         582016   582016        0  100% /data/uengine/data/rootfs
tmpfs              302888       40   302848    1% /run/user/1000
/dev/sr0          3867840  3867840        0  100% /media/teacher/UOS 20
uengine-fuse     35343936  4080904 29437960   13% /home/teacher/安卓应用文件
teacher@teacher:/$
```

4. 显示系统中各个进程的资源占用情况——top命令

功能：top 命令经常用来监控 Linux 的系统状况，是常用的性能分析工具，能够实时显示系统中各个进程的资源占用情况。

格式：top [选项]

选项：

- -d：设置信息更新时间，以秒为单位。
- -q：没有任何延迟的显示速度，如果使用者有 superuser 的权限，则 top 将会以最高的优先顺序执行。
- -c：切换显示模式，共有两种模式：一是只显示执行文档的名称，另一种是显示完整的路径与名称。
- -S：以累积模式显示程序信息。

- -s：以安全模式显示程序信息。
- -i：不显示任何闲置（idle）或无用（zombie）的进程。
- -n：设置信息更新的次数，完成后将会退出 top。
- -b：以批处理模式显示程序信息。

【例 3-11】使用 top 命令查看系统中进程的资源占用情况，命令及运行结果如下：

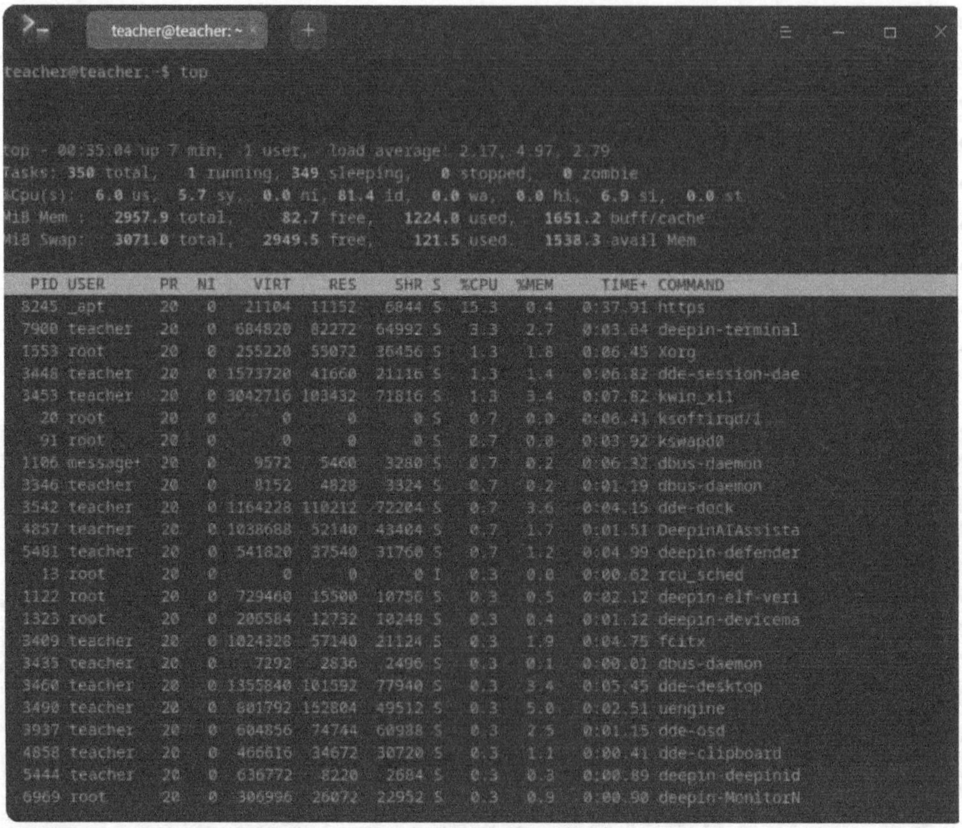

5. 显示系统内存的使用情况——free命令

功能：free 命令用于显示系统内存的使用情况，包括物理内存、交换内存（swap）和内核缓冲区内存。

格式：free [选项]

选项：

- -b：以 Byte 为单位显示内存使用情况。
- -k：以 KB 为单位显示内存使用情况。
- -m：以 MB 为单位显示内存使用情况。
- -g：以 GB 为单位显示内存使用情况。
- -o：不显示缓冲区调节列。
- -t：显示内存总和列。
- -V：显示版本信息。

【例 3-12】使用 free 命令查看系统内存的使用情况，命令及运行结果如下：

```
teacher@teacher:~$ free
              total        used        free      shared  buff/cache
available
Mem:        3028900     1427412       91000       14080     1510488
  1397384
Swap:       3144700       19576     3125124
```

3.2.2　常用日期时间命令

1. 显示系统的日期和时间——date命令

功能：date 命令可以用来显示或设定系统的日期与时间，在显示方面，使用者可以设定欲显示的格式，格式设定为一个加号后加个标记。

格式：date [选项]

选项：

- -d 字符串：显示字符串所指的日期与时间。字符串前后必须加上双引号。
- -u：显示或设定格林威治时间。
- --help：在线帮助。
- --version：显示版本信息。

格式控制字符串含义：

- %d：日期（以 01～31 来表示）。
- %D：日期（含年月日）。
- %w：该周的天数，0 代表周日，1 代表周一，依次类推。
- %m：月份（以 01～12 来表示）。
- %x：日期（以本地的惯用法来表示）。
- %y：年份（以 00～99 来表示）。
- %Y：年份（以四位数来表示）。

【例 3-13】显示系统当前的日期和时间。使用的命令及结果如下：

```
teacher@teacher:~$ date
2022年 02月 22日 星期二 18:57:13 CST
```

【例 3-14】设置系统时间为 2022 年 2 月 21 日，命令及运行结果如下：

```
teacher@teacher:~$ sudo date -s 20220221
请输入密码：
验证成功
2022年 02月 21日 星期一 00:00:00 CST
```

2. 显示系统的月份或年份的日历——cal命令

功能：cal 命令用来显示当前日历，或者指定日期的公历。若不带参数，则显示当前月份的日历；若只有一个参数，则表示年份（1～9999）；若有两个参数，则表示月份和年份。

格式：cal ［选项］ ［月份］ ［年份］

选项：

- -1：显示一个月的日历。
- -3：显示最近三个月的日历。

- -s：将星期天作为月的第一天，默认此种格式。
- -m：将星期一作为月的第一天。
- -j：显示在当年中的第几天。
- -y：显示当年的日历。

【例 3-15】显示系统当前月份的日历。使用的命令及结果如下：

```
teacher@teacher:~$ cal
      二月 2022
日 一 二 三 四 五 六
       1  2  3  4  5
 6  7  8  9 10 11 12
13 14 15 16 17 18 19
20 21 22 23 24 25 26
27 28
```

【例 3-16】显示 2022 年 3 月份的日历。使用的命令及结果如下：

```
teacher@teacher:~$ cal 03 2022
      三月 2022
日 一 二 三 四 五 六
       1  2  3  4  5
 6  7  8  9 10 11 12
13 14 15 16 17 18 19
20 21 22 23 24 25 26
27 28 29 30 31
```

【例 3-17】显示 2022 年的日历（部分）。使用的命令及结果如下：

```
teacher@teacher:~$ cal -y 2022
                              2022
        一月                   二月                   三月

日 一 二 三 四 五 六   日 一 二 三 四 五 六   日 一 二 三 四 五 六
                   1          1  2  3  4  5          1  2  3  4  5
 2  3  4  5  6  7  8    6  7  8  9 10 11 12    6  7  8  9 10 11 12
 9 10 11 12 13 14 15   13 14 15 16 17 18 19   13 14 15 16 17 18 19
16 17 18 19 20 21 22   20 21 22 23 24 25 26   20 21 22 23 24 25 26
23 24 25 26 27 28 29   27 28                  27 28 29 30 31
30 31
```

3.2.3 常用其他命令

1. clear命令

功能：clear 命令用于清除屏幕上的信息。清屏后，提示符将会移到屏幕的左上角。

格式：clear

【例 3-18】清除终端屏幕内容。使用的命令如下：

```
teacher@teacher:~$ clear
```

2. echo命令

功能：echo 命令用于在屏幕上显示命令行中所给出的字符串。该命令往往用在 Shell 脚本中，作为一种输出提示信息的手段。

格式：echo ［选项］ 字符串

选项：

- -n：表示输出字符串之后光标不换行。

【例 3-19】显示字符串“这是 echo 命令”。使用的命令及结果如下：

```
teacher@teacher:~$ echo "这是echo命令"
这是echo命令
```

3. history命令

功能：history 命令用于显示用户以前执行过的历史命令，并且能对历史命令进行追加和删除等操作。

格式：history ［参数］ ［目录］

选项：

- -n：表示输出字符串之后光标不换行。

【例 3-20】显示最近使用的 5 条命令。使用的命令及结果如下：

```
teacher@teacher:~$ history 5
  258  cls
  259  clear
  260  cat file1.txt
  261  top
  262  history 5
```

单元 3.3　文件和目录相关命令

案例引入

【案例导读】

3.3 案例导读

“两弹一星”元勋——程开甲

1946 年 8 月，程开甲赴英留学。新中国成立后，程开甲放弃了国外优厚条件回到中国，1960 年，加入我国核武器研究的队伍，从此消失 20 余年。从 1963 年第一次踏进罗布泊到 1985 年，程开甲一直生活在核试验基地，为开创中国核武器研究和核试验事业，倾注了全部心血和才智。程开甲设计了中国第一个具有创造性和准确性的核试验方案，设计和主持包括首次原子弹、氢弹、导弹核武器、平洞、竖井和增强型原子弹在内的几十次试验。

【案例分析】

3.3 案例分析

程开甲一片赤诚，一生奉献，一切都和祖国紧紧相联。我国第一颗原子弹爆炸成功的背后是程开甲等一大批科技工作者隐姓埋名、呕心沥血的坚守与奋斗。数百册（卷）文字档案、上百件原始记录件和数十套声像档案，成为这一时刻的历史见证。当时这些文字档案只能通过人工进行编号整理。而在信息技术发达的今天，可以将它们做成电子档案，将文件编排目录并归类整理。电子档案不仅能快速查阅相关档案资料，大大提高工作效率，还能实现资源共享。

【专业知识】

磁盘上的文件系统是分层次的，由若干目录及其子目录组成，顶层的目录称为根目录，用“/”表示。文件系统中存储数据的一个命名对象称为文件。文件是统信 UOS 系统处理信息的基本单位，一个文件可以是空文件。在统信 UOS 中一切都被看成文件，不管是目录还是设备。在统信 UOS 系统终端可以使用命令对文件和目录进行操作，下面将详细介绍文件和目录的操作命令。

文件和目录相关命令视频

3.3.1 常用文件操作命令

常用的文件操作命令如下。

1. touch命令

功能：touch 命令有两个功能：一是创建新的空文件；二是改变已有文件的时间戳属性。touch 命令会根据当前的系统时间更新指定文件的访问时间和修改时间。如果文件不存在，将会创建新的空文件，除非指定了“-c”或“-h”选项。

格式：touch [选项] 文件名

选项：

- -a：改变档案的读取时间记录。
- -m：改变档案的修改时间记录。
- -c：假如目的档案不存在，不会建立新的档案，与--no-create 的效果一样。
- -d：使用指定的日期时间，而非现在的时间。
- -t：使用指定时间并设置时间格式。
- --help：在线帮助。
- --version：显示版本信息。

【例 3-21】创建名为“file1.txt”和“file2.txt”两个新的空白文件。使用的命令如下：

```
teacher@teacher:~$ touch file1.txt
teacher@teacher:~$ touch file2.txt
```

2. cat命令

功能：cat 命令用于连接文件并将文件打印到标准输出设备上。cat 命令经常用来显示文件的内容，相当于 DOS 下的 type 命令。

格式：cat [选项] 文件名 1 [文件名 2]

选项：

- -b 或-number -noblank：从 1 开始对所有非空输出行进行编号。
- -n 或-number：从 1 开始对所有输出行进行编号。
- -s 或-squeeze-blank：将多个相邻的空行合并成一个空行。
- -v 或-show-nonprinting：显示非打印字符。

说明：该命令有两项功能：一是用来显示文件的内容。它依次读取由参数文件所指明的文件，将它们的内容输出到标准输出设备上；二是连接两个或多个文件，如 cat f1 f2>f3，是指将文件 f1 和 f2 的内容合并，然后通过输出重定向符“>”，将它们放入文件 f3。

【例 3-22】给 file1.txt 文件输入内容后，使用以下命令查看 file1.txt 文件的内容：

```
teacher@teacher:~$ cat file1.txt
```

【例 3-23】将文件 file1.txt 和 file2.txt 合并后放入文件 newfile.txt 中。使用的命令如下：

```
teacher@teacher:~$ cat file1.txt file2.txt > newfile.txt
```

3. more命令

功能：more 命令类似 cat 命令，使用 more 命令可以一页一页地显示文件内容。

格式：more［选项］文件名

选项：

- -number：指定一个整数，表示一屏显示多少行。
- -d：在屏幕底部显示“Press space to continue，'q' to quit.”，并且在用户输入非功能键后，显示“Press 'h' for instructions.”信息。
- -p：不滚屏，在显示下一屏之前先清屏。
- -s：将文件中连续的空白行压缩成一个空白行显示。

【例 3-24】用分页的方式显示文件 file1.txt 的内容。使用的命令如下：

```
teacher@teacher:~$ more file1.txt
```

【例 3-25】用分页的方式显示文件 file1.txt 的内容，并且每页显示 5 行。使用的命令及结果如下：

```
teacher@teacher:~$ more -5 file1.txt
欢迎使用UOS操作系统！
统信软件技术有限公司（简称：统信软件）是由国内领先的操作系统厂家于2019年联合成立。
总部设立在北京，同时在武汉、上海、广州、南京、成都、重庆、西安、太原、深圳等地设立了
地方技术支持机构、研发中心和通用软硬件适配中心。
统信软件以"打造操作系统创新生态，给世界更好的选择"为愿景
--More--(64%)
```

4. less命令

功能：与 more 命令一样，less 命令也用来分屏显示文件内容，less 命令除了可以向下翻页之外，还可以向上翻页和前后翻页。

格式：less［选项］文件名

选项：

- -b：向后翻一页。
- -d：向后翻半页。
- -h：显示帮助界面。
- -Q：退出 less 命令。
- -u：向前滚动半页。
- -y：向前滚动一行。
- 空格键：滚动一行。
- Enter 键：滚动一页。
- ［pagedown］：向下翻动一页。

● [pageup]：向上翻动一页。

【例 3-26】用分页的方式显示文件 file1.txt 的内容。使用的命令如下：

```
teacher@teacher:~$ less file1.txt
```

5. head命令

功能：head 命令在屏幕上显示指定文件的开头若干行，行数由参数值来确定，默认显示文件的前 10 行。

格式：head [选项] 文件名

选项：

● -c num：显示文件的前 num 个字符串。

● -n num：显示文件的前 num 行。

【例 3-27】显示文件 file1.txt 的前 5 行。使用的命令如下：

```
teacher@teacher:~$ head -5 file1.txt
```

6. tail命令

功能：tail 命令在屏幕上显示指定文件的末尾若干行，行数由参数值来确定，默认显示文件的后 10 行。如果指定的文件多于一个，那么 tail 在显示每个文件之前先显示文件名。

格式：tail [选项] 文件名

选项：

● -c num：显示文件的末尾 num 个字符串。

● -n num：显示文件的末尾 num 行。

● + num：从第 num 行开始显示文件内容。

【例 3-28】显示 file1.txt 文件的后 10 行。使用的命令如下：

```
teacher@teacher:~$ tail -10 file1.txt
```

7. cp命令

功能：cp 命令用来将一个或多个源文件或目录复制到指定的目标文件或目录。cp 命令可将单个源文件复制成一个指定文件名的具体文件或复制到一个已经存在的目录下。

格式：cp [选项] 源文件或目录　目标文件或目录

选项：

● -a：该选项通常在复制目录时递归地将源目录下的所有子目录及文件都复制到目标目录，并且保留文件链接和文件属性不变。

● -d：复制时保留文件链接。

● -f：覆盖已经存在的目标文件，并且不给出提示。

● -i：在覆盖目标文件之前给出提示，要求用户予以确认，输入“Y”，将覆盖目标文件。

● -p：除复制源文件的内容外，还将其修改时间和存取权限也复制到新文件中。

● -r：将源目录下的所有文件及子目录复制到目标位置。

【例 3-29】将文件 file1.txt 复制到桌面目录下，并改名为 file3.txt。使用的命令如下：

```
teacher@teacher:~$ cp file1.txt /home/teacher/Desktop/file3.txt
```

8. rm命令

功能：rm 命令可删除一个目录中的一个或多个文件或目录，也可将某个目录及其下面的所有文件和子目录删除。

格式：rm［选项］文件列表

选项：

- -d：删除目录，不管它是否为空。
- -f：忽略不存在的文件，并且不给出提示信息，强制删除文件或目录。
- -r：递归删除指定目录及其下面的所有文件和子目录。
- -i：删除文件或目录之前逐一询问确认。

【例 3-30】删除文件/home/teacher/file1.txt，在删除之前需确认。使用的命令如下：

```
teacher@teacher:~$ rm -i /home/teacher/file1.txt
rm: 是否删除普通文件 '/home/teacher/file1.txt'? y
```

9. mv命令

功能：mv 命令用来移动文件或目录，还可在移动的同时修改文件名或目录名。

格式：mv［选项］源文件 目标文件

选项：

- -f：当目标文件存在时，强制覆盖。
- -i：默认选项，当目标文件存在时，提示是否覆盖。
- -t：先指定目标文件，再指定源文件。
- -b：当目标文件存在时，先备份再覆盖。

【例 3-31】将文件 file2.txt 改名为 file1.txt。使用的命令如下：

```
teacher@teacher:~$ mv /home/teacher/file2.txt file1.txt
```

10. find命令

功能：find 命令可以根据给定的路径和表达式查找文件或目录。find 参数选项很多，并且支持正则，功能强大。如果使用该命令时不设置任何参数，则 find 命令将在当前目录下查找子目录与文件，并且将显示查找到的全部子目录和文件。

格式：find［路径］［选项］

选项：

- -name filename：查找名称为 filename 的文件。
- -size n：查找大小等于 n 的文件；-n 表示大小小于 n 的文件，+n 表示大小大于 n 的文件。
- -user username：查找属于指定用户 username 的所有文件。
- -group groupname：查找属于指定组 groupname 的文件。
- -type：查找指定类型的文件，文件类型包括 b（块设备文件）、c（字符设备文件）、d（目录）、p（管道）、l（符号链接文件）、f（普通文件）共 6 种。
- -print：显示查找结果。

- -atime n：查找 n 天前被访问的文件。

【例 3-32】查找当前目录中所有以“file”开头的文件。使用的命令及结果如下：

```
teacher@teacher:~$ find -name "file*"
./.local/share/Trash/files
./Desktop/file3.txt
./Desktop/file1.txt
./file
./file1.txt
```

【例 3-33】列出当前目录中文件名以“txt”结尾的、3 天之前被修改过的文件。使用的命令及结果如下：

```
teacher@teacher:~$ find -name "*.txt" -atime +3
./.config/browser/Default/Extensions/eamchncaadaikjedddikpgopndpgfdma/1.2.5_0
./Desktop/11/abc.txt
./Desktop/22/aaa.txt
```

11. sort命令

功能：sort 命令用于对文本文件的各行进行排序，并将结果显示在标准输出设备上。

格式：sort［选项］ 文件列表

选项：

- -m：如果文件列表中的文件已经排好序，则对这些文件统一进行合并，不做排序。
- -r：逆序排序。
- -o：将文件排序输出放到指定的文件中。如果指定的文件不存在，则创建一个新文件。

【例 3-34】分别对文件 file1.txt 和 file2.txt 文件内容进行排序。使用的命令及结果如下：

```
teacher@teacher:~$ sort file1.txt
aaaaaaaaaaa
bbbbbb
cccccccc
dddddd
eee
teacher@teacher:~$ sort file2.txt
ccccc
dddddd
eee
ffffff
gggggggg
```

12. comm命令

功能：comm 命令用于比较两个已排过序的文件，该命令会一列列地比较两个已排序的文件的差异，并将其结果显示出来。

格式：comm ［-1 -2 -3］ 文件 1 文件 2

选项：

- -1：不显示只在文件 1 里出现过的列。
- -2：不显示只在文件 2 里出现过的列。
- -3：不显示只在文件 1 和文件 2 里出现过的列。

【例 3-35】对例 3-34 中排序过的文件 file1.txt 和文件 file2.txt 进行比较，只显示它们共有的行。使用的命令及结果如下：

```
teacher@teacher:~$ comm -12 file1.txt file2.txt
dddddd
eee
```

13. diff命令

功能：diff 命令逐行比较两个文件，列出它们的不同之处，并告诉用户若要使两个文件保持一致，则需要修改它们的哪些行。如果两个文件完全一样，则该命令不显示任何输出。

格式：diff ［选项］文件 1　文件 2

选项：

- -a：将所有命令当作文本处理。
- -b：忽略行尾的空格。
- -B：忽略空行。
- -q：只指出什么地方不同，忽略具体信息。
- -i：忽略大小写。

【例 3-36】比较文件 file1.txt 和文件 file2.txt 的区别。使用的命令如下：

```
teacher@teacher:~$ diff file1.txt file2.txt
```

14. wc命令

功能：wc 命令用于统计指定文件的字节数、字数、行数，并输出结果。

格式：wc［选项］文件列表

选项：

- -c：统计字节数。
- -l：统计行数。
- -w：统计字数。

【例 3-37】统计文件 file1.txt 的字节数、字数和行数。使用的命令及结果如下：

```
teacher@teacher:~$ wc -lcw file1.txt
 6  8 45 file1.txt
```

3.3.2　常用目录操作命令

统信 UOS 系统中对目录的操作主要包括查看当前目录、创建新目录、更改工作目录、将文件移动或复制到另一个目录下、删除目录等，接下来详细介绍目录的相关命令。

常用目录操作命令视频

1. mkdir命令

功能：mkdir 命令用于创建由目录名命名的目录。如果在目录名前面没有加任何路径，则在当前目录下创建；如果给出了一个存在的路径，将会在指定的路径下创建。

格式：mkdir［选项］目录名

选项：

- -m：对新建的目录设置权限。
- -p：建立所需要的新目录递归（如果父目录不存在，则同时创建该目录和该目录的父目录）。

【例 3-38】在主目录下建立子目录 test1，并且只有文件主用户有读、写和执行权限，其他用户无权限访问。使用的命令如下：

```
teacher@teacher:~$ sudo mkdir -m 700 test1
```

【例 3-39】在主目录下建立 test2 和 test2 下的 bak 目录，权限设置为文件主用户可读、写、执行，同组用户可读和执行，其他用户无权访问。使用的命令如下：

```
teacher@teacher:~$ sudo mkdir -p -m 750 test2/bak
```

2. rmdir命令

功能：rmdir 命令用于删除空目录。

格式：rmdir［选项］目录名

选项：

- -p：递归删除目录。在删除目录时，若父目录为空，则一同删除父目录；若父目录不为空，则保留父目录。
- -v：显示指令执行过程。

【例 3-40】删除主目录下的 test2 和 test2 下的 bak 目录。使用的命令如下：

```
teacher@teacher:~$ sudo rmdir -p test2/bak
```

3. pwd命令

功能：pwd 命令用于显示当前目录的完整路径。

格式：pwd

【例 3-41】显示当前目录的路径。使用的命令及结果如下：

```
teacher@teacher:~$ pwd
/home/teacher
```

4. cd命令

功能：cd 命令用来切换不同的目录。

格式：cd［选项］目录名

选项：

- ~：切换至当前用户主目录。
- ..：切换至当前目录的父目录。
- /：切换至系统根目录。

【例 3-42】将当前目录改到/home 下。使用的命令及结果如下：

```
teacher@teacher:~$ cd /home
teacher@teacher:/home$
```

【例 3-43】将当前目录改到用户主目录下。使用的命令及结果如下：

```
teacher@teacher:/home$ cd
teacher@teacher:~$
```

【例 3-44】将当前目录向上移动两级。使用的命令如下：

```
teacher@teacher:~$ cd ../..
```

5. ls命令

功能：ls 命令是统信 UOS 最常用的指令之一。其功能是列出指定目录下的内容及其相关属性信息。

格式：ls［选项］［文件］

选项：

- -a：显示所有文件，包括以“.”开头的隐藏文件。
- -A：显示所有文件，包括隐藏文件，但不列出“.”（当前目录）和“..”（父目录）。
- -c：按文件修改时间排序。
- -h：列出文件大小。
- -l：以长格形式显示文件的详细信息，包括文件属性和权限。
- -i：在输出的第一列显示文件的 i 节点。
- -r：按逆序显示 ls 命令的输出结果。
- -R：递归显示指定目录的各个子目录的文件。
- -t：按文件名称的修改时间排序。

【例 3-45】列出当前目录的内容，并按修改时间排序。使用的命令及结果如下：

```
teacher@teacher:/$ ls -c
proc  tmp  etc  home  media  data  srv  mnt  lib32  libx32                bin         opt   recovery
sys   test run  dev   usr    var   sbin lib  lib64  chineseime-logo.png   lost+found  root  boot
```

6. mv命令

功能：mv 命令除了能移动文件外，还可以移动目录。具体应用详见 3.3.1 中的 mv 命令。

7. cp命令

功能：cp 命令主要用来复制文件和目录。具体应用详见 3.3.1 中的 cp 命令。

3.3.3　常用其他命令

常用其他命令视频

1. gzip命令

功能：该命令用于对文件进行压缩和解压缩。压缩文件的扩展名是.gz。

格式：gzip［选项］压缩文件名/解压缩文件名

选项：

- -c：将解压文件写到标准输出设备上，源文件不变。
- -d：将压缩文件进行解压缩。
- -r：递归查找指定目录并压缩其中的所有文件，或者是将压缩文件进行解压缩。

【例 3-46】把/home/teacher 目录下的 file 文件压缩成.gz 文件，压缩前后文件显示如下：

```
teacher@teacher:/$ cd /home/teacher
teacher@teacher:~$ ls
安卓应用文件  desktop  Documents  file       Music         Pictures  test01
aaa           Desktop  Downloads  file1.txt  newfile.txt   test      test01.txt
teacher@teacher:~$ gzip file
teacher@teacher:~$ ls
安卓应用文件  desktop  Documents  file1.txt  Music         Pictures  test01
aaa           Desktop  Downloads  file.gz    newfile.txt   test      test01.txt
```

2. unzip命令

功能：该命令用于对 winzip 格式的压缩文件进行解压缩。

格式：unzip［选项］压缩文件名

选项：

- -x 文件列表：解压缩文件，但不解压缩文件列表中所指定的文件。
- -v：查看压缩文件中的内容，但不解压缩。
- -d 目录：指定文件解压缩后所要存储到的目录。
- -n：解压缩时不覆盖已存在的文件。
- -o：允许覆盖已经存在的文件。
- -j：废除压缩文件原来的目录结构，将所有文件解压缩之后放到同一目录之下。

【例 3-47】将压缩文件 file1.zip 在当前目录下解压缩。使用的命令及结果如下：

```
teacher@teacher:~$ unzip file1.zip
Archive:  file1.zip
   creating: file1/
```

3. chmod命令

功能：该命令用于改变或设置文件或目录的存取权限。

格式：chmod ［选项］ 文件和目录列表

说明：chmod 命令支持以下两种设定文件或目录权限的方法。

（1）使用字符模式设置权限。

用 u、g、o 和 a 来表示不同用户，其中 u 表示文件主，g 表示同组用户，o 表示其他用户，a 表示所有用户；用 r、w、x 来表示权限，其中 r 表示文件可读，w 表示可写，x 表示文件可执行。对文件权限的设置通过+、-和=来完成，其中+表示在原有权限上添加某权限，-表示在原有权限上取消某权限，=表示赋予给定的权限的同时取消之前所有权限。

（2）使用八进制数设置权限。

3 个八进制数分别代表 ugo 的权限，读、写、执行权限分别对应的数值是 4、2、1。若想要 rwv 属性，则设置八进制数为 4+2+1=7。

【例 3-48】将文件 test01.txt 的权限设置为文件主用户可读、可执行，组用户可执行，其他用户无权访问。

采用字符模式的命令：

```
teacher@teacher:~$ sudo chmod u=r,ug=x test01.txt
```

采用八进制数模式的命令：

```
teacher@teacher:~$ sudo chmod 510 test01.txt
```

单元 3.4　vi 文本编辑器

案例引入

【案例导读】

3.4 案例导读

文章不厌百回改

古今中外，精于修改自己文章的人有很多。曹雪芹写《红楼梦》“批阅十载，增删五次”。

托尔斯泰写《战争与和平》，曾反复修改七次。马克思宁肯把自己的手稿烧掉，也不愿把未经加工的著作遗留于身后。福楼拜是 19 世纪法国批判现实主义作家。一天，莫泊桑带着一篇新作去请教福楼拜，看见福楼拜桌上每页文稿都只写一行，其余九行都是空白，很是不解。福楼拜笑了笑说："这是我的习惯，一张十行的稿纸，只写一行，其余九行是留着修改用的。"

【案例分析】

"文章不厌百回改，反复推敲佳句来"这句话告诉我们一个浅显易懂的道理：好文章都是改出来的。而管理员在进行系统操作的时候，不可避免地会对文本进行修改，如进行各种服务程序配置文件的修改，使程序为用户提供不同的服务效果。因此，统信 UOS 系统中的文本编辑器是必备的一个重要软件。

3.4 案例分析

【专业知识】

vi 命令是统信 UOS 系统字符界面下的最常用的文本编辑器。本节将从文本编辑器概述、编辑器的工作模式及编辑器的应用三个方面展开讲述。

3.4.1　文本编辑器概述

vi 是一个基于统信 UOS 命令行的文本编辑器，也是统信 UOS 系统中常用的全屏幕编辑器。通过使用 vi 编辑器，可以对文本文件进行创建、查找、替换、删除、复制和粘贴等操作，也可以根据用户的需求定制。

3.4.2　编辑器的工作模式

vi 编辑器有 3 种工作模式，即命令模式、输入模式和末行模式（也称为 ex 转义模式），可以在不同的模式下对文件完成不同的操作。通过对应的命令或操作，以上 3 种工作模式可以相互转换。

1. 命令模式

启动 vi 编辑器后默认进入命令模式。在此模式下可以进行光标移动、字符串查找及对文件进行删除、复制和粘贴操作。

2. 输入模式

在此模式下主要完成文件内容的录入、修改和增加等操作。按 Esc 键可返回到命令模式。

3. 末行模式

在此模式下可以设置编辑环境，也可以保存文件、查找与替换文件内容、替换文件内的字符、退出 vi 等操作。当处于末行模式时，vi 编辑器的最后一行会出现":"提示符。

3.4.3　编辑器的应用

只有启动 vi 编辑器才可以使用 vi 命令。当完成文本的编辑后，应该退出 vi 编辑器，转回 Shell 命令状态下。本节将介绍如何启动 vi 编辑器、切换 vi 编辑器的工作模式、编辑及退出 vi 编辑器等，具体的操作步骤及方法如下。

编辑器的应用

1. 启动vi编辑器进入命令模式

在系统的提示符下，输入命令 vi 及文件名后，即可进入 vi 编辑器全屏编辑画面。

启动 vi 编辑器后默认进入到 vi 命令模式，此时在键盘上输入任何字符都被当作编辑命令来解释。例如：a 表示附加命令，i 表示插入命令，x 表示删除字符命令等。若输入的字符不是合法命令，则计算机会发出报警声。

进入 vi 编辑器界面命令如图 3-5 所示。

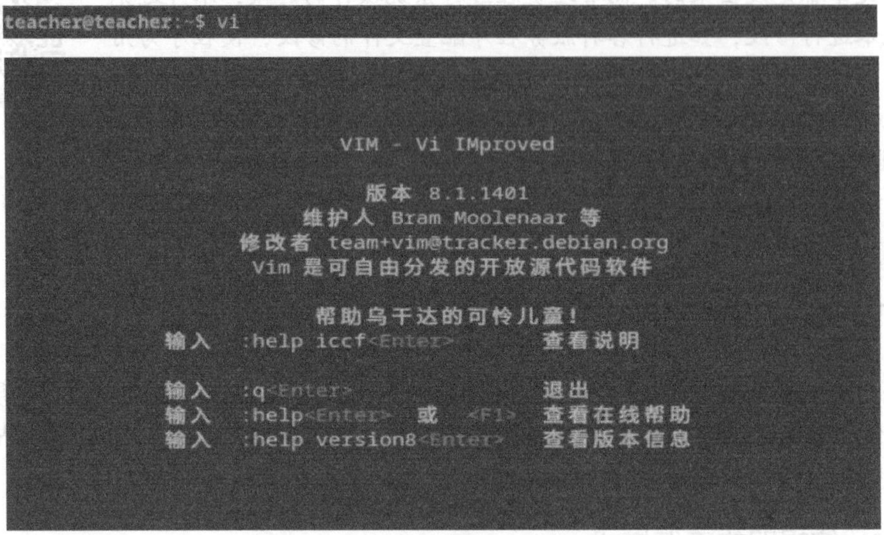

图 3-5　进入 vi 编辑器界面命令

命令模式下的常用命令如表 3-1 所示。

表 3-1　命令模式下的常用命令

类型	命令	描述
进入编辑模式	i	在当前光标位置之前插入文本
	I	在当前行的开始处插入文本
	a	在当前光标位置之后插入文本
	A	在当前行的结尾处插入文本
	o	在当前光标位置的下面为文本条目创建一个新行
	O	在当前光标位置的上面为文本条目创建一个新行
光标移动	k、j、h、l	光标向上、下、左、右四个方向移动
	↑、↓、←、→	光标向上、下、左、右四个方向移动
	Home 键/End 键	光标移到行首/行尾
	1G/G 或 gg	光标移到文件内容的第一行/最后一行
字符串查找	/字符串 回车	向后查找指定的字符串
	?字符串 回车	向前查找指定的字符串

2. 编辑模式

当用户需要编辑文件时，必须先切换到编辑模式。进入编辑模式后，就可以开始对文本进行编辑。编辑模式下常用的编辑命令如表 3-2 所示。

表 3-2　编辑模式下常用的编辑命令

类型	命令	描述
删除	x 或 Del 键	删除光标所有位置的字符
	d$	删除光标之前到行首的所有字符
	dd	删除光标所在的行
	#dd	删除从光标处开始的#行内容，如 5dd 表示从当前行开始向下删除 5 行
复制	yy	复制当前行整行的内容到剪贴板
	#yy	复制从光标处开始的#行内容，如 5yy 表示复制 5 行
	p	将复制的文本插入光标位置的后面
粘贴	P	将复制的文本插入光标位置的前面
撤销编辑	u	按一次取消最近的一次操作，多次按 u 键，则恢复已进行的多步操作
	U	用于取消对当前行所做的所有编辑

3. 保存并退出vi编辑器

编辑完文件内容后，需要对文件内容进行保存等操作。末行模式下的常用命令如表 3-3 所示。

表 3-3　末行模式下的常用命令

命令	描述
：set nu	在编辑器中显示行号
：q	退出 vi 编辑器，如果对文件进行了修改，则 vi 编辑器不能退出，将返回编辑模式
：q!	放弃对文件内容的修改，并强行退出 vi 编辑器
：w	保存当前文件
：wq 或：x	保存文件并退出 vi 编辑器
：w filename	将当前编辑的文件另存为其他文件

4. vi编辑器命令综合应用实践

（1）利用 vi 编辑器在当前目录下创建一个新文件 testfile，操作命令如下：

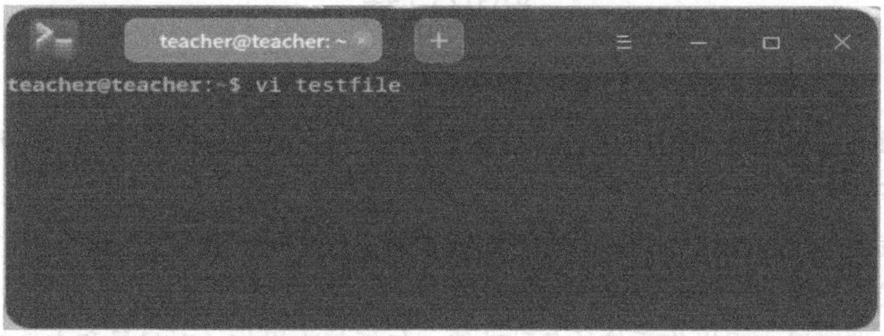

（2）执行以上命令后即打开 testfile 文件，然后按 i 或 a 键进入编辑模式，在此可输入以下内容：

（3）内容编辑完毕后，按 Esc 键退出编辑模式，进入命令模式。

（4）输入:wq 或:x 命令保存刚才编辑的内容并退出 vi 编辑器。

（5）若想继续编辑刚才的 testfile 文档内容，则输入 vi testfile 命令可查看刚才保存的内容并继续编辑，如下所示：

知识总结

（1）Shell 是操作系统的用户界面，是用户与内核进行交互操作的接口。Shell 命令由命令名、选项和参数三部分组成。

（2）终端是一个用来输入 Shell 命令和脚本的窗口，是一款集多窗口、工作区、远程管理、雷神模式等功能于一体的高级终端模拟器。

（3）在终端可以实现操作系统的各种功能，包括基本操作、对目录和文件的操作等。常用的基本命令有 uname、du、date、man、cal、history 等。常用的文件和目录的命令有 touch、mkdir、rmdir、cd、ls、more、less、cat、rm 等。

（4）vi 编辑器是最基本的文本编辑器，vi 编辑器有 3 种工作模式，即命令模式、输入模式和末行模式，可以在这 3 种模式下进行输出、编辑、删除、查找和替换等文本操作。

综合实训　国产操作系统常用终端命令

【实训目的】

（1）掌握国产操作系统的终端基本命令。

（2）掌握国产操作系统中与信息相关的命令。

（3）掌握国产操作系统中目录与文件的操作命令。

（4）掌握国产操作系统文本编辑器的使用。

【实训内容】

（1）登录国产操作系统，启动终端。

（2）使用 cd /命令切换到系统根目录。

（3）使用 mkdir 命令，创建一个新目录并显示出来。

（4）使用 touch 命令创建文件并显示出来。

（5）使用 cat 命令显示文件的内容。

（6）使用 rm 命令将文件删除。

（7）使用 mkdir 命令将目录删除。

（8）使用 ls-l 命令查看目录里的文件。

（9）使用 date 命令查看系统当前日期。

（10）使用 vi 命令进行文本编辑与保存操作。

思考与练习

1. 选择题

（1）以下哪个命令使系统重新启动以后，不向/var/tmp/wtmp 文件中写入记录？（　　）

[A]reboot　　[B]reboot -d　　[C]reboot -f　　[D]reboot -w

（2）显示操作系统名称使用哪个命令？（　　）

[A]uname　　[B]du　　[C]ls　　[D]cd

（3）显示系统当前日期和时间使用哪个命令？（　　）

[A]now　　[B]date　　[C]cal　　[D]cat

（4）清除终端屏幕上的信息使用哪个命令?（　　）

[A]clr　　[B]ls　　[C]del　　[D]clear

（5）创建文件使用哪个命令？（　　）

[A]mv　　[B]cp　　[C]touch　　[D]cat

（6）创建目录使用哪个命令？（　　）

[A]mv　　[B]rm　　[C]rmdir　　[D]mkdir

（7）删除除隐含文件外的所有文件和子目录的命令使用哪个参数？（　　）

[A]-d　　[B]-f　　[C]-r　　[D]-i

（8）删除空目录使用哪个命令？（　　）

[A]del　　[B]mkdir　　[C]rmdir　　[D]mv

（9）显示当前目录的内容使用哪个命令？（　　）

[A]ls　　[B]cp　　[C]cp　　[D]cd

（10）保存文件并退出 vi 编辑器使用哪个命令？（　　）

[A]：q　　[B]：wq 或：x　　[C]：q!　　[D]：w

2. 填空题

（1）vi 编辑器有_______、______和_______3 种工作模式。

（2）对于目录间的切换，跳转到上一级目录使用______，切换到当前用户主目录使用______。

（3）在 vi 编辑器的编辑模式下，想查找单词 word，应该使用命令______。

3. 判断题

（1）cal 命令用于显示系统当前的日期和时间。（　　）

（2）用 r、w、x 表示文件权限，rw-用八进制数表示为 4+2+0。（　　）

（3）unzip 命令用于对 winzip 格式的压缩文件进行解压缩。（　　）

（4）统信 UOS 系统普通用户没有关机或重启的权限。（　　）

（5）vi 编辑器一次只能打开一个文件。（　　）

4. 简答题

（1）什么是 Shell 命令？

（2）简述 more 命令和 less 命令的区别。

（3）在 vi 编辑器中如何从命令模式切换到编辑模式？

模块 4　用户及用户组管理

导读

统信操作系统（简称统信 UOS）中对用户和用户组的管理就是指添加用户和用户组、更改密码和设定权限等操作。本模块首先对用户及用户组进行简要介绍，然后分别使用命令方式和界面方式讲解用户及用户组的管理，接着对用户及用户组的配置文件进行介绍，最后通过实训掌握使用命令和图形化界面管理用户和用户组的方法。

学习要点

1. 统信 UOS 系统用户及用户组概述
2. 统信 UOS 系统用户及用户组的管理
3. 统信 UOS 系统用户及用户组配置文件

学习目标

【知识目标】

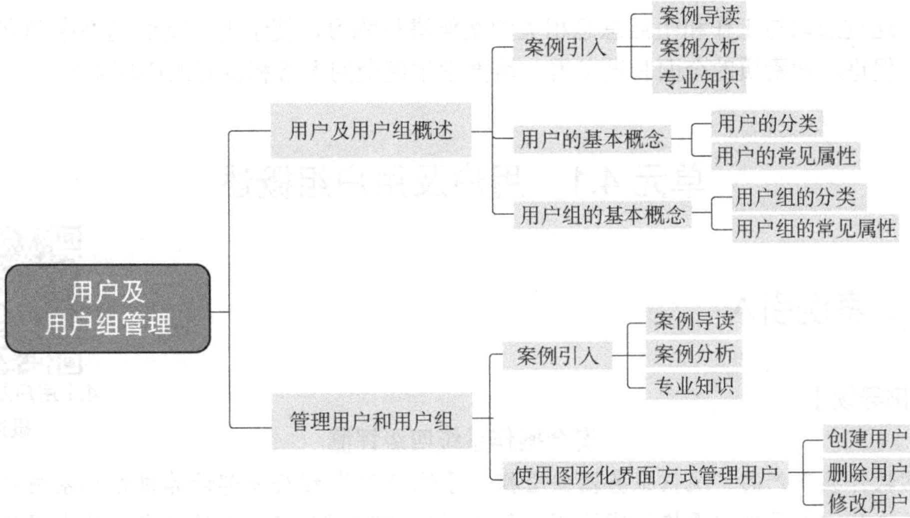

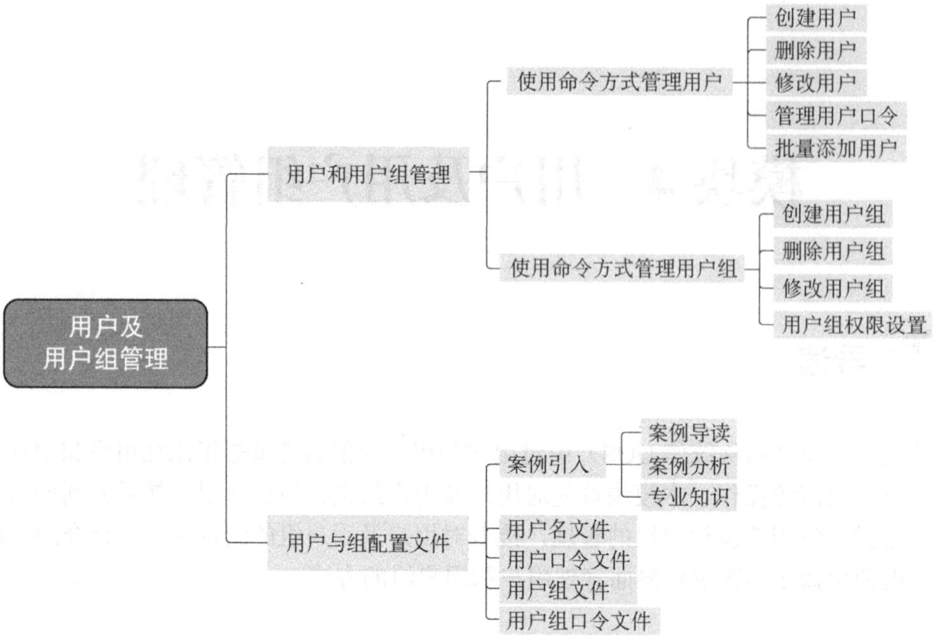

【技能目标】

（1）统信 UOS 系统用户的基本概念。

（2）使用命令方式管理用户及用户组。

（3）使用图形化界面方式管理用户及用户组。

（4）掌握统信 UOS 系统用户与用户组的配置文件。

【素质目标】

（1）本模块讲授管理统信 UOS 系统用户和用户组的知识，培养学生合理管理日程事项的能力，使学生在专业领域内更具竞争力。

（2）本模块以培养学生创新精神和实践能力为重点，促进学生个性发展，务实而不庸俗，面对挫折与失败不逃避。

（3）通过选取与工作和生活息息相关的案例进行练习，使学生在就业选择中确立正确的价值观，促进职业素质的全面和谐发展，培养学生健全的人格和良好的心理素质。

单元 4.1　用户及用户组概述

案例引入

4.1 用户及用户组概述

【案例导读】

安全操作系统四级评测

统信软件旗下产品“统信服务器安全操作系统 V20”经公安部计算机信息系统安全产品质量监督检验中心等部门严格评审检测，符合《GB/T30284—2020 信息安全技术操作系统安全技术要求》第四级、《JCTJ005—2016 信息安全技术通用渗透测试检测条件》（6.2.1、6.2.2）中相关条款所述的安全功能、自身安全及安全保障有关要求，成功通过安全操作系统四级评测认证，这也是国内自主操作系统所达到的最高安全等级。

统信 UOS 操作系统根据 SDL 规范和自身产品的特点，结合了等保 2.0 和可信计算等要求，构建了从内核到应用、从芯片到软件、从主动防御到安全合作的系统安全防护体系。

此外，统信软件及其产品通过了 CMMI3 国际评估认证，拥有 ISO27001 信息安全管理体系认证、ISO9001 质量管理体系认证等多项国内外权威认证。

【案例分析】

安全好用、生态完善已成为统信操作系统的核心竞争力。安全操作系统四级评测认证的成功通过，使得统信操作系统进一步满足了不同领域、不同场景的安全应用要求。为了实现这些安全应用要求，统信 UOS 系统从用户管理、资源访问行为管理以及数据安全、网络访问安全等各个方面对系统行为进行控制。整体而言，用户对系统的不当使用是威胁操作系统安全的最主要因素之一，这里既包括合法用户因为误操作而对系统资源造成的破坏，也包括恶意攻击者冒用合法用户身份对系统进行的攻击破坏。因此，统信 UOS 系统的首要安全问题是对系统用户进行管理，确保正常情况下登录用户的合法性，并在此基础上构建整个操作系统安全体系。

【专业知识】

统信 UOS 系统是一个多用户、多任务的操作系统，它允许多个用户通过主机访问并使用系统资源。任何一个要使用系统资源的用户，都要有可登录的用户账号，登录该账号后才可以进入系统并访问系统中允许访问的资源，不同用户具有不同的权限，每个用户在权限允许的范围内完成不同的任务。

统信 UOS 系统正是通过这种权限的划分与管理，既可以合理地利用和控制系统资源，也可以帮助用户组织其文件，提供对用户文件的安全性保护，实现多用户、多任务的运行机制。

4.1.1 用户的基本概念

统信 UOS 系统中的每个用户都有唯一的用户名和密码。在登录系统时，只有正确输入用户名和密码，才能进入系统和自己的主目录。统信操作系统支持使用命令方式和图形化界面方式管理用户。

1. 统信UOS系统用户的分类

用户在操作系统中是分角色的，角色不同，每个用户的权限和所能完成的操作任务也不同。而在实际的管理工作中，用户的角色是通过 UID（用户 ID）来标识的，每个用户的 UID 都是不同的。

在操作系统中主要有超级（root）用户、普通用户和系统用户这 3 类用户。

（1）超级用户：用户名为 root，可以用来登录和操作系统中的任何文件和命令，拥有最高权限，只有在进行系统维护或其他必要情形下才用超级用户登录，以避免系统出现安全问题。

（2）普通用户：该用户是为了让使用者能够使用系统资源而建立的，这类用户一般是由具备系统管理员 root 权限的运维人员添加的。这类用户的权限会受到基本权限的限制，也会受到来自管理员的限制。

普通用户具有有限的特权，系统文件无法删除，并且某些文件不可读。除非 root 用户或所有者授予权限，否则将无法删除其他用户的文件。

（3）系统用户：统信 UOS 系统为满足自身系统管理所内建的账号，通常在安装过程中自动创建，主要是为了满足相应的系统进程而建立的，系统用户不能用来登录，如 bin、daemon、 adm、lp 等。

2. 统信UOS系统用户的属性

统信 UOS 系统中的每个用户都在/etc/passwd 文件中有一个对应的记录行，它记录了这个用户的一些基本属性。这个文件对所有用户都是可读的。它的内容类似下面的例子：

```
# cat /etc/passwd

root:x:0:0:Superuser:/:
daemon:x:1:1:System daemons:/etc:
bin:x:2:2:Owner of system commands:/bin:
sys:x:3:3:Owner of system files:/usr/sys:
adm:x:4:4:System accounting:/usr/adm:
uucp:x:5:5:UUCP administrator:/usr/lib/uucp:
auth:x:7:21:Authentication administrator:/tcb/files/auth:
cron:x:9:16:Cron daemon:/usr/spool/cron:
listen:x:37:4:Network daemon:/usr/net/nls:
lp:x:71:18:Printer administrator:/usr/spool/lp:
sam:x:200:50:Sam san:/home/sam:/bin/sh
```

从上面的例子可以看到，/etc/passwd 中一行记录对应着一个用户，每行记录又被冒号（:）分隔为 7 个字段，其格式和具体含义如下。

用户名：口令：用户 ID：组 ID：描述文字：用户主目录：登录 Shell

（1）用户名

通常长度不超过 8 个字符，并且由大小写字母和/或数字组成。登录名中不能有冒号（:），因为冒号在这里是分隔符。为了兼容起见，登录名中最好不要包含点字符（.），并且开头不使用连字符（-）和加号（+）。

（2）口令

口令就是用户的登录密码，这个字段存放的是用户口令的加密串，不是明文。

（3）用户 ID

一般情况下它与用户名是一一对应的。如果几个用户名对应的用户标识号是一样的，那么系统内部将认为是同一个用户，但是它们可以有不同的口令、不同的主目录以及不同的登录 Shell 等。

（4）组 ID

它对应着/etc/group 文件中的一条记录。

（5）描述文字

例如，用户的真实姓名、电话、地址等，是一段注释性描述文字。

（6）用户主目录

它是用户在登录到系统之后所处的目录。在大多数系统中，各用户的主目录都被组织在同一个特定的目录下，而用户主目录的名称就是该用户的登录名。各用户对自己的主目录有读、写、执行（搜索）权限，其他用户对此目录的访问权限则根据具体情况设置。

（7）登录 Shell

Shell 是用户与操作系统之间的接口。操作系统的 Shell 有许多种，每种都有不同的特点。常用的有 sh（Bourne Shell）、csh（C Shell）、ksh（Korn Shell）、tcsh（TENEX/TOPS-20 type

C Shell）、bash（Bourne Again Shell）等。

系统管理员可以根据系统情况和用户习惯为用户指定某个 Shell。如果不指定 Shell，那么系统使用 sh 为默认的登录 Shell，即这个字段的值为/bin/sh。用户的登录 Shell 也可以指定为某个特定的程序。利用这一特点，可以限制用户只能运行指定的应用程序，在该应用程序运行结束后，用户就自动退出了系统。有些操作系统要求只有那些在系统中登记了的程序才能出现在这个字段中。

4.1.2　用户组的基本概念

统信 UOS 系统中的用户组就是具有相同特性的用户集合，把这些用户都加入到同一个用户组里，通过修改对应用户组的权限，对组内所有用户统一授权。

将用户分组是操作系统中对用户进行管理及控制访问权限的一种手段，通过定义用户组，在很大程度上简化了管理运维工作。

1. 用户和用户组的对应关系

一对一：一个用户可以归属于一个用户组。

一对多：一个用户可以归属于多个用户组。

多对一：多个用户可以归属于一个用户组。

多对多：多个用户可以归属于多个用户组，是上面三个对应关系的扩展。

2. 统信UOS系统用户组的分类

统信 UOS 系统中一个用户可以属于多个组，用户所属的组又有基本组和附加组之分。在用户所属组中的第一个组称为主组，在/etc/passwd 中指定，其他组为附加组，在/etc/group 中指定。每个用户必须有一个主组。当创建账号时，系统会自动创建一个同名组作为该账户的主组。用户必须属于一个且只有一个主组。用户可以属于零个或者多个附加组。

3. 统信UOS系统用户组的属性

用户组的所有信息都存放在/etc/group 文件中。此文件的格式也类似于/etc/passwd 文件，由冒号“:”隔开若干个字段，这些字段有：

用户组名：口令：组标识号：组内用户列表

（1）用户组名

用户组名是用户组的名称，由字母或数字构成，与/etc/passwd 中的登录名一样，组名不应重复。

（2）口令

存放的是用户组加密后的口令字。一般统信 UOS 系统的用户组都没有口令，即这个字段一般为空，或者是*。

（3）组标识号（用户组 ID）

与用户标识号类似，组标识号也是一个整数，被系统内部用来标识组。

（4）组内用户列表

组内用户列表是属于这个组的所有用户的列表，不同用户之间用逗号“,”分隔。这个用户组可能是用户的主组，也可能是附加组。

单元 4.2　管理用户和用户组

案例引入

4.2 案例导读

【案例导读】

梨虽无主，我心有主

宋元之交，世道纷乱。一天，学者许衡外出，天气炎热，口渴难忍。路边正好有棵梨树，行人都去摘梨，唯独许衡不为所动。有人便问："你为何不摘梨解渴？"他回答道："不是自己的梨，岂能乱摘？"那人笑其迂腐："世道这样乱，管它是谁的梨!"许衡正色道："梨虽无主，我心有主。"

【案例分析】

4.2 案例分析

"梨虽无主，我心有主"的故事告诉我们，要坚守初心与原则，面对诱惑时，不因外部监督的缺位，就放纵自己。如同操作系统中的用户一样，每个用户都有属于自己的用户组，不同用户拥有不同的权限，每个用户互不干扰，有条不紊地进行着自己的工作，且每个用户之间不能越权访问。

【专业知识】

统信 UOS 系统在安装完成时会创建一个用户用于登录。使用此用户可以为系统创建多个用户账号，也可以对具有相同权限的用户进行分组，以便对其进行个性化设置。本节将详细介绍如何对系统用户和用户组进行管理，包括创建用户和用户组、更改用户头像与密码以及删除用户和用户组等。统信 UOS 系统提供了命令和图形化界面两种方式来管理用户和用户组。

4.2.1　使用图形化界面方式管理用户

使用图形化界面方式管理用户视频

选择"启动器"—"控制中心"，打开"控制中心"首页，如图 4-1 所示。

图 4-1　"控制中心"首页

在安装系统时，已经创建了一个用户，在这里，可以查看用户、修改用户设置或创建一个新用户。

1. 查看用户

在“控制中心”首页，单击“账户”，弹出“账户”窗口，如图 4-2 所示，在此可查看用户列表及信息。

图 4-2　“账户”窗口

2. 创建新用户

在打开的“账户”窗口中，单击 + 按钮，在窗口右侧输入用户名、全名、密码及重复密码，单击“创建”按钮，在“授权”对话框中输入当前账户的密码，单击“确定”按钮，新账户就会添加到账户列表中，如图 4-3 和图 4-4 所示。

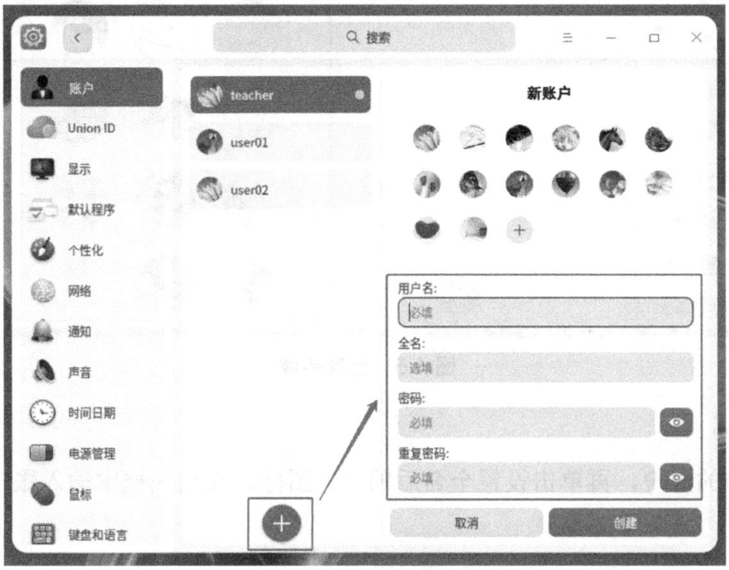

图 4-3　账户设置

图 4-4 “授权”对话框

3. 更改头像

单击列表中的账户，再单击右侧的头像，选择一个头像或添加本地头像，在“授权”对话框中输入当前账户的密码，头像就替换完成了，如图 4-5 所示。

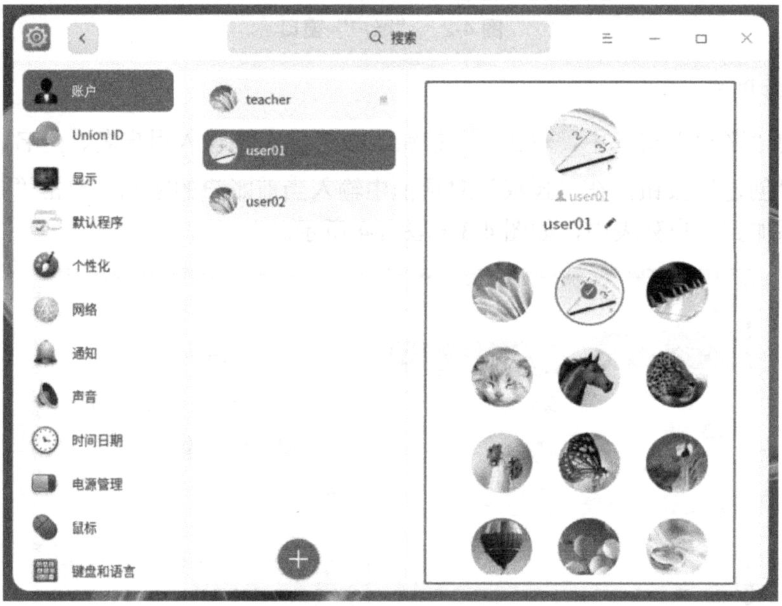

图 4-5 更改头像

4. 设置命名

单击列表中的账户，再单击设置全名后的 ✎ 图标，在输入框中输入账户命名即可，如图 4-6 所示。

图 4-6　设置命名

5. 修改密码

单击当前账户，再单击“修改密码”按钮，在打开的修改密码页面输入当前密码、新密码和重复密码，单击“保存”按钮即可，如图 4-7、图 4-8 所示。

图 4-7　修改密码 1

图 4-8　修改密码 2

6. 设置自动登录

单击当前账户，打开“自动登录”开关，开启自动登录功能。开启“自动登录”后，下次启动系统时（重启、开机）可直接进入桌面，但在锁屏和注销后再次登录时需要输入密码。

7. 无密码登录

单击当前账户，打开“无密码登录”开关，下次登录系统时（重启、开机、注销后再次登录）则不需要输入密码，单击 → 即可登录系统，如图 4-9 所示。

图 4-9　无密码登录

8. 设置指纹密码

在控制中心首页，单击 ，选择当前账户，再单击“添加指纹”，使用指纹设备录入指纹，指纹添加完成之后单击“完成”按钮。指纹密码可以用于登录系统、解锁屏幕、特殊操作授权。当需要输入账户密码时，请扫描你的指纹。

9. 删除账户

在控制中心首页，单击 ，选择其他未登录的账户，单击“删除账户”按钮，在弹出的确认界面中单击“删除”按钮即可，如图 4-10 所示。

图 4-10　删除账户

4.2.2　使用命令方式管理用户

1. 添加新用户

添加新用户就是在系统中创建一个新的账户，然后为新的账户分配用户号、用户组、主目录和登录 Shell 等资源。刚添加的账户是被锁定的，无法使用。

命令：useradd

功能：创建新的用户或更改用户的信息。

格式：useradd　[选项]　[用户名]

选项：

使用命令方式管理用户视频

- -m：用户目录不存在时自动创建。
- -d：新用户每次登录时所使用的家目录。
- -g：用户组，指定该用户所属的用户组，该用户组必须存在。
- -G：用户组列表，指定用户同时加入的用户组列表，各组用逗号分隔。
- -c：对新建用户的注释说明。
- -M：不建立用户家目录，优先于/etc/login.defs 文件设定。

- -n：取消建立以用户名称为名的群组。
- -e：设置账号的过期日期，默认为空，日期格式为 MM/DD/YY。
- -f：账号过期几日后永久停权。当值为 0 时用户立即被停权，而值为−1 时则关闭此功能，预设值为−1。
- -r：创建一个 ID 小于 500 的系统用户，默认不创建对应的家目录。
- -u：设置用户的 ID 值，该值必须唯一，且值必须大于 499。

说明：用户账户信息保存在/etc/passwd 配置文件中，可通过查看此配置文件来查询用户信息。创建用户需要超级管理员权限，故需要 sudo 提权。

【例 4-1】使用 useradd 命令创建新用户 user01。使用的命令如下：

```
teacher@teacher:~$ sudo useradd user01
```

【例 4-2】添加新用户 user02，设置家目录为/tmp/users。使用的命令如下：

```
teacher@teacher:~$ sudo useradd -d /tmp/users user02
```

【例 4-3】创建用户 user03，设置用户过期时间为 2022 年 1 月 1 日，过期后三天停权。使用的命令如下：

```
teacher@teacher:~$ sudo useradd -e 2022-01-01 -f 3 user03
```

【例 4-4】添加新用户 user04，指定其 UID 为 999。使用的命令如下：

```
teacher@teacher:~$ sudo useradd -u 999 user04
```

2. 修改用户

命令：usermod

功能：usermod 命令结合相关参数可用来更改已经创建的用户属性，包括用户名、主目录、用户组、登录 Shell 等。

格式：usermod ［选项］ <用户名>

选项：

- -c：修改用户的注释信息。
- -g：修改用户所属的主群组。
- -G：修改用户所属的附加群组。
- -l：修改用户账户名称。
- -L：锁定用户，使其不能登录。
- -U：解除对用户的锁定。
- -u：修改用户的 ID 值。
- -d：修改用户的主目录。
- -p：修改用户密码。

【例 4-5】使用 usermod 命令将用户 user01 修改为 userA。使用的命令如下：

```
teacher@teacher:~$ sudo usermod -l userA user01
```

【例 4-6】将用户 user02 锁定。使用的命令如下：

```
teacher@teacher:~$ sudo usermod -L user02
```

【例 4-7】将例 4-6 中锁定的 user02 用户解锁，并将解锁后的 user02 密码设置为 123456。使用的命令如下：

```
teacher@teacher:~$ sudo usermod user02 -p 123456
```

【例 4-8】将用户 user03 加入 user02 用户组（user02 用户组 ID 为 1002）。使用的命令如下：

```
teacher@teacher:~$ sudo usermod -g user02 user03
```

3. 删除用户

命令：userdel

功能：用于删除指定的用户及与该用户相关的文件。

格式：userdel ［选项］［用户名］

选项：

- -f：强制删除用户账号。
- -r：在删除用户时将用户的主目录同时删除。
- -h：显示命令的帮助信息。

说明：userdel 命令实际上是修改了系统的用户账号/etc/passwd、/etc/shadow 以及/etc/group 文件。这与 Linux 系统“一切操作皆文件”的思想正好吻合。

值得注意的是，如果需要删除的用户有相关的进程正在运行，userdel 命令通常不会删除一个用户账号。如果确实必须要删除，可以先终止用户进程，然后再执行 userdel 命令进行删除。但是 userdel 命令也提供了一个面对这种情况的参数，即“-f”选项。

【例 4-9】删除用户 user02，但保留其主目录。使用的命令如下：

```
teacher@teacher:~$ sudo userdel user02
```

【例 4-10】删除用户 user03，同时删除 user03 用户的主目录。使用的命令如下：

```
teacher@teacher:~$ sudo userdel -r user03
```

4. 用户口令管理

用户管理的一项重要内容就是对用户口令的管理。指定和修改用户口令的 Shell 命令是 passwd。

命令：passwd

功能：设置用户的认证信息，包括用户密码、账户锁定、密码失效等。可以直接运行 passwd 命令修改当前的用户密码，对其他用户的密码操作则需要具有管理员权限。

格式：passwd ［选项］

选项：

- -d：删除密码。
- -l：锁定密码。
- -u：解锁密码。
- -e：密码立即过期，下次登录则必须强制修改密码。
- -k：保留即将过期的用户在期满后仍能使用。
- -S：查询密码状态。

【例 4-11】修改当前登录的账户密码。使用的命令如下：

```
teacher@teacher:~$ sudo passwd
```

【例 4-12】修改用户 userA 的登录密码。使用的命令如下：

```
teacher@teacher:~$ sudo passwd userA
```

【例 4-13】锁定用户 userA 的登录密码，使其不能登录系统。使用的命令如下：

```
teacher@teacher:~$ sudo passwd -l userA
```

【例 4-14】解除锁定用户 userA 的登录密码，允许用户登录和修改。使用的命令如下：

```
teacher@teacher:~$ sudo passwd -u userA
```

【例 4-15】设置用户 userA，使其密码最长使用时间是 60 天。使用的命令如下：

```
teacher@teacher:~$ sudo passwd -x 60 userA
```

5. 查看用户信息

（1）id 命令

功能：查看当前登录账号的 UID 和 GID 及所属分组和用户名。

格式：id ［选项］［用户名］

选项：

- -g：显示用户的主群组的 ID。
- -G：显示用户的附加群组的 ID。
- -n：显示用户所属群组或附加主群组的名称。
- -r：显示实际 ID。
- -u：显示用户的 ID。

说明：

id 命令会显示用户及其所属群组的实际与有效 ID。若两个 ID 相同，则仅显示实际 ID。若仅指定用户名称，则显示当前用户的 ID。

【例 4-16】查看当前登录用户的 UID 和 GID 信息。使用的命令如下：

```
teacher@teacher:~$ id
```

（2）who 命令

功能：用来显示当前登录用户信息。

格式：who ［选项］

选项：

- -H：带有列标题显示用户名、登录终端和登录时间。
- -u：显示已登录用户列表。
- -b：显示系统最近启动时间。
- -d：显示死掉的进程。
- -l：显示系统登录进程。
- -t：显示系统上次锁定时间。

- -a：显示全部信息。

说明：单独执行 who 指令会列出登录账号、线路、登录时间及备注等信息。

【例 4-17】查看系统登录的用户信息（不显示各栏位的标题信息）。使用的命令如下：

```
teacher@teacher:~$ who
```

【例 4-18】查看系统登录的用户信息（显示各栏位的标题信息）。使用的命令如下：

```
teacher@teacher:~$ who -H
```

【例 4-19】查看系统登录的用户全部信息。使用的命令如下：

```
teacher@teacher:~$ who -H -a
```

（3）w 命令

功能：w 命令也用于显示登录到系统的用户情况，但是与 who 不同的是，w 命令功能更加强大，它不但可以显示哪个用户登录到系统，还可以显示出这些用户当前正在进行的工作。

格式：w [选项]

选项：

- -h：不显示头信息。
- -u：当显示当前进程和 CPU 时间时忽略用户名。
- -s：使用短输出格式，不显示 login time、JCPU 和 PCP 时间。
- -f：显示用户是从哪登录的。
- -help：显示此帮助信息并退出。
- -V：显示版本信息。

说明：w 命令的显示项目按以下顺序排列：首先展示当前时间，系统启动到现在的时间，登录用户的数目，系统在最近 1、5 和 15 分钟的平均负载；然后显示每个用户的各项数据，项目显示顺序为登录账号、终端名称、远程主机名、登录时间、空闲时间、JCPU、PCPU、当前正在运行进程的命令行。

【例 4-20】显示目前登录系统的用户信息。使用的命令如下：

```
teacher@teacher:~$ w
```

【例 4-21】显示目前登录系统的用户信息，不显示头信息。使用的命令如下：

```
teacher@teacher:~$ w -h
```

（4）whoami 命令

功能：显示当前操作用户的用户名。

格式：whoami　[选项]

选项：

- -help：在线帮助。
- -version：显示版本信息。

说明：who am i 命令与 whoami 命令相似，但 who am i 命令显示的是当前登录用户的用户名。

【例 4-22】查询当前操作用户的用户名。使用的命令如下：

```
teacher@teacher:~$ whoami
```

4.2.3 使用命令方式管理用户组

每个用户都有一个用户组，系统可对一个用户组中的所有用户进行集中管理。用户组的管理涉及用户组的添加、删除和修改。用户组的添加、删除和修改实际上就是对/etc/group 文件的更新。

使用命令方式管理用户组视频

1. 添加用户组

命令：groupadd
功能：在系统中创建用户组。
格式：groupadd［选项］用户组名称
选项：

- -r：创建系统用户组。若不使用-r 参数，则创建普通用户组。
- -g：指定新用户组的组标识号（GID）。

说明：用户组的信息保存在/etc/group 配置文件中，可通过查看此配置文件来查询用户组信息。

【例 4-23】新建一个普通用户组 group01。使用的命令如下：

```
teacher@teacher:~$ sudo groupadd group01
```

【例 4-24】新建一个普通用户组 group02，其 ID 值为 10000。使用的命令如下：

```
teacher@teacher:~$ sudo groupadd -g 10000 group02
```

【例 4-25】创建一个系统用户组 systemA。使用的命令如下：

```
teacher@teacher:~$ sudo groupadd -r systemA
```

2. 修改用户组属性

使用 groupmod 命令结合相关参数可对用户组的相关属性进行修改，比如，修改用户组名、用户组 ID 等。

命令：groupmod
功能：在系统中创建用户组。
格式：groupmod –n 新用户组名 原用户组名
选项：

- -n：修改用户组名。
- -g：修改用户组 ID（GID）。

说明：对用户组更名后，不会改变用户组原来的 GID 值。

【例 4-26】将用户组 group01 的 ID 值修改为 10001。使用的命令如下：

```
teacher@teacher:~$ sudo groupmod -g 10001 group01
```

3. 删除用户组

命令：groupdel
功能：在系统中删除用户组。
格式：groupdel 要删除的用户组名

说明：在删除用户组时，被删除的用户组不能是某个账号的私有用户组，否则将无法删除。若一定要删除该用户组，则应先删除引用该私有用户组的账号，然后再删除用户组。

【例 4-27】删除用户组 group02。使用的命令如下：

```
teacher@teacher:~$ sudo groupdel group02
```

4. 用户组的设置

命令：gpasswd

功能：对用户组中的用户进行设置，比如为指定的用户组添加或移除用户，并且为用户组设置管理员等操作。

格式：gpasswd［选项］用户名 用户组名

选项：

- -a：为用户组添加用户。
- -d：从用户组中移除用户。
- -A：为用户组设置管理员。

说明：用户可同时属于多个用户组，若要查询某个指定用户隶属于哪些用户组，可使用 groups 命令查看。

【例 4-28】给用户组 group01 添加用户 userA。使用的命令如下：

```
teacher@teacher:~$ sudo gpasswd -a userA group01
```

【例 4-29】查看用户 userA 所属的主群组和附加群组。使用的命令如下：

```
teacher@teacher:~$ sudo groups userA
```

【例 4-30】从用户组 group01 中删除用户 userA。使用的命令如下：

```
teacher@teacher:~$ sudo gpasswd -d userA group01
```

单元 4.3　用户与用户组配置文件

案例引入

【案例导读】

梁启超的读书法

4.3 案例导读

其一，读书要分专精和博览两类。一方面要养成读书心细的习惯，另一方面要养成读书眼快的习惯。心不细则毫无所得，等于白读；眼不快则时间不够用，不能博取资料。其二，有些书要熟读成诵，如有价值的文学作品和有益身心的格言。其三，要做读书笔记。因为好记性不如烂笔头。

【案例分析】

4.3 案例分析

信息爆炸时代，面对浩如烟海的信息及资料，我们常常面临一系列难题，诸如看过的书，书中的内容记不住，想用时又找不着。所以读书需要有正确的方法，不动笔墨不读书。同样，在计算机中所有的用户及用户组信息也都要保存在专门的文件中，且以纯文本方式保存，供有权限的用户查看。

【专业知识】

统信 UOS 系统用户的相关配置文件一般放在/etc 目录下，本节主要对以下几个配置文件进行介绍：/etc/passwd、/etc/shadow、/etc/group、/etc/gshadow。

4.3.1 用户名文件——/etc/passwd

在统信 UOS 系统中通过命令方式或图形化界面方式创建的用户信息都保存在/etc/passwd 文件中，这些文件是以纯文本方式保存的，默认所有用户都有查看权限。

/etc/passwd 文件的每一行保存一个用户的信息，一共包括 7 个信息字段。而每个信息字段用冒号“：”分隔，格式为：

用户名：密码：用户 ID：用户组 ID：备注信息：用户主目录：Shell

其中，各个信息字段的含义如表 4-1 所示。

表 4-1 信息字段的含义

字段	说明
用户名	用户名仅用于方便用户记忆，系统是通过 UID 来识别用户身份、分配用户权限的。/etc/passwd 文件中就定义了用户名和 UID 之间的对应关系
密码	"x" 表示此用户设有密码，但不是真正的密码，真正的密码保存在/etc/shadow 文件中
用户 ID	每个用户都有唯一的一个 UID，Linux 系统通过 UID 来识别不同的用户
用户组 ID	表示用户初始组的组 ID 号
备注信息	用来解释这个用户的意义
用户主目录	用户登录后有操作权限的访问目录
Shell	Shell 就是命令解释器。通常情况下，系统默认使用的命令解释器是 bash（/bin/bash），当然还有其他命令解释器，如 sh、csh 等

【例 4-31】使用 useradd 命令添加一个新用户 userB，分析该命令在/etc/passwd 文件中添加的用户信息。使用的命令如下：

```
teacher@teacher:~$ sudo useradd userB
teacher@teacher:~$ sudo more /etc/passwd|grep userB
```

4.3.2 用户口令文件——/etc/shadow

/etc/shadow 文件用于存储统信 UOS 系统中用户的密码信息，又称为“影子文件”。前面介绍了 /etc/passwd 文件，由于该文件允许所有用户读取，易导致用户密码泄露，因此统信 UOS 系统将用户的密码信息从 /etc/passwd 文件中分离出来，并单独放到了此文件中。/etc/shadow 文件只有 root 用户拥有读权限，其他用户没有任何权限，这样就保证了用户密码的安全性。

同 /etc/passwd 文件一样，文件中每行代表一个用户，同样使用“：”作为分隔符，不同之处在于，每行用户信息被划分为 9 个字段，格式为：

用户名：加密密码：最后一次修改时间：最小修改时间间隔：密码有效期：密码需要变

更前的警告天数：密码过期后的宽限时间：账号失效时间：保留字段

其中，各个字段的含义如表 4-2 所示。

表 4-2　字段的含义

字段	说明
用户名	登录名称，必须是有效用户名，与/etc/passwd 文件中的用户名有相同的含义
加密密码	表示加密后的口令。所有伪用户的密码都是 "!!" 或 "*"，代表没有密码是不能登录的。当然，新创建的用户如果不设定密码，那么它的密码项也是 "!!"，代表这个用户没有密码，不能登录
最后一次修改时间	最近一次更改密码的日期，以距离 1970/1/1 的天数表示
最小修改时间间隔	密码更改后多少天内不能再次更改。0 表示可以随时更改
密码有效期	密码过期时间，必须在期限内修改密码
密码需要变更前的警告天数	警告期，警告用户再过多少天密码将过期。0 表示不提供警告
密码过期后的宽限时间	宽限期，密码过期多少天仍然可以使用
账号失效时间	账号过期时间，以距离 1970/1/1 的天数表示。0 或空字符表示永不过期
保留字段	预留字段

【例 4-32】使用 useradd 命令添加一个新用户 userC，分析该命令在/etc/ shadow 文件中添加的用户信息。使用的命令如下：

```
teacher@teacher:~$ sudo useradd userC
teacher@teacher:~$ sudo more /etc/shadow|grep userC
```

4.3.3　用户组文件——/etc/group

/ect/group 文件是用户组配置文件，即用户组的所有信息都存放在此文件中。此文件是记录组 ID（GID）和组名相对应的文件。前面讲过，/etc/passwd 文件中每行用户信息的第四个字段记录的是用户的用户组 ID，那么，此 GID 的组名到底是什么呢？就要从/etc/group 文件中查找。

用户组文件分成多行信息，每行信息对应一个用户组。各用户组还以“：”作为字段之间的分隔符，分为 4 个字段，格式为：

组名：组密码：用户组 ID：用户组成员列表

其中，各个字段的含义如表 4-3 所示。

表 4-3　字段含义

字段	说明
组名	用户组的名称，由字母或数字构成。同 /etc/passwd 中的用户名一样，组名也不能重复
组密码	和 /etc/passw 文件一样，这里的“x”仅仅是密码标识，真正加密后的组密码默认保存在 /etc/gshadow 文件中
用户组 ID	群组的 ID 号，统信 UOS 系统就是通过 GID 来区分用户组的，同用户名一样，组名也只是为了便于管理员记忆
用户组成员列表	此字段列出每个群组包含的所有用户。需要注意的是，如果该用户组是这个用户的初始组，则该用户不会写入这个字段，可以这么理解，该字段显示的用户都是这个用户组的附加用户

【例 4-33】首先执行 useradd groupuserA 命令，然后执行 groupadd groupA 命令，最后执行命令 gpasswd –a groupuserA groupA 命令，试分析在/etc/group 文件中用户组 groupA 的相关信息。使用的命令及结果如下：

```
teacher@teacher:~$ sudo useradd groupuserA
teacher@teacher:~$ sudo groupadd groupA
teacher@teacher:~$ sudo gpasswd -a groupuserA groupA
正在将用户"groupuserA"加入到"groupA"组中
teacher@teacher:~$ sudo more /etc/group|grep groupA
groupA:x:10005:groupuserA
```

4.3.4 用户组口令文件——/etc/gshadow

组用户信息存储在/etc/group 文件中，而将组用户的密码信息存储在/etc/gshadow 文件中。在该文件中，每行代表一个组用户的密码信息，各行信息用“：”作为分隔符，分为 4 个字段，格式为：

组名：加密密码：组管理员：组附加用户列表

其中，各个信息字段的含义如表 4-4 所示。

表 4-4 信息字段的含义

字段	说明
组名	表示用户组名，同/etc/group 文件中的组名相对应
加密密码	表示加密后的用户组口令
组管理员	用户组的管理者，每个管理者之间用符号“,”分隔
组附加用户列表	表示用户组成员列表，每个用户组成员用符号“,”分隔

【例 4-34】试分析例 4-33 在/etc/gshadow 文件中添加的用户组 groupA 的相关信息。使用的命令及结果如下：

```
teacher@teacher:~$ sudo more /etc/gshadow|grep groupA
groupA:!::groupuserA
```

知识总结

（1）在统信 UOS 系统中，系统在安装时会默认创建一个账户用于用户登录，使用此账号可以为系统创建多个用户账号，以便对其进行个性化的设置。统信 UOS 系统支持使用命令方式和图形化界面方式来管理用户及用户组。

（2）通过用户账户可以实现多人共享一台计算机，每个用户都可以各自设置和修改首选项参数。

（3）统信 UOS 系统中的用户组就是由相同特效构成的用户集合。将用户分组是统信 UOS 系统中对用户进行管理及控制访问权限的一种手段，在很大程度上简化了管理运维工作。

（4）使用命令和图形化界面方式创建的用户，用户名信息都保存在/etc/passwd 文件中，用户密码信息保存在/etc/shadow 文件中。

（5）使用命令和图形化界面方式创建的用户组，用户组名信息都保存在/etc/group 文件中，用户组密码信息保存在/etc/gshadow 文件中。

综合实训　用户和用户组管理

【实训目的】

（1）掌握统信 UOS 系统用户及用户组的基本概念。

（2）掌握在统信 UOS 系统中以图形化界面方式管理用户的方法。

（3）掌握在统信 UOS 系统以命令方式管理用户的方法。

（4）掌握在统信 UOS 系统以命令方式管理用户组的方法。

（5）掌握统信 UOS 系统用户与用户组的配置文件。

【实训内容】

（1）使用图形化界面方式更改用户 U01 的头像。

（2）使用图形化界面方式开启或关闭自动登录功能。

（3）使用图形化界面方式设置账户全名。

（4）使用命令方式创建新用户 U01 和 U02，并使用命令查看/etc/passwd 配置文件，验证新用户是否创建成功。

（5）使用命令方式将用户 U01 修改为 U001，并使用命令查看/etc/passwd 配置文件，验证更名是否成功。

（6）使用命令方式将 U02 用户锁定，并查看/etc/shadow 配置文件验证。

（7）使用命令方式创建一个用户组 G01，并查看/etc/passwd 配置文件进行验证。

（8）使用命令方式将用户组 G01 更名为 G001，并查看/etc/passwd 配置文件进行验证。

（9）使用 id 命令查看当前登录账号的 UID 和 GID 信息。

（10）使用 who 命令查看系统登录的用户。

思考与练习

1. 选择题

（1）添加用户的命令是（　　）。

[A] usermod　　[B] useradd　　[C] groupadd　　[D] add

（2）设置和修改用户密码的命令是（　　）。

[A] passwd　　[B] password　　[C] passmod　　[D] pwd

（3）查看当前登录账号的 UID 和 GID 及所属分组和用户名的命令是（　　）。

[A] id　　[B] who　　[C] cd　　[D] w

（4）（　　）用于显示已经登录系统的用户列表，并显示用户正在执行的指令。

[A] id　　[B] w　　[C] cd　　[D] who

（5）锁定账号的密码，用（　　）选项。

[A] -u　　[B] -d　　[C] -l　　[D] -m

（6）删除账号的同时，删除该账号对应的主目录，应该用（　　）选项。

[A] -m　　[B] -n　　[C] -l　　[D] -r

（7）在使用 useradd 命令创建用户时，使用（　　）选项可改变其主目录的位置。

[A] -r　　[B] –s　　[C] -d　　[D] -h

（8）统信 UOS 系统的用户名信息文件被保存在（　　）文件中。

[A] /etc/passwd　　[B] /etc/shadow　　[C] /etc/group　　[D] /etc/users

（9）统信 UOS 系统的用户组名信息文件被保存在（　　）文件中。

[A] /etc/passwd　　[B] /etc/shadow　　[C] /etc/group　　[D] /etc/users

（10）更改用户组 G_01 为 G_02 的命令是（　　）。

[A] groupmod –name G_01 G_02　　[B] groupmod –n G_01 G_02

[C] groupmod –u G_01 G_02　　[D] groupmod –l G_01 G_02

2. 填空题

（1）统信 UOS 系统中用户和用户组的对应关系包括_______、_______、_______和_______。

（2）统信 UOS 系统中创建用户需要超级管理员权限，故需要_______提权。

（3）统信 UOS 系统中的_______是具有相同特性的用户集合。

（4）统信 UOS 系统中的用户名文件是_______，用户密码文件是_______，用户组名文件是_______。

3. 判断题

（1）使用 useradd 指令所建立的账号，实际上被保存在/etc/passwd 文本文件中。（　　）

（2）userpasswd 命令可以允许用户轻松地更改自己的密码，它是一个图形化的工具。（　　）

（3）使用 groupdel 命令删除工作组时，修改的系统文件包括/ect/group 和/ect/gshadow。（　　）

（4）w 命令用来打印当前登录用户信息，包含了系统的启动时间、活动进程、使用者 ID、使用终端等信息，是系统管理员了解系统运行状态的常用命令。（　　）

（5）当用户组中还有用户时，不能删除此用户组。（　　）

4. 简答题

（1）简述统信 UOS 系统用户及用户组的特点。

（2）简述用户名文件/etc/passwd 中每个信息字段代表的含义。

模块 5　文件系统及磁盘管理

导读

本模块对统信 UOS 文件系统和磁盘存储进行了讲解，对统信 UOS 文件系统中磁盘的分区方式进行了相应的分析讲解，对外部存储设备的挂载和使用进行了说明。

学习要点

1. 文件系统的结构
2. 文件系统的管理
3. 磁盘存储
4. 磁盘分区方式
5. 外部存储设备的挂载和使用

学习目标

【知识目标】

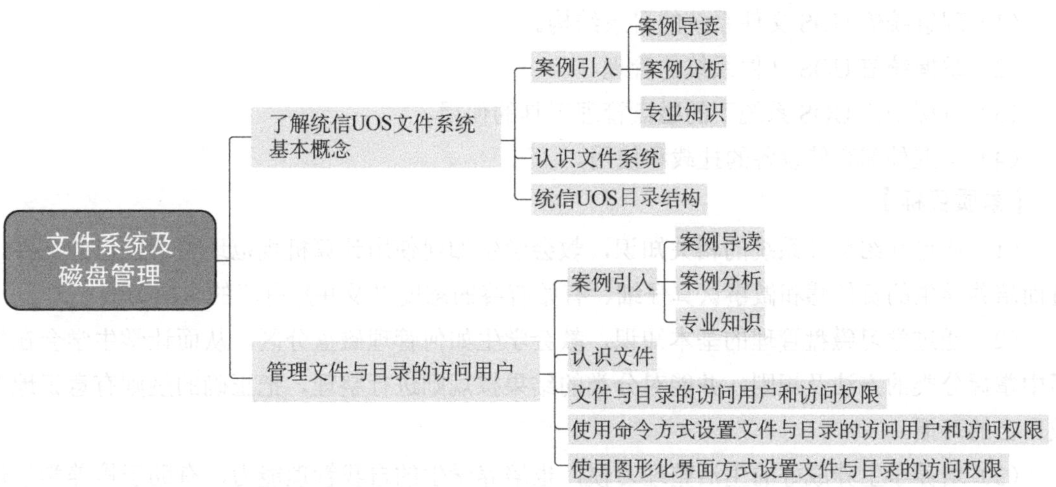

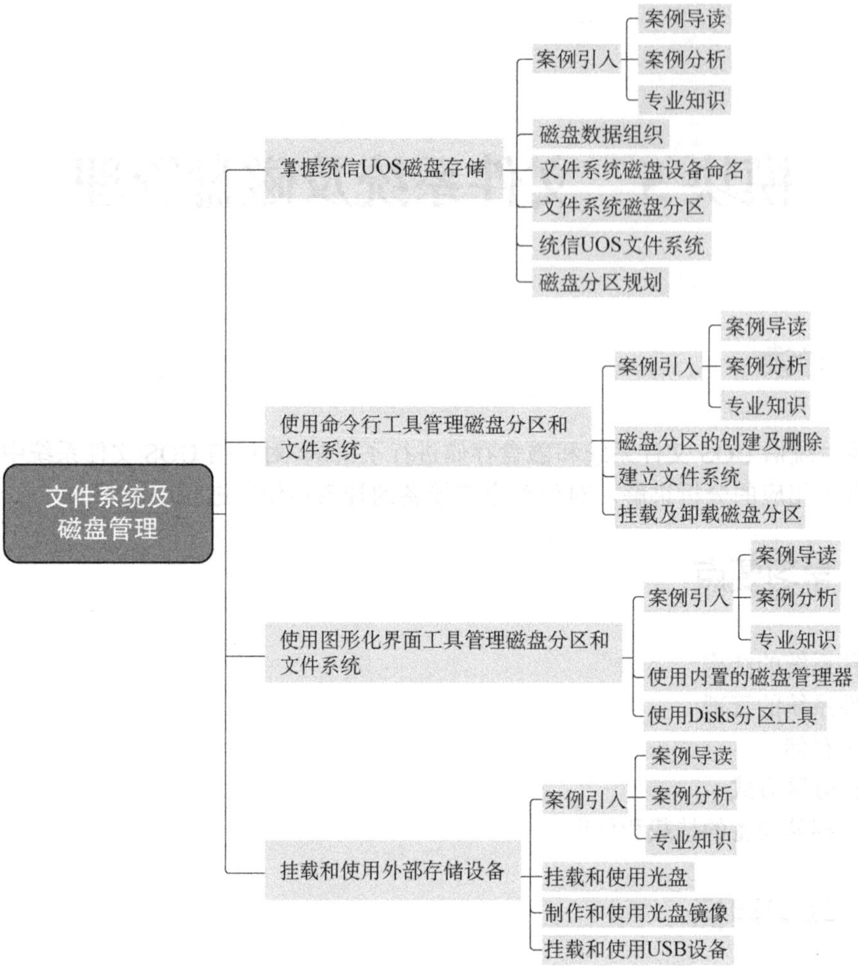

【技能目标】

（1）理解统信 UOS 文件系统的目录结构。

（2）掌握统信 UOS 文件系统的管理。

（3）掌握统信 UOS 系统下的磁盘管理工具的使用。

（4）掌握外部存储设备的挂载和使用。

【素质目标】

（1）通过介绍文件系统的相关知识，教会学生如何使用计算机规范地整理自己的文件，进而培养学生的责任感和做事认真仔细、有始有终的态度以及井然有序的生活习惯。

（2）通过学习磁盘管理的基本知识，教会学生如何管理磁盘分区，从而让学生学会在生活中掌握分类的方法及规则，并能对分类的结果按规则进行整理，把正确的规则有意识地变成自己的习惯。

（3）培养学生养成好的生活整理习惯，也培养学生的自我管理能力，有助于培养学生形成有条不紊的做事风格，提高学习效率，预防拖拖拉拉、丢三落四的坏习惯。

单元 5.1　了解统信 UOS 文件系统基本概念

案例引入

5.1 案例导读

【案例导读】

统信 UOS 系统和中国"软件杯"

中国"软件杯"由工信部、教育部、江苏省人民政府主办，中国电子信息产业发展研究院、江苏省工信厅、江苏省教育厅、教育部高等学校计算机类专业教学指导委员会、信息技术新工科产学研联盟承办，旨在实现应用型人才培养和产业需求有效衔接，推动我国软件和信息技术服务业高质量发展。

本次大赛，统信软件是唯一一家通用操作系统领域的赛题出题单位，经多轮答辩评选，最终，来自四川大学、江苏科技大学、中山大学、山东科技大学、南京航空航天大学、太原理工大学、河海大学（常州）、石家庄铁道大学、淮南师范学院等高校的十支参赛团队入围本赛项（Linux 下基于签名技术的软件保护）总决赛。

在 2020 中国软件产教互动高峰论坛上，统信软件荣获"企业突出贡献奖"，这是对统信软件深入参与大赛，助力创新人才培养，推动产教融合发展等方面所做出贡献的嘉奖和鼓励。

【案例分析】

统信软件能荣获"企业突出贡献奖"，也是因为统信 UOS 和其他操作系统一样，将文件管理当作操作系统的核心内容来对待。随着计算机存储空间越来越大，要存储的东西越来越多，文件的分类越来越细，管理系统也越来越复杂。文件系统管理是统信 UOS 系统的重要功能之一，它为用户提供了在计算机系统中对数据信息进行长期、大量存储和访问的功能。

5.1 案例分析

【专业知识】

文件系统是一种将数据保存在存储设备中的基本存储形式，占据磁盘上特定格式的区域，是操作系统中管理和存储文件及目录的组织方式。通过文件系统管理，操作系统可以很容易地存储和检索文件及目录数据，实现对文件的存入、读出等操作，当不再使用文件时，删除文件并收回存储空间。

5.1.1　认识文件系统

不同的操作系统都有自己专属的文件系统。Windows 操作系统中有 MS-DOS、FAT16、FAT32、NTFS 等文件系统，macOS 操作系统使用 APFS 文件系统格式，Linux 中有 ext 文件系统、swap 文件系统、proc 文件系统及 sysfs 文件系统等，统信 UOS 系统作为 Linux 的一种版本支持 ext3、ext4 等多种文件格式。不同文件格式之间不能完全兼容，因此它们之间并不能通用，操作系统安装时已经确定了文件系统，更换文件系统会使已存储的数据丢失，因此在系统安装完成后很难实现不同文件系统之间的切换。

5.1.2 统信 UOS 目录结构

统信 UOS 文件系统采用树状目录结构，最上层是“/”目录，被称作根目录，根目录下有默认的目录结构。统信 UOS 文件系统制定了一套文件目录命名及存放标准的规范。

1. /根目录

根目录是安装系统的硬盘，是整个系统的最高目录，通常只有 root 用户才有权限操作根目录，也只有 root 用户具有该目录下的写权限。此目录和/root 目录不同，/root 目录是 root 用户的主目录。图形化界面下查看文件目录，如图 5-1 所示；Shell 终端下查看文件目录，如图 5-2 所示。

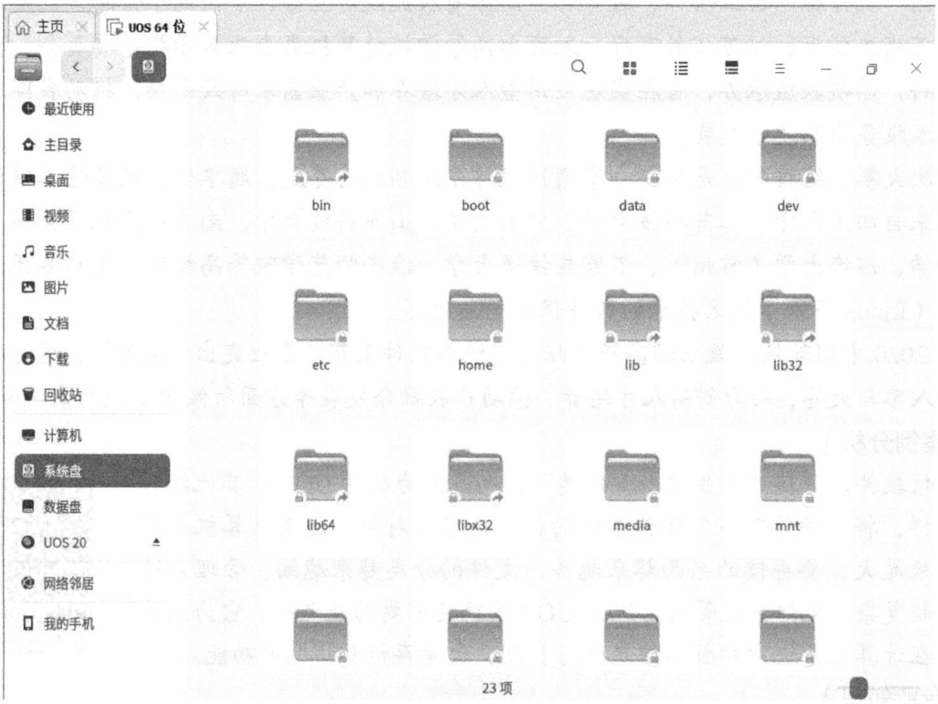

图 5-1 图形化界面下查看文件目录

图 5-2 Shell 终端下查看文件目录

2. /bin - 用户二进制文件目录

用户二进制文件目录包含二进制可执行文件。系统的所有用户使用的命令都设在这里，例如，ps、ls、ping、grep、cp 等。

3. /sbin - 系统二进制文件目录

就像/bin 一样，/sbin 同样也包含二进制可执行文件。但是，在这个目录下的 Linux 命令通常由系统管理员使用，对系统进行维护。例如，iptables、reboot、fdisk、ifconfig、swapon命令。

4. /etc - 配置文件目录

该目录包含所有程序所需的配置文件，也包含了用于启动和停止单个程序的 Shell 脚本。例如，/etc/resolv.conf、/etc/logrotate.conf。

5. /dev - 设备文件目录

该目录包含设备文件。设备包括终端设备、USB 或连接到系统的任何设备。例如，/dev/tty1、/dev/usbmon0。

6. /proc - 进程信息目录

该目录包含系统进程的相关信息。这是一个虚拟的文件系统，包含有关正在运行的进程的信息。例如，/proc/{pid}目录中包含的与特定 pid 相关的信息。系统资源以文本信息形式存在。例如，/proc/uptime。

7. /var - 变量文件目录

var 代表变量文件，包括系统日志文件（/var/log）、包和数据库文件（/var/lib）、电子邮件（/var/mail）、打印队列（/var/spool）、锁文件（/var/lock）、多次重新启动需要的临时文件（/var/tmp）。

8. /tmp - 临时文件目录

该目录包含系统和用户创建的临时文件。比如 Linux 的 socket 文件、cache 之类的文件，这里的数据重启之后不保证存在，故重要的信息不要放在这里。系统重新启动时，这个目录下的文件都将被删除。

9. /usr - 用户程序文件目录

该目录包含二进制文件、库文件、文档和二级程序的源代码。

/usr/bin 中包含用户程序的二进制文件。如果在/bin 中找不到用户二进制文件，则可以到/usr/bin 目录查看，例如，at、awk、cc、less、scp。

/usr/sbin 中包含系统管理员的二进制文件。如果在/sbin 中找不到系统二进制文件，则可以到/usr/sbin 目录查看，例如，atd、cron、sshd、useradd、userdel。

/usr/lib 中包含了/usr/bin 和/usr/sbin 用到的库。

/usr/local 中包含了从源安装的用户程序。例如，当你从源安装 Apache 时，它会在/usr/local/apache2 中。

非系统自带的软件会被安装在这里。

10. /home - HOME目录

它是存放所有用户文件的根目录，是用户主目录的基点。例如，/home/john、/home/nikita、/home/user。目录的名称跟用户名相同，是一般用户的目录，如果没有特别的设置，所有非 root 用户的 home 目录都在/home 下面。

11. /boot - 引导加载程序文件目录

该目录包含引导加载程序相关的文件。内核的 initrd、vmlinux、grub 文件位于/boot 下。例如，initrd.img-2.6.32-24-generic、vmlinuz-2.6.32-24-generic。

12. /lib、 /lib64 - 系统库目录

该目录包含支持位于/bin 和/sbin 下的二进制文件的库文件。库文件名为 ld*或 lib*.so.*。例如，ld-2.11.1.so，libncurses.so.5.7。

13. /opt - 可选的附加应用程序目录

opt 代表 optional，指给主机额外安装软件所存放的目录。如当你想要安装一个应用时，就可以将其复制到此目录中进行安装。

14. /mnt - 挂载目录

该目录为临时安装目录，系统管理员可以挂载文件系统。

15. /media - 可移动媒体设备

该目录是用于挂载可移动设备的临时目录。

例如，挂载 CD-ROM 的/media/cdrom、挂载软盘驱动器的/media/floppy，这个目录一般用来挂载可移动存储设备，如光盘、移动硬盘、U 盘等。

16. /srv - 服务数据

srv 代表服务，包含服务器特定服务相关的数据。例如，/srv/cvs 包含 cvs 相关的数据。

17. /root目录

这个目录是 root 用户的目录，跟系统里面的其他用户的目录是分开的，一般用户使用不到这个目录。

18. /sys 目录

该目录是系统设备和信息目录，里面包含了系统所有的设备和信息。

19. /run目录

该目录是系统运行目录，存放一些只有运行的时候才会存在的信息，这个目录重启的时候一定会被重新创建。

20. 隐藏文件/目录

在 Linux 下面以“.”开头的文件/目录为隐藏文件/目录，需要使用特定的参数才能列举出来，这种文件/目录大量出现在用户的 home 目录下，一般用来存储配置信息、临时文件等。

单元 5.2 管理文件与目录的访问用户

案例引入

5.2 案例导读

【案例导读】

十年磨一剑，著作永流传

左思写《三都赋》花了 10 年，司马迁写《史记》花了 18 年，弥尔顿写《失乐园》花了 21 年，达尔文写《物种起源》花了 22 年，李时珍写《本草纲目》花了 30 年，马克思写《资本论》花了整整 40 年的功夫。

【案例分析】

古今中外的典籍都蕴含大量信息，其本身的存储也需要不少空间。而系统里文件的存储容量要远大于典籍所存储的内容，需要我们用全新的方法去管理和维护。

【专业知识】

文件是存储在计算机中的信息集合，包括文字、语音、音频、图片、视频及程序等信息数据。在 Linux 中有一个重要的概念——一切都是文件，所有的资源都可以看作文件，硬件设备也是文件，真正实现了设备无关性。

5.2.1　认识文件

管理文件与目录的访问用户视频

【例 5-1】命令行查看文件结构。

1. 文件结构

文件结构是文件存放在磁盘等存储设备上的组织方法，主要体现在对文件和目录的组织上。目录提供了管理文件的一个方便有效的途径。统信 UOS 文件系统采用的是树形结构，最上层是根目录，其他的所有目录都是从根目录出发而生成的。无论操作系统管理了几个磁盘分区，就只有这一个目录树。为了统一管理系统文件和不同用户的文件，系统采用绝对路径和相对路径两种文件路径方式。

绝对路径：从根目录/开始的路径，比如“/home/UOS/test1.txt”，如图 5-3 所示。

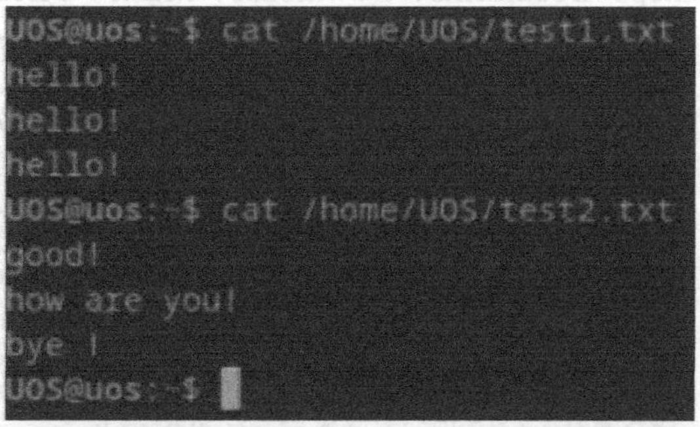

图 5-3　用绝对路径的方式显示文件 test1.txt 和 test2.txt

相对路径：以“.”或者“..”开始的路径。“.”表示用户当前操作所处的位置，而“..”表示上级目录，比如“./Documents/cat..test2.txt”，如图 5-4 所示。

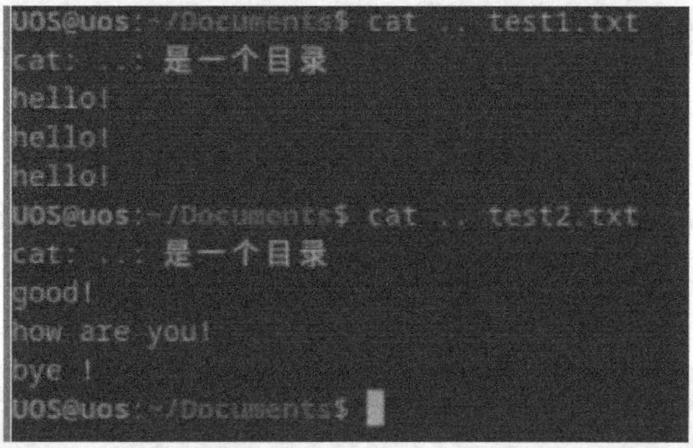

图 5-4　用相对路径的方法显示文件 test1.txt 和 test2.txt

2. 文件类型

统信 UOS 文件系统主要根据文件头信息来判断文件类型，主要有 4 种：普通文件、目录文件、链接文件和设备文件。

（1）普通文件。

普通文件是用户经常访问的文件，包括文本文件、数据文件、二进制可执行程序。使用 ls -l 命令可查看文件属性，第一个属性为“-”。如图 5-5 所示，显示了/home/UOS/Documents 下的两个文件“test1.txt”和“test2.txt”，属性最左列的第一位都是“-”，表明这两个文件都是普通文件。

```
UOS@uos:~/Documents$ ls -l
总用量 8
-rw-r--r-- 1 UOS UOS 21 9月  12 13:25 test1.txt
-rw-r--r-- 1 UOS UOS 25 9月  12 13:26 test2.txt
UOS@uos:~/Documents$
```

图 5-5　查看普通文件

（2）目录文件。

目录文件就是目录，相当于 Windows 中的文件夹，包括了文件名和子目录名以及指向文件和子目录的指针。使用 ls -l 命令查看文件属性，第一个属性为“d”。如图 5-6 所示，/home/UOS 下的安卓应用文件、Desktop、Documents、Downloads、Music、Pictures、Videos 都是目录。

```
UOS@uos:~/Documents$ cd ..
UOS@uos:~$ pwd
/home/UOS
UOS@uos:~$ ls -l
总用量 32
drwxrwx--- 11 UOS root 4096 2月  19  2022 安卓应用文件
drwxr-xr-x  2 UOS UOS  4096 2月  20  2022 模板
drwxr-xr-x  2 UOS UOS  4096 9月  12 13:06 Desktop
drwxr-xr-x  2 UOS UOS  4096 9月  12 15:41 Documents
drwxr-xr-x  2 UOS UOS  4096 11月 22  2021 Downloads
drwxr-xr-x  2 UOS UOS  4096 11月 22  2021 Music
drwxr-xr-x  3 UOS UOS  4096 11月 22  2021 Pictures
-rw-r--r--  1 UOS UOS     0 9月  12 15:41 test3.txt.txt
-rw-r--r--  1 UOS UOS     0 9月  12 15:41 test4.txt.txt
drwxr-xr-x  2 UOS UOS  4096 11月 22  2021 Videos
UOS@uos:~$
```

图 5-6　查看目录文件

（3）链接文件。

链接文件类似于 Windows 中的快捷方式，但是它们不完全一样。链接方式分两种：符号链接和硬链接。符号链接又称为软链接，使用 ls -l 命令查看文件属性，第一个属性为“l”，也只有符号链接才会显示属性。如图 5-7 所示，lib 就是一个链接文件，指向 usr/lib。

```
lrwxrwxrwx   1 root root    7 11月  22  2021 lib -> usr/lib
lrwxrwxrwx   1 root root    9 11月  22  2021 lib32 -> usr/lib32
lrwxrwxrwx   1 root root    9 11月  22  2021 lib64 -> usr/lib64
lrwxrwxrwx   1 root root   10 11月  22  2021 libx32 -> usr/libx32
```

图 5-7　查看链接文件

（4）设备文件。

在 Linux 中把设备抽象成文件，为外部设备提供一种标准接口，对设备文件的操作就像对普通文件操作一样。与设备相关的文件一般都在“/dev”目录下，主要有两种：字符设备文件和块设备文件。字符设备文件指的是串行端口的接口设备，以字符的形式发送和接收数据，块设备文件指的是以块为单位进行数据读写的设备，如硬盘。使用 ls -l 命令查看文件属性，第一个属性为“c”表示字符设备文件，第一个属性为“b”则表示块设备文件。查看设备文件和各分区对应的设备文件，分别如图 5-8 和图 5-9 所示。

```
uos@uos:~$ cd /bin
uos@uos:/bin$ ls -l
总用量 530928
-rwxr-xr-x 1 root root       60064 2月  28  2019 '['
-rwxr-xr-x 1 root root          96 2月  26  2021  2to3-2.7
-rwxr-xr-x 1 root root       18504 12月 19  2019  411toppm
-rwxr-xr-x 1 root root          39 5月  26  2021  7z
-rwxr-xr-x 1 root root          40 5月  26  2021  7za
-rwxr-xr-x 1 root root          40 5月  26  2021  7zr
-rwxr-xr-x 1 root root       81336 11月 16  2021  abrecovery
lrwxrwxrwx 1 root root          25 11月 22  2021  aclocal -> /etc/alternatives/aclocal
-rwxr-xr-x 1 root root       36478 11月  5  2018  aclocal-1.16
-rwxr-xr-x 1 root root       22600 3月  30  2019  aconnect
-rwxr-xr-x 1 root root       14608 11月 22  2018  acpi_listen
-rwxr-xr-x 1 root root       26552 2月  18  2021  addpart
lrwxrwxrwx 1 root root          26 6月   7  2021  addr2line -> x86_64-linux-gnu-addr2line
-rwxr-xr-x 1 root root     1514400 6月   7  2021  aiservice
-rwxr-xr-x 1 root root       47240 3月  30  2019  alsabat
-rwxr-xr-x 1 root root       80888 3月  30  2019  alsaloop
-rwxr-xr-x 1 root root       68024 3月  30  2019  alsamixer
-rwxr-xr-x 1 root root       14408 3月  30  2019  alsatplg
-rwxr-xr-x 1 root root       18880 3月  30  2019  alsaucm
```

图 5-8　查看设备文件

```
brw-rw----  1 root disk      7,   0 9月  12 13:05 loop0
brw-rw----  1 root disk      7,   1 9月  12 13:04 loop1
brw-rw----  1 root disk      7,   2 9月  12 13:04 loop2
brw-rw----  1 root disk      7,   3 9月  12 13:04 loop3
brw-rw----  1 root disk      7,   4 9月  12 13:04 loop4
brw-rw----  1 root disk      7,   5 9月  12 13:04 loop5
brw-rw----  1 root disk      7,   6 9月  12 13:04 loop6
brw-rw----  1 root disk      7,   7 9月  12 13:04 loop7
crw-rw----  1 root disk     10, 237 9月  12 13:04 loop-control
```

图 5-9　查看各分区对应的设备文件

5.2.2　文件与目录的访问用户和访问权限

操作系统中的文件和目录都设定了相应的访问用户，每类访问用户只能完成权限范围之内的操作。Linux 操作系统把文件和目录的访问用户分为三大类：一是属主，二是属组，三是其他。每类用户都可单独设置其对文件或目录的可读、可写及可执行权限。改变属主及属组可使用 chown 命令，改变属组还可使用 chgrp 命令，改变权限可使用 chmod 命令。文件和目录的访问权限是指访问用户对该文件和目录的可读、可写及可执行权限。读权限是指用户可以读取文件内容，写权限是指用户可以编辑、修改该文件内容，可执行权限表示脚本等可执行文件所具有的权限，拥有该权限的文件可以被执行并完成特定的任务。这些访问用户和访问权限，可通过字符界面和图形化界面两种模式来访问和设置。

5.2.3 使用命令方式设置文件与目录的访问用户和访问权限

【例 5-2】使用命令方式设置文件与目录的访问用户。

（1）查看文件和目录的访问用户。

使用命令 ls 的“-l”选项可详细查看文件和目录的访问用户。如图 5-10 所示，查看目录/boot 的访问用户。

```
UOS@uos:/$ ls -l /boot
总用量 103468
-rw-r--r-- 1 root root   251103 11月  12  2021 config-5.10.0-amd64-desktop
drwxr-xr-x 3 root root     4096 11月  22  2021 efi
drwxr-xr-x 2 root root     4096 11月  22  2021 fonts
drwxr-xr-x 6 root root     4096 2月   19  2022 grub
-rw-r--r-- 1 root root 89864279 2月   19  2022 initrd.img-5.10.0-amd64-desktop
drwx------ 2 root root    16384 2月   19  2022 lost+found
-rw-r--r-- 1 root root  5791581 11月  12  2021 System.map-5.10.0-amd64-desktop
-rw-r--r-- 1 root root 10009096 11月  12  2021 vmlinuz-5.10.0-amd64-desktop
UOS@uos:/$
```

图 5-10　查看目录/boot 的访问用户

（2）修改文件或目录的访问用户。

默认情况下，登录用户创建的文件或目录，属主就是登录用户，属组就是登录用户的主群组。根用户及属主有权更改属主及属组，修改访问用户就是修改属主及属组。修改属主和属组可用 chown 命令，修改属组还可用 chgrp 命令。

chown 命令：修改文件或目录的属主和属组。

语法格式：chown　[选项]　属主[.属组]　<文件名>　…

例如：修改 test1.txt 的属主为 yrj。使用的命令如下：

```
root@sxf:/# chown  yrj /home/sxf/test1.txt
```

chgrp 命令：修改文件和目录的属组。

语法格式：chgrp　[选项]　属组　<文件名>　…

【例 5-3】查看文件的访问权限。

命令 ls 的“-l”选项可详细查看文件和目录的访问用户的访问权限。如图 5-11 所示，test5.txt 的属主是 yrj，属组为 sxf。而 test6.txt 的属主是 sxf，属组为 sxf，两个文件的访问权限字符串都为“rw-r--r--”。

说明：属主访问权限为“rw-”，即只有可读/写权限；属组 sxf 和其他用户的访问权限为“r--”，即只有可读权限。

```
sxf@sxf:~/test$ ls
test5.txt  test6.txt
sxf@sxf:~/test$ ls -l test5.txt
-rw-r--r-- 1 yrj sxf 15 2月  20 16:44 test5.txt
sxf@sxf:~/test$ ls -l test6.txt
-rw-r--r-- 1 sxf sxf 16 2月  20 16:44 test6.txt
sxf@sxf:~/test$
```

图 5-11　查看 test5.txt 和 test6.txt 文件

【例 5-4】用字符设定法设置访问权限。

语法格式：chmod　［选项］　<模式>[，模式］　…　<文件>　…

用“u+x”表示为属主增加可执行权限，用“g+w”表示为属组增加可写权限，用“o-r”表示为其他用户取消可读权限。例如：

- 增加文件 test1.txt 的属组可写权限，命令为

UOS# chmod g+w test1.txt

- 取消文件 test2.txt 的其他用户的可读权限，命令为

UOS# chmod o-r test2.txt

【例 5-5】用数字设定法设置访问权限。

用户权限用 1 个八进制数表示，就是数字设定法。用户的访问权限按照属主、属组和其他用户的顺序排列就成了用户权限设置的数字设定法中的模式，如表 5-1 所示。

表 5-1　用户权限数字设定法

权限	数字
无权限—	0
可执行 x	1
可写 w	2
可读 r	4

【例 5-6】设置文件 test2.txt 只有属主的权限为可读、可写。属主权限数字是 4（可读）和 2（可写），相加为 6，属组权限数字为 0，其他用户权限数字为 0，所以权限数字串按照属主、属组和其他用户的排列顺序是 600。设置完成后，查看并验证，如图 5-12 所示。

UOS# chmod　600 test2.txt

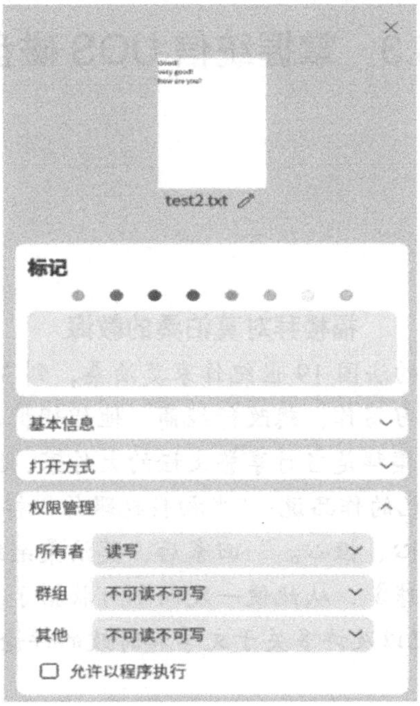

图 5-12　访问权限的数字设置

5.2.4 使用图形化界面方式设置文件与目录的访问权限

使用图形化界面方式设置文件 test/test7.txt 为属主可读、可写的权限。

【例 5-7】用图形化界面方式设置文件与目录的访问权限。

用鼠标右键选择 test/test7.txt 文件，在弹出的快捷菜单中选择“属性”菜单选项，打开“权限管理”页面，单击下拉箭头就可修改，如图 5-13 所示。

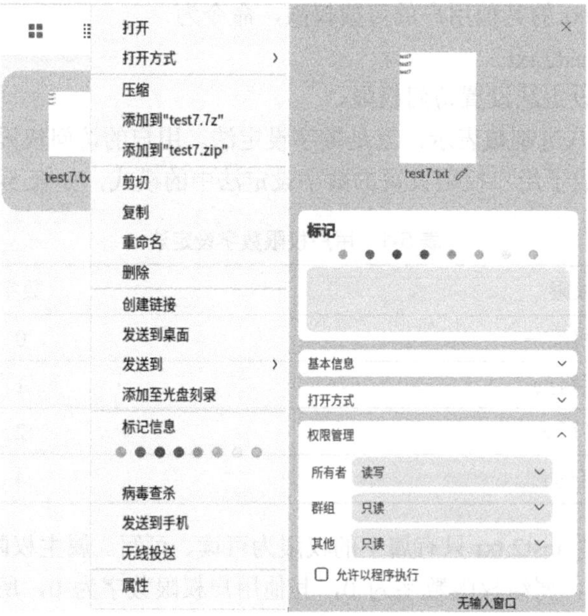

图 5-13　修改文件权限

单元 5.3　掌握统信 UOS 磁盘存储

案例引入

5.3 案例导读

【案例导读】

福楼拜对莫泊桑的教诲

被称为“短篇小说之王”的法国 19 世纪作家莫泊桑，到 30 岁时，作品却一篇也没有发表。他开始丧失信心，不再练习写作，想改行经商。他姐姐批评他缺乏恒心，并建议他去拜访比他年长 29 岁的福楼拜。福楼拜是当时享誉文坛的大作家，他和蔼地接待了来访的莫泊桑，并把莫泊桑请进书房，指着自己的作品说：“当初我也跟你一样灰心过、动摇过，但最后还是坚持下来了，重要的是要有信心、恒心。”回家后，莫泊桑继续埋头练习，勤作不辍，不久就发表了自己的处女作《羊脂球》，从此便一发而不可收拾了。他一生共写了三百多篇短篇小说、6 部长篇小说、3 部游记以及许多关于文学和时政的评论文章。

【案例分析】

古语有云：“熟读唐诗三百首，不会作诗也会吟。”只有积累的素材足够丰富，才能文思泉涌，下笔有神。计算机系统中的“积累的素材”主要存放在硬盘中。当存储的数据越来越多时，需要我们分门别类地存储起来，以便随时取用，这在专业术语中称为硬盘划分和文件存取。

5.3 案例分析

【专业知识】

硬盘的分区类型可以分为 3 种类型：主分区、扩展分区和逻辑分区。一般操作系统位于主分区，硬盘其他部分称为扩展分区，分别把扩展分区划分为不同的逻辑分区。硬盘结构如图 5-14 所示。

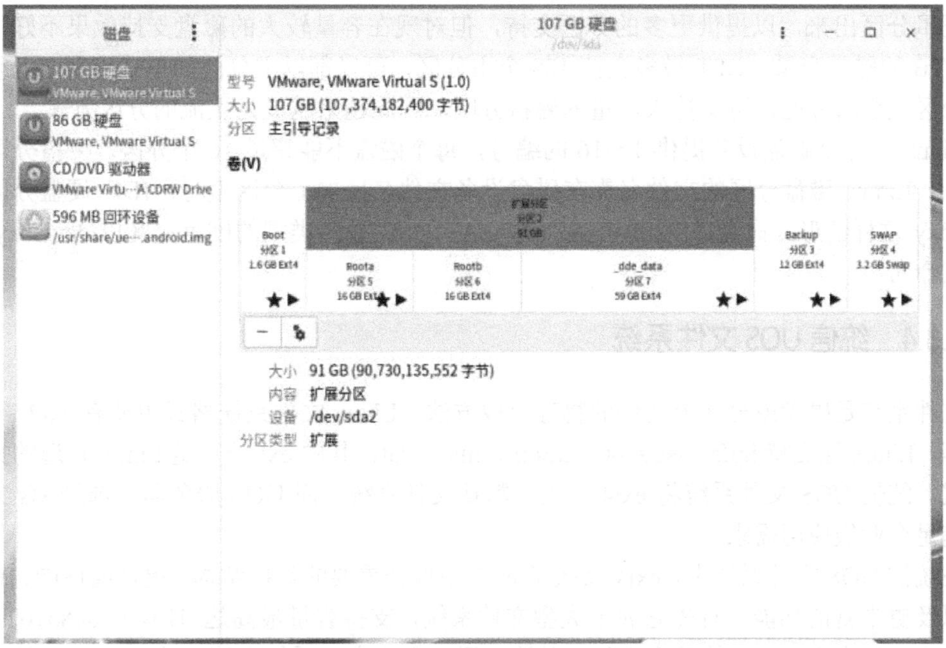

图 5-14　硬盘结构

5.3.1　磁盘数据组织

低级格式化：将空白磁盘盘片划分出若干存储单位为磁道，上下几张磁盘的同一磁道为柱面，再将磁道划分为若干个扇区，数据存储又以扇区为单位划分出标识区、间隔区（GAP）和数据区等。数据存储基本以扇区为单位，根据数据的组织方式不同，又划分出不同的文件系统。

磁盘分区：磁盘在安装操作系统和使用前都必须先进行分区，合理的分区能使磁盘的分区空间得到更合理的应用，每个分区都是硬盘划分出来的一部分，在逻辑上都可以视为一个磁盘。

高级格式化：在磁盘分区上建立相应的文件系统，对不同的操作系统来说文件系统不同。

5.3.2　统信 UOS 磁盘设备命名

统信 UOS 文件系统磁盘分区的命名原则是 Linux 设备文件名用字母表示不同的设备接口，磁盘也按照这样的规则，最多有 4 个硬盘连接设备，其中/dev/hda 表示第 1 个 IDE 通道（IDE1）的主设备（master），/dev/hdb 表示第 1 个 IDE 通道的从设备（slave），原则上 SCSI、

SAS、SATA、USB 接口硬盘的设备文件名均以/dev/sd 开头。SATA 硬盘类似 SCSI，在 Linux 中用类似/dev/sda 这样的设备名表示，依次为 sda、sdb、sdc，同类文件应使用同样的后缀或扩展名。

5.3.3 统信 UOS 磁盘分区

磁盘的分区样式以 MBR 与 GPT 为主。MBR 是目前使用比较多的分区方式，最多可以支持 4 个磁盘分区，通常情况下采用一个主分区加扩展分区的方式，可通过扩展分区划分出更多的逻辑分区出来，以提供更多的分区支持，但对现在容量较大的磁盘支持效果不好，最多支持 2TB 的磁盘容量。GPT 最多支持 128 个主分区，可以都以主分区的形式出现，无须创建扩展分区或逻辑分区，可支持大容量的磁盘分区，因此越来越成为主流的分区方式。

Linux 为每个磁盘设备提供 1～16 的编号，每个磁盘不能超过 16 个分区。磁盘分区命名规则为：Linux 磁盘分区的文件名需在磁盘设备文件名后加上分区编号；IDE 硬盘分区采用/dev/hdxy 这样的形式命名；SCSI、SAS、SATA、USB 接口类型的硬盘分区以/dev/sdxy 这样的形式命名。

5.3.4 统信 UOS 文件系统

文件系统是磁盘或分区上文件的物理存放方法，Linux 文件系统格式主要有 ext2、ext3、ext4 等。Linux 还支持 hpfs、iso9660、minix、nfs、vfat，其中 ext 一直是 Linux 首选的文件系统格式。统信 UOS 文件系统将 ext4 作为其默认文件系统，而 UOS 服务器可选择 xfs 文件系统来满足企业级应用需求。

在统信 UOS 文件系统中，ext4 修改了 ext3 中部分重要的数据结构，提供高性能、高可靠性，以及更丰富的功能。首先它属于大型文件系统，支持容量最高达 1EB（1048576TB）的分区，大小最大为 16TB 的单个文件。其次，引入现代文件系统中流行的 Extent 文件存储方式，并且它还支持持久预分配，能够尽可能地延迟分配磁盘空间，还支持无限数量的子目录，可以使用日志校验来提高文件系统的可靠性并且支持在线磁盘碎片整理。

5.3.5 磁盘分区规划

磁盘在使用前需要对其进行分区，统信 UOS 系统在安装过程中有系统自带的分区工具进行分区，也可在系统安装完成后使用系统自带工具或第三方工具进行分区。如上所述，Linux 有多种分区格式，但是有两个分区 Linux Native 与 Linux Swap 是 Linux 必须要有的。

Native 分区是存放 Linux 系统文件的地方，Linux 系统在安装的过程中可以在指定的情况下把系统文件分散到多个分区中，如果没有指定的话，默认只能全都安装在根目录中并且只能使用 ext 文件系统。

Swap 分区是 Linux 系统用来暂时存储数据的交换分区，类似于 Windows 的虚拟内存，区别是 Windows 系统是从硬盘分区划出一部分来的，而 Linux 系统是单独划出的一块分区。通常情况下这块分区大小应该大于内存大小的 2 倍。

规划磁盘分区需要考虑现有磁盘容量、操作系统的需要及个人实际操作需要等。

如前所述，根据 Linux 系统的特点，在对 Linux 进行分区时，需要考虑基本分区只有两个：一个根分区（/）和一个 Swap 分区。当然为了提高可靠性，系统磁盘可以考虑增加一个引导分区（/boot），该分区只用来安装启动器，真正的引导文件还存放在根目录下。如果磁盘剩余空间很大，可以按用途划分多个分区。

【例 5-8】如何添加磁盘。

打开虚拟机，依次单击“设备”→“硬盘”，打开“虚拟机设置”对话框，选择“硬盘”，单击“添加”按钮，打开“添加硬件向导-硬件类型”对话框，选中“硬盘”，单击“下一步”按钮，如图 5-15 所示。打开“虚拟磁盘类型”对话框，保持默认推荐（SCSI（s））设置，然后单击“下一步”按钮。在打开的对话框中选择“磁盘”“创建新虚拟磁盘”，单击“下一步”按钮。在打开的对话框中指定磁盘容量，设置最大磁盘大小，选择“将虚拟磁盘拆分成多个文件”，连续单击“下一步”按钮，直到最后单击“完成”按钮。

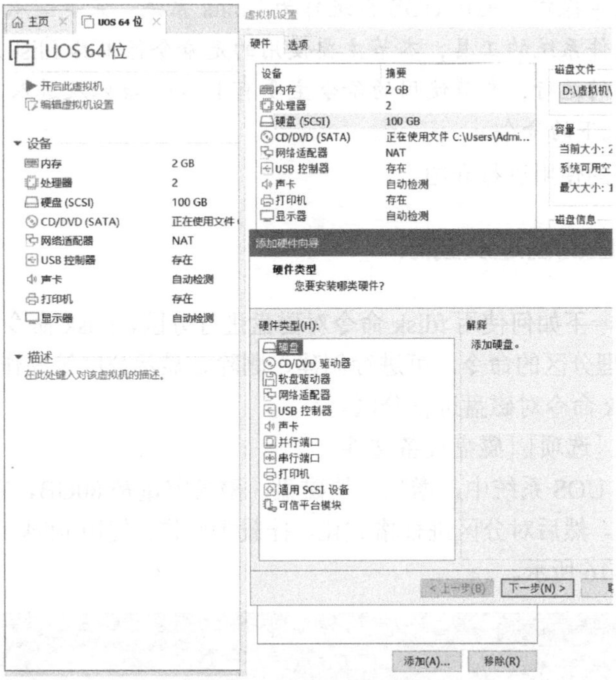

图 5-15　虚拟机添加磁盘

单元 5.4　使用命令行工具管理磁盘分区和文件系统

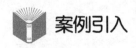

案例引入

5.4 案例导读、分析

【案例导读】

“人民的数学家”华罗庚

1946 年，美国某大学以优厚的条件聘请著名数学家华罗庚为终身教授。但他却回答说：“为了抉择真理，为了国家民族，我要回国去！”终于带着妻儿回到了北平（今北京）。回国后，他不仅刻苦致力于理论研究，而且用数学解决了大量生产中的实际问题，被誉为“人民的数学家”。

【案例分析】

工具是人类解决问题的帮手。工具适用能事半功倍，工具不适用则事倍功半。在统信 UOS 系统中，初次使用命令行工具或许会不习惯，但熟悉后可以极大提高工作效率。此外，尽管磁盘分区和文件系统会在统信 UOS 系统安装的过程中被自动创建，但在系统管理和维护的过程中仍需要我们使用命令工具进行磁盘分区。

【专业知识】

硬盘作为一种存储设备，在使用之前必须要被划分成一块一块的区域，这些区域叫作磁盘分区，也称为分区。本节就如何用命令行工具对磁盘分区进行介绍，主要介绍如何用命令行工具创建和删除磁盘分区。管理磁盘分区就是管理这些区域，包含创建、删除、格式化、挂载及卸载磁盘分区等操作。统信 UOS 系统作为 Linux 系统，完美继承了 Linux 命令行的关于管理磁盘分区和文件系统的工具，本节主要使用的是命令行工具 fdisk，其可实现交互式和非交互式两种模式下的运行，本节使用的命令主要有-l、-u、-s 以及进入交互式模式下的命令 sudo fdisk 和交互模式下的命令 n、p、w。

下面就这些命令的使用进行介绍。

5.4.1 磁盘分区的创建及删除

使用命令行工具管理磁盘分区和文件系统

首先，我们来看一下如何使用 fdisk 命令对磁盘进行分区，fdisk 命令是 Linux 系统中用来管理分区的命令，可进行创建、删除、显示分区等操作。

【例 5-9】用 fdisk 命令对磁盘进行分区。

语法格式：fdisk［选项］［磁盘设备文件］

在安装好的统信 UOS 系统中，增加一块磁盘，磁盘容量是 80GB，首先我们用 fdisk-l 命令查看磁盘分区状况，然后对分区进行格式化、挂载等操作。使用 fdisk-l 命令查看分区情况，具体操作步骤如图 5-16 所示。

图 5-16　命令显示分区

使用命令 sudo fdisk 进入交互模式下，如图 5-17 所示。

```
root@uos:~# sudo fdisk /dev/sdb

Welcome to fdisk (util-linux 2.33.1).
Changes will remain in memory only, until you decide to write them.
Be careful before using the write command.


Command (m for help): m

Help:

  Sun
   a   toggle the read-only flag
   c   toggle the mountable flag

  Generic
   d   delete a partition
   F   list free unpartitioned space
   l   list known partition types
   n   add a new partition
   p   print the partition table
   t   change a partition type
   v   verify the partition table
   i   print information about a partition
```

图 5-17　用命令实现分区

按提示输入 n、p、w 命令，完成对硬盘的分区并保存，如图 5-18 所示。

```
Command (m for help): n
Partition number (1,2,4-8, default 1): 1
First sector (0-167766795, default 0): 12345

Aligning the first sector from 12345 to 16065 to be on cylinder boundary.
Last sector or +/-sectors or +/-size{K,M,G,T,P} (16065-167766795, default 167766795):

Created a new partition 1 of type 'Linux native' and of size 80 GiB.

Command (m for help): p
Disk /dev/sdb: 80 GiB, 85899345920 bytes, 167772160 sectors
Disk model: VMware Virtual S
Geometry: 255 heads, 63 sectors/track, 10443 cylinders
Units: sectors of 1 * 512 = 512 bytes
Sector size (logical/physical): 512 bytes / 512 bytes
I/O size (minimum/optimal): 512 bytes / 512 bytes
Disklabel type: sun

Device     Start       End   Sectors Size Id Type         Flags
/dev/sdb1  16065 167766794 167750730  80G 83 Linux native
/dev/sdb3      0 167766794 167766795  80G  5 Whole disk

Command (m for help): w
The partition table has been altered.
Calling ioctl() to re-read partition table.
```

图 5-18　用命令实现分区并保存

5.4.2　建立文件系统

【例 5-10】用 mkfs 工具建立文件系统。

分区完成之后，紧接着的就是文件系统的建立，建立文件系统通常使用 mkfs 工具，其命令为 mkfs ［选项］［-t 文件系统类型］［文件系统选项］ 磁盘设备名 ［大小］

建立完文件系统之后可以用 file 命令查看建立文件系统的结果。

因为 Linux 常用的文件系统为 ext3、ext4 等，所以常用的 mkfs 命令为 mkfs.ext2、mkfs.ext3、mkfs.ext4、mkfs.msdos，操作结果如图 5-19 所示。

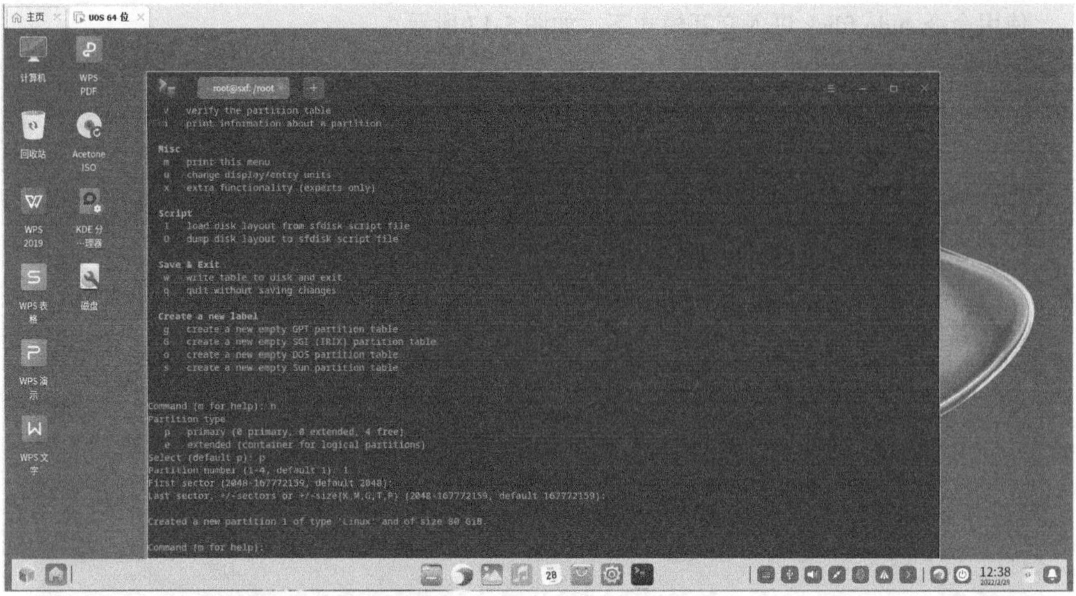

图 5-19　用 mkfs 建立文件系统

5.4.3　挂载及卸载磁盘分区

由于 Linux 文件系统不像 Windows 系统，对于任何一个文件系统都需要挂载到某个特定的目录才能使用，所以在分区完成格式化和建立完文件系统后需要挂载到某一个目录下才能使用。Linux 系统下使用 mount 和 umount 命令来实现对文件系统的挂载和卸载。具体命令格式为：mount 设备名　目录。

【例 5-11】使用 mount 命令挂载硬盘。

执行完 mount 命令后的结果如图 5-20 所示。

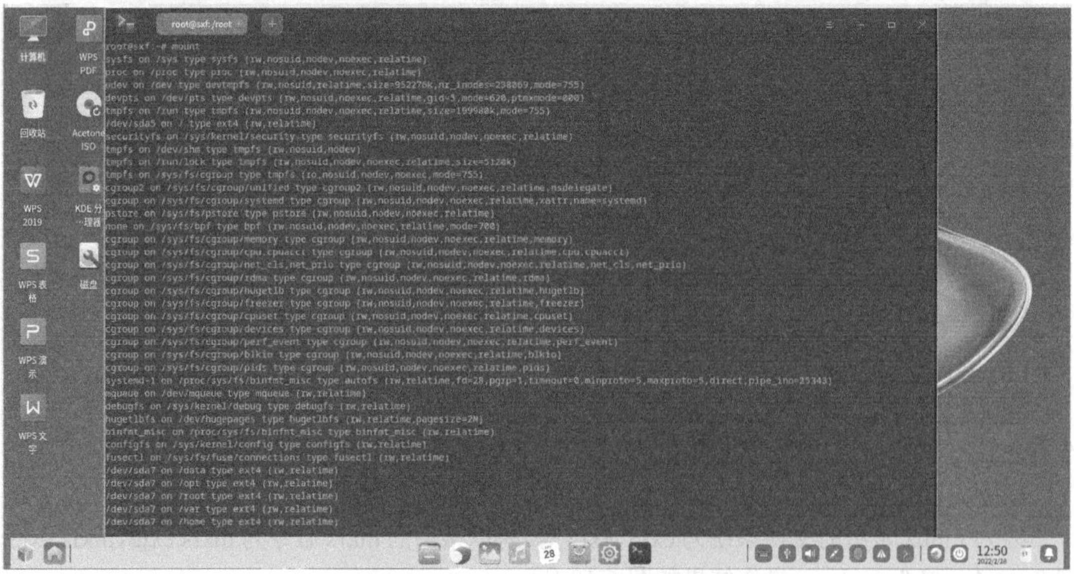

图 5-20　用 mount 命令实现硬盘的加载

单元 5.5　使用图形化界面工具管理磁盘分区和文件系统

案例引入

5.5 案例导读

【案例导读】

公私分明的工具车

1970 年，吴永光调任武汉军区政治部副主任后，单位为他配了一部专车。但他除了外出办事，一般很少用车，上下班 20 多分钟的路程从来都是走去走回。一次，他最喜欢的小女儿吴笑娜请老师到家里教小提琴，离开时突然下起了雨。小女儿想用车送送老师，但吴永光坚决不同意，说："你送老师是私事，不能用公家的车。"最后，女儿只好打着雨伞，一步一脚泥水，送老师去坐公共汽车。后来，吴永光病重，长期在军区总医院住院，而他的汽车停在大楼门口。二女儿吴笑春在隔壁楼上班，一天又是下大雨，她赶着要去火车站买出差的火车票。吴永光的司机看不过去了，说："我开车送你吧!"吴笑春婉言谢绝了："爸爸都不随便用车，我办自己的事就更不能用了。我还是坐公共汽车去吧。"说完，就撑伞走向了瓢泼大雨之中。

【案例分析】

5.5 案例分析

工具在诞生之初是为了便利人类的生产与生活，对于工具使用的公私分明是共产党人的卓越品质，而如何最大限度地发挥工具效用亦是一个重要课题。比如借助国产芯片可以突破中美贸易战美方设下的"芯片禁令"，再比如借助分区工具、图形化界面工具可以让我们更快地完成工作。

【专业知识】

统信 UOS 文件系统带有磁盘管理器，使用图形化界面分区，可以利用系统默认安装的"磁盘管理器"实用程序和其他第三方软件，图 5-21 所示的是统信 UOS 系统自带的工具。

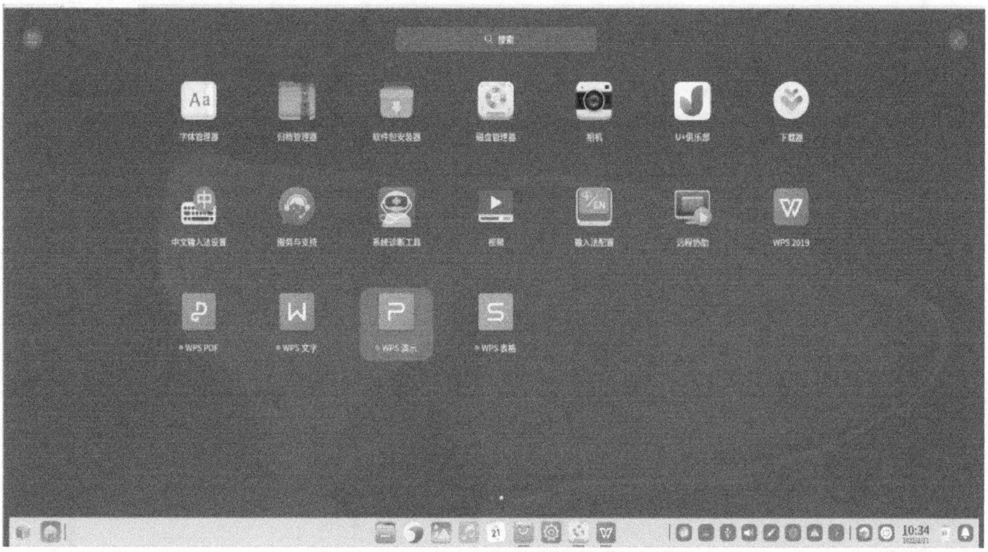

图 5-21　统信 UOS 系统自带的工具

5.5.1 使用内置的磁盘管理器

使用图形化界面工具管理磁盘分区和文件系统视频

内置磁盘管理器可以根据不同的分区提供不同的功能，可实现对磁盘的分区、格式化、挂载、卸载及分区调整。用系统自带工具进行磁盘分区，如图 5-22 所示。不同用户对已有分区的操作具有不同的操作权限，可根据权限查看具体的使用方法。

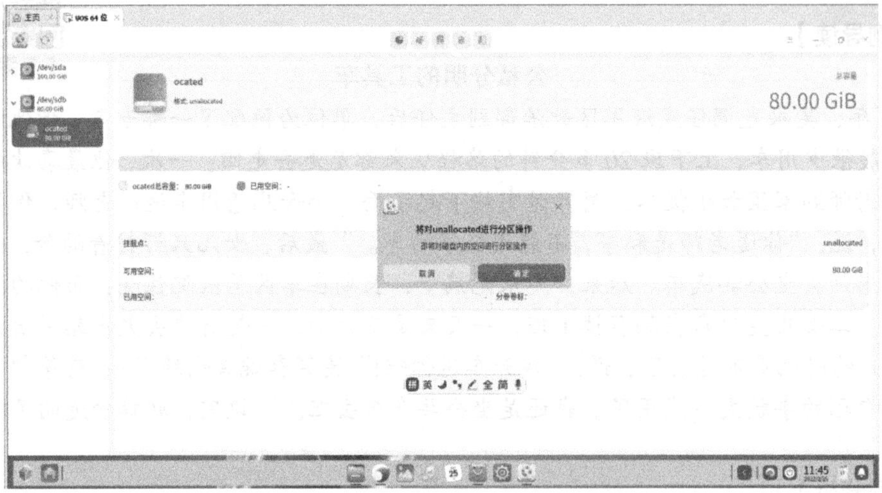

图 5-22 用系统自带工具进行磁盘分区

5.5.2 使用 Disks 分区工具

【例 5-12】使用 Disks 分区工具进行磁盘分区。

这里用虚拟机新建 80GB 硬盘为例介绍 Disks 分区工具的使用过程，首先打开 Disks 分区工具界面，如图 5-23 所示。

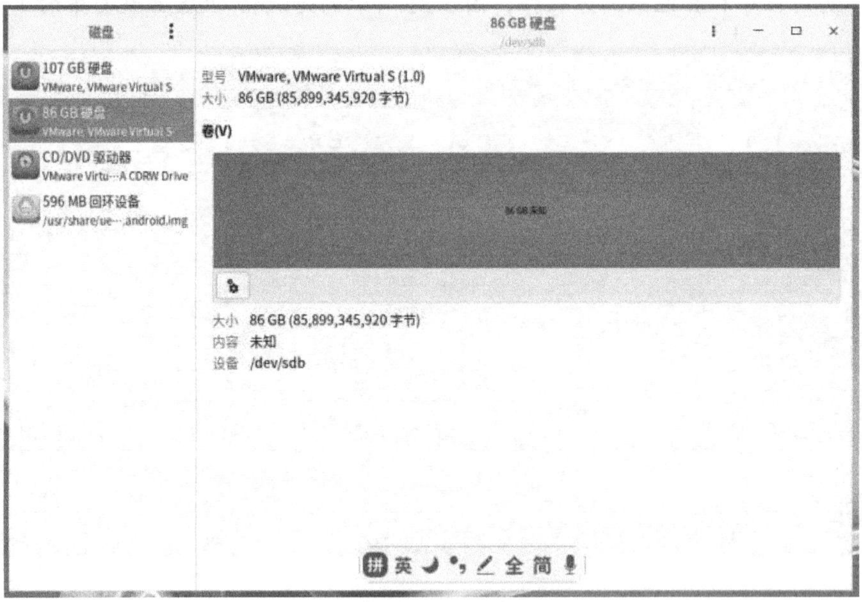

图 5-23 Disks 分区工具界面

单击界面中的所标识的齿轮按钮，弹出的 Disks 工具选项如图 5-24 所示。

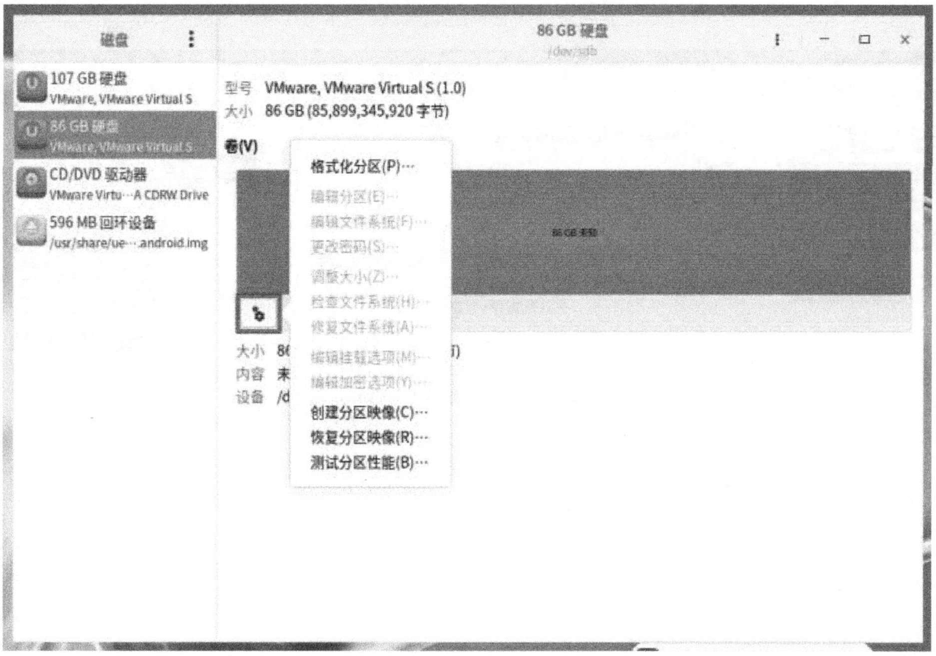

图 5-24　Disks 工具选项

选择“格式化分区”选项，弹出“格式化卷”对话框，在“卷名”处输入“teacher”，然后单击“下一个”按钮，如图 5-25 所示。

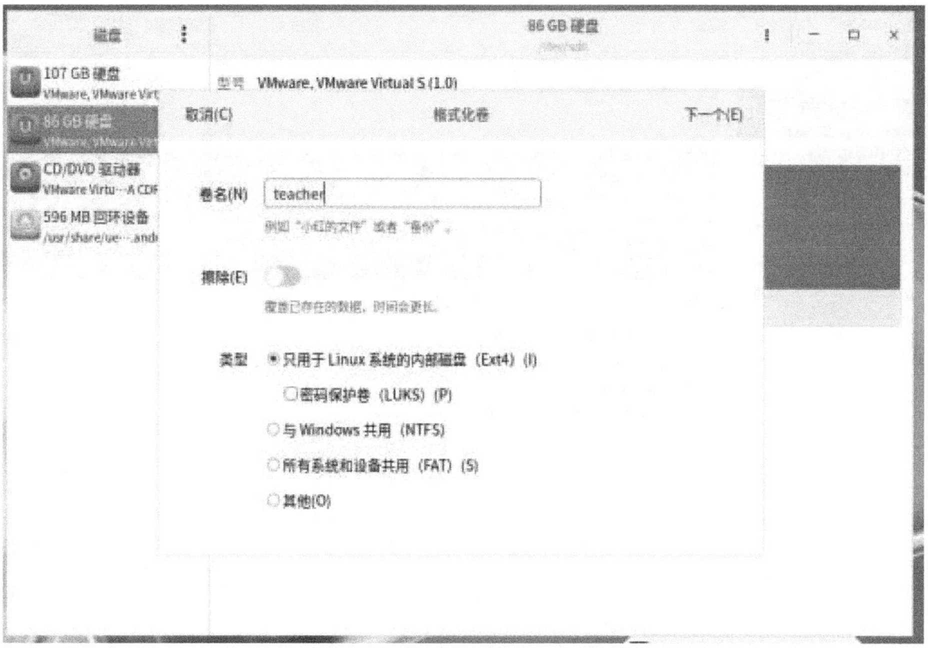

图 5-25　“格式化卷”对话框

在开启磁盘格式化功能前系统会提示用户即将丢失所有数据，如图 5-26 所示。

在系统完成格式化后，可以挂载硬盘，如图 5-27 所示。

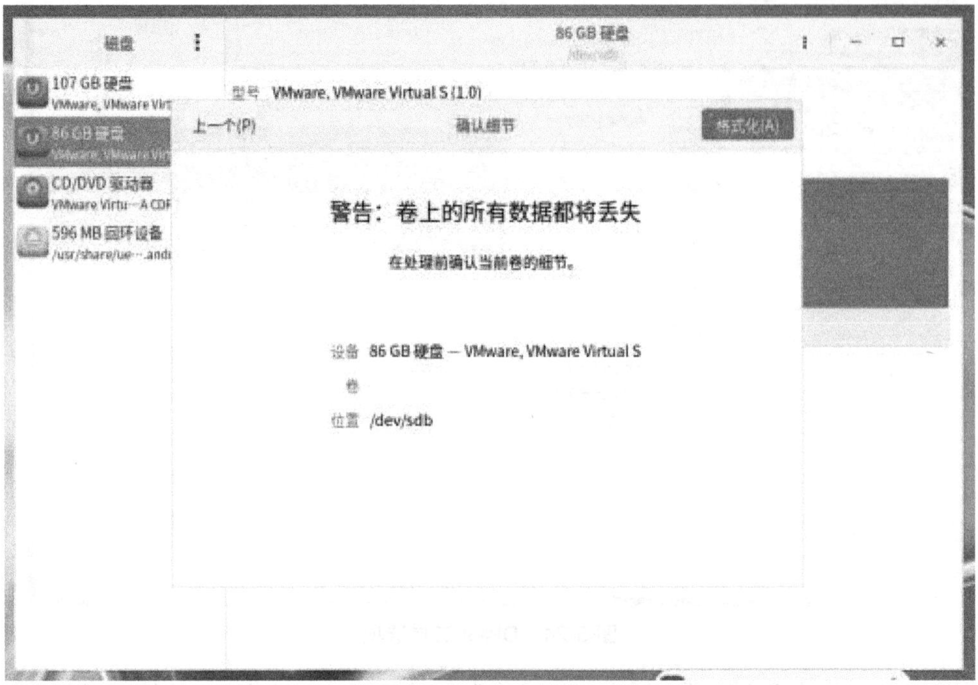

图 5-26　格式化前警告信息

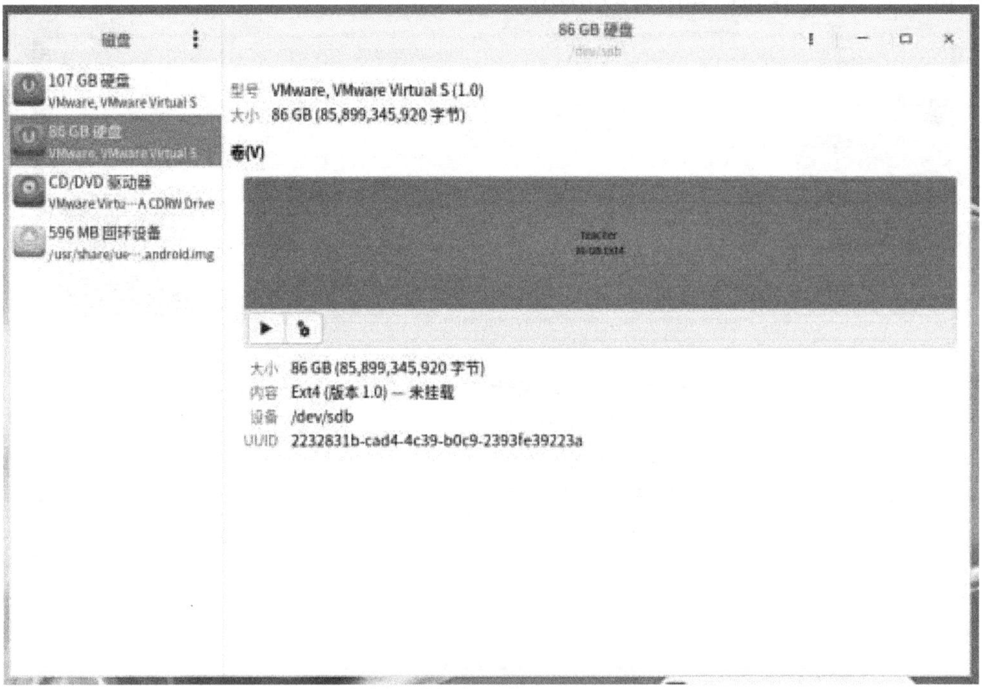

图 5-27　挂载硬盘

单元 5.6 挂载和使用外部存储设备

案例引入

5.6 案例导读

【案例导读】

万事俱备，只欠东风

孔明索纸笔，屏退左右，密书十六字曰：“欲破曹公，宜用火攻，万事俱备，只欠东风。”——《三国演义》四十九回。

【案例分析】

5.6 案例分析

周瑜定计火攻曹操，做好了一切准备，忽然想起不刮东风无法胜敌，后以此比喻一切准备工作都做好了，只差最后一个重要条件。有时候人的成功就差一点好的方法和渠道。计算机的外部设备也是如此，外部硬件设备准备好以后剩下的工作就是加载和使用了。

【专业知识】

计算机外部存储设备包括光盘、U 盘、移动硬盘等，这些设备在使用前要有相应的驱动程序软件进行驱动才能正常工作，而统信 UOS 系统有自带的驱动程序软件，统信 UOS 应用商店也有相应的第三方软件提供，本节将介绍挂载和使用外部存储设备的方法。

5.6.1 挂载和使用光盘

挂载和使用外部存储设备视频

统信 UOS 系统自带的 DVD-RAM 驱动器，可实现光盘的挂载和弹出，也可读取光盘中的数据，如图 5-28 所示。

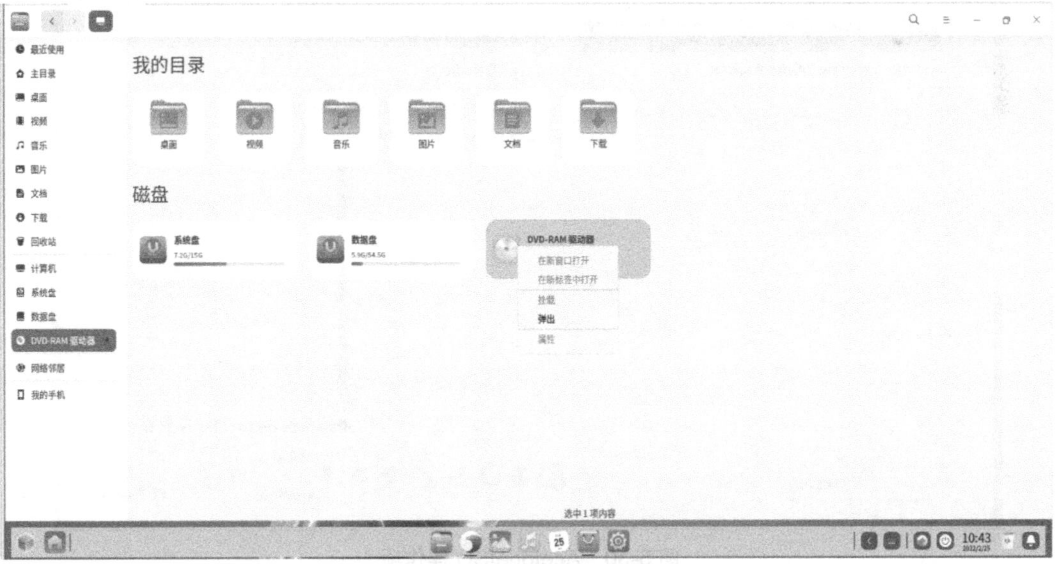

图 5-28 系统自带光驱工具

5.6.2 制作和使用光盘镜像

AcetoneISO 是一款第三方的制作和使用光盘镜像的软件，可在应用商店中下载使用，图 5-29 所示的是使用 AcetoneISO 加载 ISO 镜像。

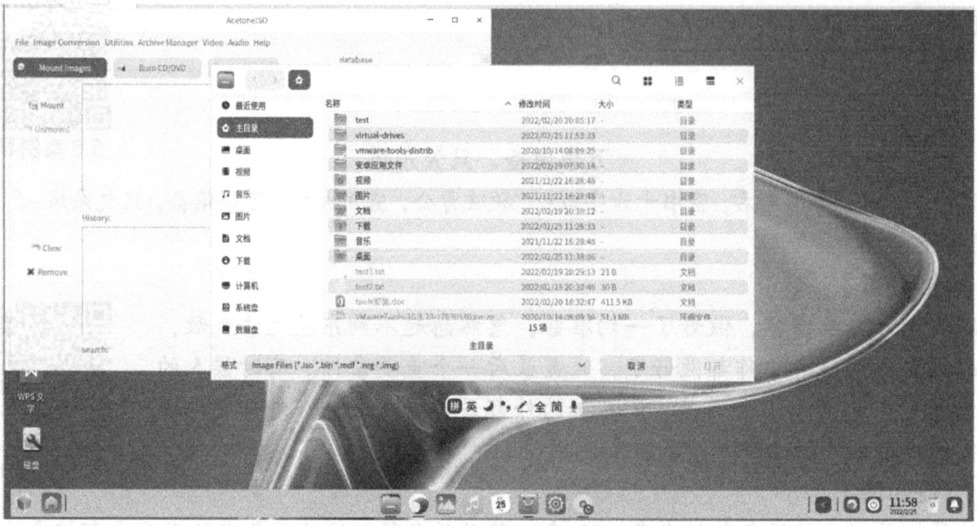

图 5-29 用 AcetoneISO 制作光盘镜像

使用 AcetoneISO 软件制作 ISO 光盘镜像，从其他设备中读取 ISO 以及向其他设备写入 ISO 镜像文件的操作，如图 5-30 所示。

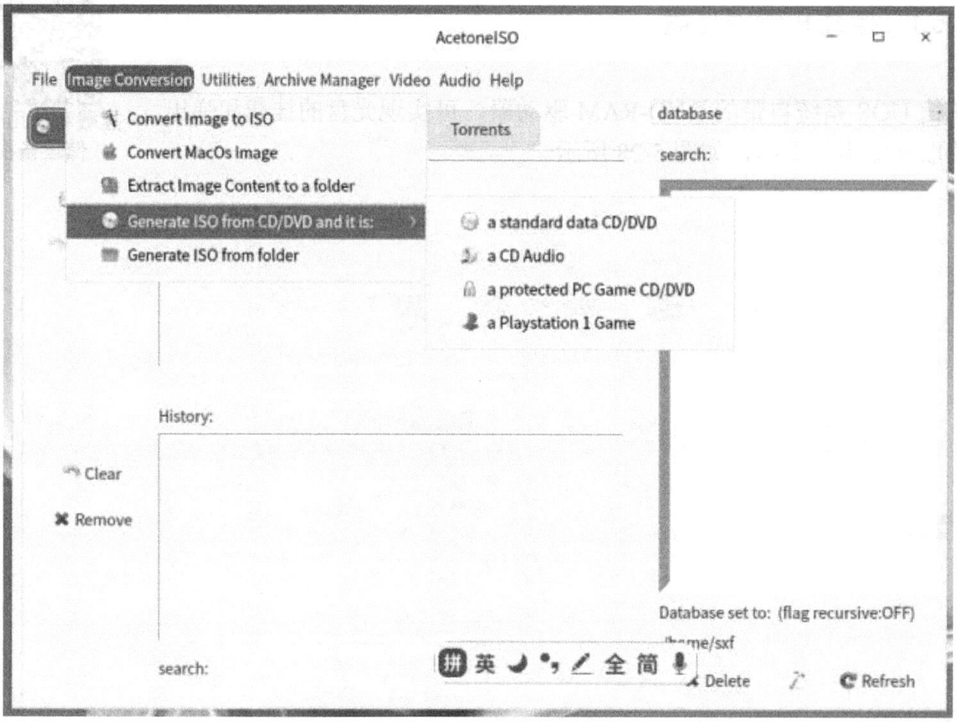

图 5-30 AcetoneISO 操作项

5.6.3　挂载和使用 USB 设备

统信 UOS 系统自带驱动程序软件可以使 USB 设备自动启动挂载设备，如图 5-31 所示。

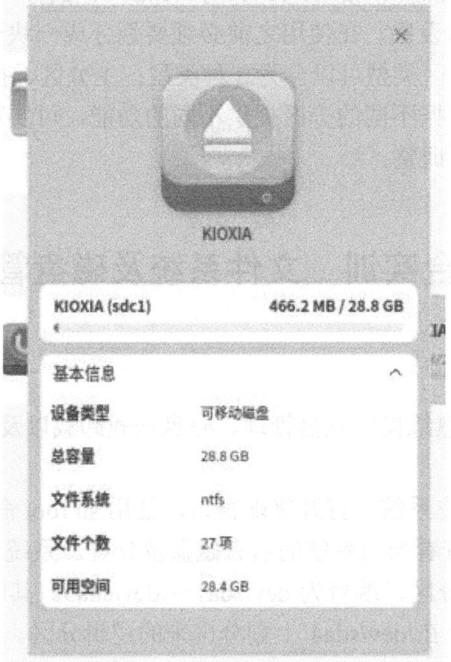

图 5-31　系统自带 USB 驱动程序

USB 设备的卸载：可以在系统的右下角单击 USB 标志进行卸载，也可以右击 USB 盘符，在弹出的快捷菜单中选择“卸载”或“安全移除”菜单选项，如图 5-32 所示。

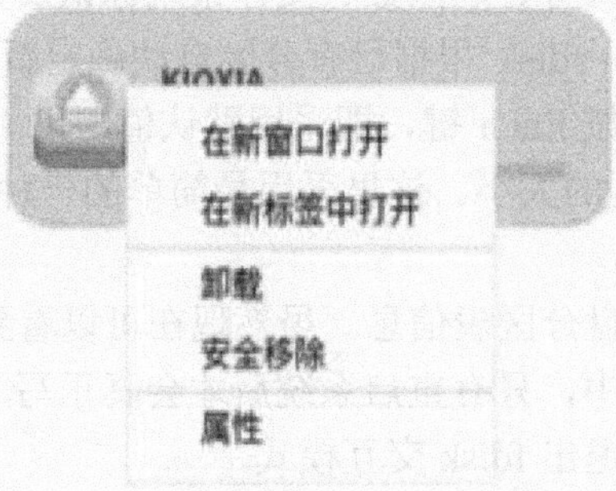

图 5-32　USB 设备的卸载

知识总结

（1）统信 UOS 文件系统采用树状目录结构，最上层是“/”目录，被称作根目录，根目录下有默认的目录结构。统信 UOS 文件系统制定了一套文件目录命名及存放标准的规范。

（2）文件结构是文件存放在磁盘等存储设备上的组织方法，主要体现在对文件和目录的组织上。目录提供了管理文件的一个方便有效的途径。

（3）文件的基本属性有三种：读（r/4）、写（w/2）、执行（x/1）。

（4）硬盘作为一种存储设备，在使用之前必须要划分成一块一块的区域，这些区域叫作磁盘分区，也称为分区。分区类型可以分为 3 种类型：主分区、扩展分区和逻辑分区。

（5）磁盘管理器可以根据不同的分区提供不同的功能，可实现的功能有对磁盘的分区、格式化、挂载、卸载及分区调整。

综合实训　文件系统及磁盘管理

【实训目的】

在统信 UOS 系统下，熟练操作磁盘管理、磁盘挂载卸载以及磁盘管理其他相关命令。

【实训内容】

（1）进入统信 UOS 操作系统，打开终端窗口，使用 su root 命令切换到 root 用户。

（2）使用 lsblk p 命令查看当前系统的所有磁盘及分区。系统当前有一块虚拟硬盘，命名为/dev/sda。在其上有 5 个分区，编号为/dev/sda1～/dev/sda5。其中，/dev/sda4 为扩展分区，不能直接使用，/dev/sda5 是在/dev/sda4 上划分出来的逻辑分区。因此，新添加的分区应从 6 开始编号。

（3）使用 fdisk /dev/sda 命令进入 fdisk 的交互模式。fdisk 命令可用于对磁盘进行分区管理。

（4）输入 m，获取 fdisk 的子命令提示。在 fdisk 交互模式下有很多子命令，每个子命令用一个字母表示，如 n 表示添加分区、d 表示删除分区。

（5）输入 p，查看磁盘分区表信息。这里显示的磁盘分区表信息包括分区名称、启动分区标识、起始扇区号、终止扇区号、扇区数、文件系统标识及文件系统名称等。

（6）输入 n，添加新分区。fdisk 根据已有分区自动确定新分区编号是 6，并提示输入新分区的起始扇区号。这里直接按 Enter 键，即采用默认值即可。

（7）fdisk 提示输入新分区的大小。这里采用最简单的一种方式，输入“+8G”，即指定分区大小为 8GB。

（8）输入 p，再次查看磁盘分区表信息。虽然现在可以看到新添加的/dev/sda6 分区，但是这些操作目前只保存在内存中，只有重启系统后才会真正写入磁盘分区表。

（9）输入 w，保存操作并退出 fdisk 交互模式。

（10）使用 shutdown r now 命令重启系统。打开终端窗口并切换到 root 用户。再次使用 lsblk p 命令查看当前系统的所有磁盘及分区，此时能够看到/dev/sda6 分区已经出现在磁盘分区表中了。

（11）使用 mkfs t xfs /dev/sda6 命令为/dev/sda6 分区创建 xfs 文件系统。

执行完以上步骤后，创建了文件系统的分区还不能正常使用，需要将这个分区挂载到一个目录中才能正常访问，这是使新分区可用的最后一步。

（12）使用 mkdir p /mnt/testdir 命令创建新目录，使用 mount /dev/sda6 /mnt/testdir 命令将

/dev/sda6 分区与目录/mnt/testdir 绑定。

（13）为了验证挂载的结果，使用 lsblk p /dev/sda6 命令查看/dev/sda6 分区的挂载点。

（14）使用命令实现光盘挂载、卸载、自动挂载、U 盘挂载。

（15）配置逻辑卷，使用命令创建磁盘分区、创建物理卷（PV）、创建卷组（VG）、创建逻辑卷（LV）、创建并挂载文件系统。

思考与练习

1. 选择题

（1）在 Linux 操作系统中，最多可以划分（　　）个主分区。

[A] 1　　[B] 2　　[C] 4　　[D] 8

（2）在 Linux 操作系统中，mkfs 命令的作用是在硬盘中创建 Linux 文件系统，用于设置文件系统类型的是（　　）。

[A]-t　　[B]-h　　[C]-v　　[D]-l

（3）mount 命令的作用是将一个设备（通常是存储设备）挂载到一个已经存在的目录中，mount 命令使用（　　）选项时，表示设置文件系统类型。

[A]-o　　[B]-l　　[C]-n　　[D]-t

（4）若想在一个新分区中建立文件系统，则应该使用（　　）命令。

[A]fdisk　　[B]mkfs　　[C]format　　[D]makefs

（5）在 Linux 操作系统中，IDE 硬盘设备节点前缀为（　　）。

[A]hd　　[B]md　　[C]sd　　[D]sr

2. 填空题

（1）Linux 文件系统采用树状目录结构，最上层是“/”目录，被称作________。

（2）为了统一管理系统文件和不同用户的文件，系统采用________和________两种文件路径方式。

（3）使用命令 ls 的________选项可详细查看文件和目录的访问用户。

（4）硬盘的分区类型可以分为 3 种类型：________、________和________。

（5）Linux 系统中每个磁盘不能超过________个分区。

3. 判断题

（1）各种不同的操作系统都有相同的文件系统。（　　）

（2）Linux 文件系统采用树状目录结构，最上层是“/”目录，被称作根目录。（　　）

（3）为了统一管理系统文件和不同用户的文件，系统采用绝对路径和相对路径两种文件路径方式。（　　）

（4）统信 UOS 系统磁盘分区的命名原则是 Linux 设备文件名用字母表示不同的设备接口，磁盘也按照这样的规则，最多有 128 个硬盘连接设备。（　　）

（5）磁盘分区和文件系统会在统信 UOS 系统安装的过程中被自动创建，用户在系统管理和维护的过程中不需要使用命令工具进行磁盘分区。（　　）

4. 简答题

（1）简述 Linux 操作系统中的设备命名规则。

（2）简述 Linux 磁盘分区规则。

（3）简述如何进行分区管理。

（4）如何进行磁盘挂载与卸载？

（5）如何使用图形化工具管理磁盘分区和文件系统？

模块 6　进程与日志管理

导读

本模块首先对进程和进程管理的概念进行了简单介绍，然后按照图形化界面和命令两种方式对进程管理的方法进行了介绍，最后对系统日志的分类以及如何在前后台查看系统中的各类日志进行了说明。

学习要点

1. 进程的概念
2. 进程与程序的区别
3. 系统监视器的使用
4. 系统日志的查看

学习目标

【知识目标】

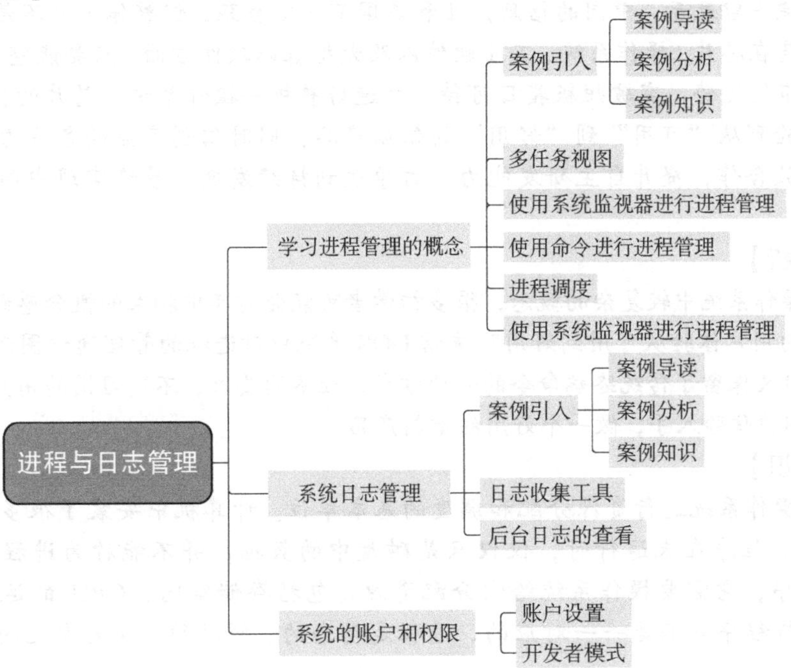

【技能目标】

（1）掌握系统监视器的使用。

（2）使用基本的命令查看进程。

（3）掌握 crontab 命令的使用。

（4）掌握系统日志的查看方式。

【素质目标】

（1）通过对进程和服务的介绍，使学生对操作系统的运行有基本的了解，引导学生更深入地理解计算机的专业知识。

（2）通过进程调度的设置，使学生更高效地完成周期性的重复任务，树立效率意识。

（3）通过对系统日志的查看和分析，让学生掌握解决问题的步骤和方法，克服畏难情绪，以自信的心态迎接生活和学习中的挑战。

单元 6.1　学习进程管理的概念

案例引入

6.1 案例导读

【案例导读】

统信 UOS 获评“年度最受关注操作系统”

IT 之家 2021 年度科技趋势榜正式揭晓，作为国内主要的操作系统研发品牌，统信软件自研推出的统信 UOS V20，受到高度好评，获得“年度最受关注操作系统”称号。随着科技产业的迅捷发展，各类科技产品的推陈出新也不断加快，作为“整芯铸魂”核心关键的操作系统，在“缺芯少魂”的时代背景下，统信 UOS V20 在 2021 年一经面世就广受关注。

倪光南院士曾表示，中国的信息产业和美国有一定差距，但整体上并不是特别大。目前短板主要是在芯片、操作系统、工业软件以及大型基础软件方面。只要能整合国内资源，利用好人才市场优势，突破短板指日可待。打造好整机—操作系统—芯片的良性生态圈，要让用户体验到从“可用”到“好用”的信创产品，同时信创产业的各方力量要相互协同，坚持开放合作，提升自主研发能力，力争达到持续发展，最终实现中国科技强国的伟大战略。

【案例分析】

进程是操作系统中较复杂的概念，很多初学者可能会对其中抽象的概念感到困惑。那么如何让其中的用户体验从可用到好用？统信 UOS 系统中对进程的管理通过图形化界面的方式展现，同时又保留了传统终端命令的管理方式，让不同要求、不同习惯的用户各取所需，真正做到从用户体验入手，做一个好用的信创产品。

【专业知识】

进程是操作系统进行资源分配和调度的基本单位。计算机中安装了很多程序，但是这些软件或者程序在未运行时，仅仅只是磁盘中的数据，并不能称为进程。进程是正在运行的程序，它需要操作系统给它分配资源，包括存储空间、CPU 的运行时间等。同时，进程与程序并不是一一对应的，进程是动态的、暂时的、实时变化的。一个程序可以对应多个进程，一个进程也可以调用多个程序。在日常使用中，我们也可以把进程称为任务。

多任务视图视频

6.1.1　多任务视图

正在运行的程序可以区分为前台运行程序和后台运行程序两类。前台运行程序在桌面的任务栏上可以直观地体现，而进程通常在操作系统的调度下在后台默默地工作，并没有在桌面任务栏上体现。同时，前台运行程序往往在后台也体现为不同的进程，在前台退出一个程序后，后台的好多进程同时也退出了。对于在前台运行的进程，用户可以通过以下几种方式进行查看和切换。

在任务栏切换：由于当前正在运行的程序会在任务栏中以图标的形式展示，因此用户只要通过鼠标单击不同的图标，即可在不同的程序间进行切换。程序切换后，原先的程序并不是退出了，而是对当前的工作界面进行了切换，原先的程序还处在运行当中。

使用快捷键切换：切换程序运行的快捷键为 Alt+Tab，切换的原理和鼠标单击相同，只是将原先的鼠标操作切换成了键盘操作。

使用多任务视图：很多时候仅仅通过程序的图标并不能很好地了解程序当前正在运行的任务，甚至忘记了图标对应的程序是干什么的，这时通过多任务视图的方式对程序进行集中管理。多任务视图通俗地讲就是将前台正在运行的程序展示为缩略图。图 6-1 展示了多任务视图下当前正在运行的程序。在该视图下，既可以切换程序的运行，也可以关闭程序。

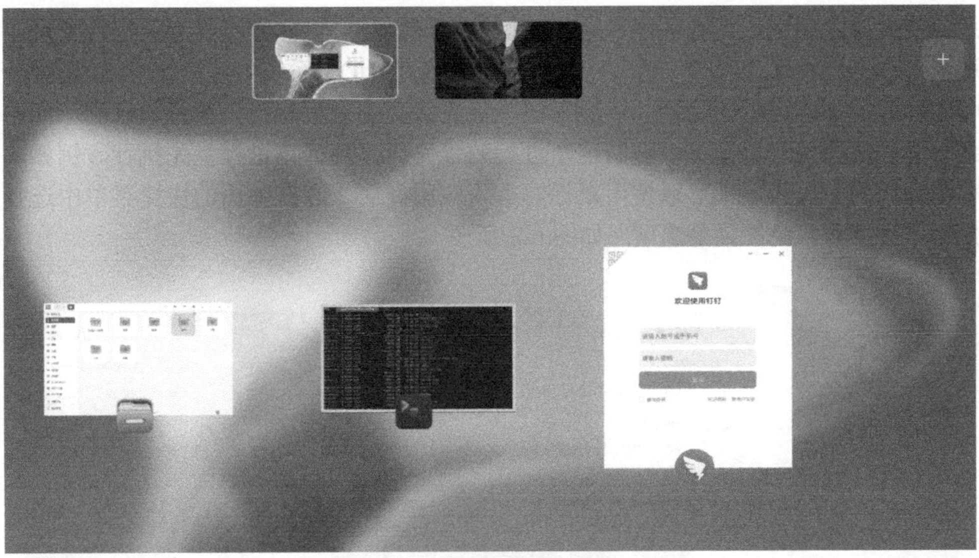

图 6-1　多任务视图展示

6.1.2　使用系统监视器进行进程管理

使用系统监视器进行进程管理视频

与 Windows 系统上的任务管理器类似，在统信 UOS 系统中，可以通过系统监视器来管理系统的程序和进程。监视器的主要功能包括查看和管理进程、查看和管理系统服务、查看硬件使用状态。

在系统监视器上选择“程序进程”标签，可以查看应用程序、我的进程、所有进程这三项内容。视图的切换可以通过监视器右上角的视图切换菜单进行。

例如，在应用程序视图中，可以查看系统当前所有正在运行的程序，同时监视器还显示了对应程序的处理器占用、内存占用和数据的读取情况，如图 6-2 所示。

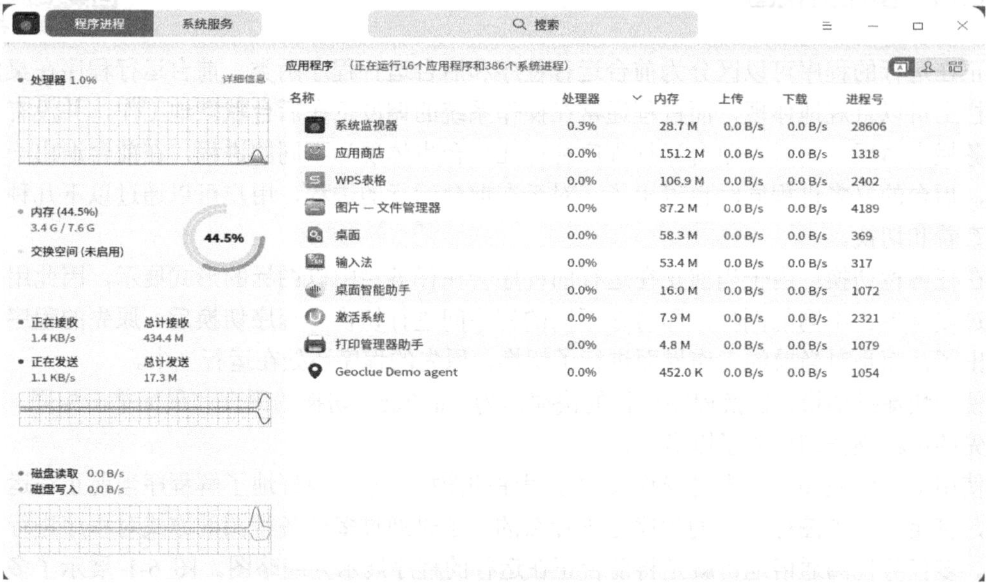

图 6-2　系统监视器查看运行程序

系统监视器除了用于查看程序和进程的运行情况，还可以对程序和进程进行管理，包括结束进程、改变进程优先级等。进程的优先级是在统信 UOS 系统中，按照 CPU 资源分配的先后顺序形成的不同进程的队列。一般来说，优先级高的进程有优先执行的权利。如果用户希望某个进程尽快执行，则可以调高这个进程的优先级，使得该进程优先执行。例如，想要改变应用商店的优先级，则可以使用鼠标右击“应用商店”，在弹出的快捷菜单中选择“改变优先级”→“非常高”菜单选项，如图 6-3 所示。

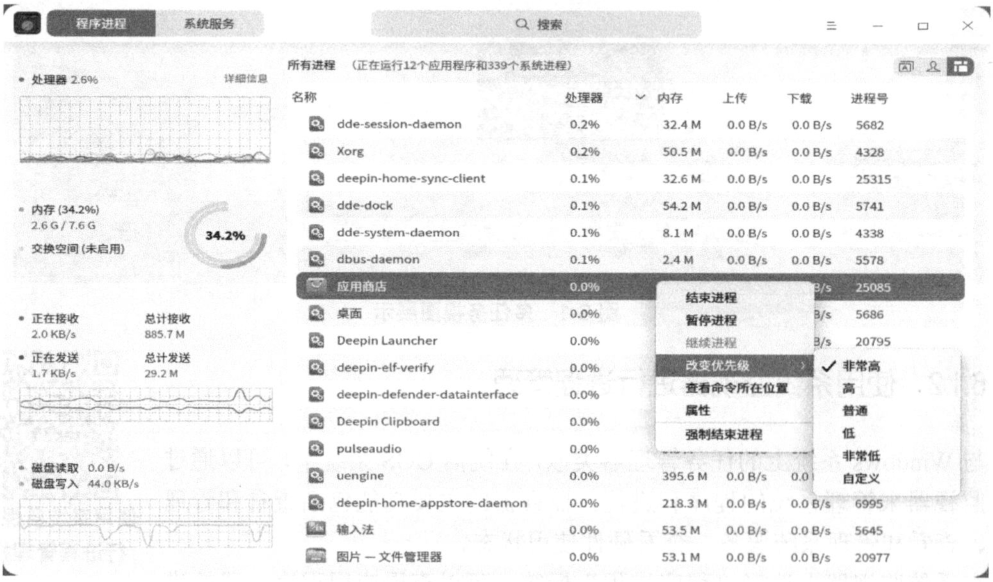

图 6-3　通过系统监视器改变进程优先级

系统监视器除了查看和管理系统的程序进程和服务之外，还可以监控计算机的硬件使用情况，监控的内容主要有 CPU、内存、网络传输、磁盘读取等。它们的运行情况可以通过数据变化和波形图进行实时展示。硬件的使用情况如图 6-3 左侧展示。

【例 6-1】在系统监视器上结束 WPS 程序。

在“启动器”中打开系统监视器，切换到程序视图，选中“WPS Office”，右击，在弹出的快捷菜单中选择“结束进程”菜单选项关闭对应的程序。

【例 6-2】查看系统当前的内存使用情况。

在“启动器”中打开系统监视器，可以在监视器的左侧页面查看系统内存的使用情况，同时也可以查看 CPU 的使用情况。

6.1.3　使用命令进行进程管理

统信 UOS 系统不仅可以使用图形化界面方式管理进程，还提供了更专业的 Shell 命令方式对进程进行管理与监控，本节将详细介绍相关的命令。

在统信 UOS 系统中，每个进程都会分配一个 ID 号，在使用命令进行进程管理时，这个 ID 号是一个重要的依据。

1. ps命令

ps 命令用于显示进程的状态，主要用法如下：

ps　-a：显示当前终端的所有进程。

ps　-e：显示系统中的所有进程。

ps　-l：显示进程的详细信息。

ps　-t　终端名：显示对应终端的进程。

ps　-u 用户名：显示对应用户名的进程。

图 6-4 所示为利用命令 ps -a -l 显示当前终端所有进程的详细信息。

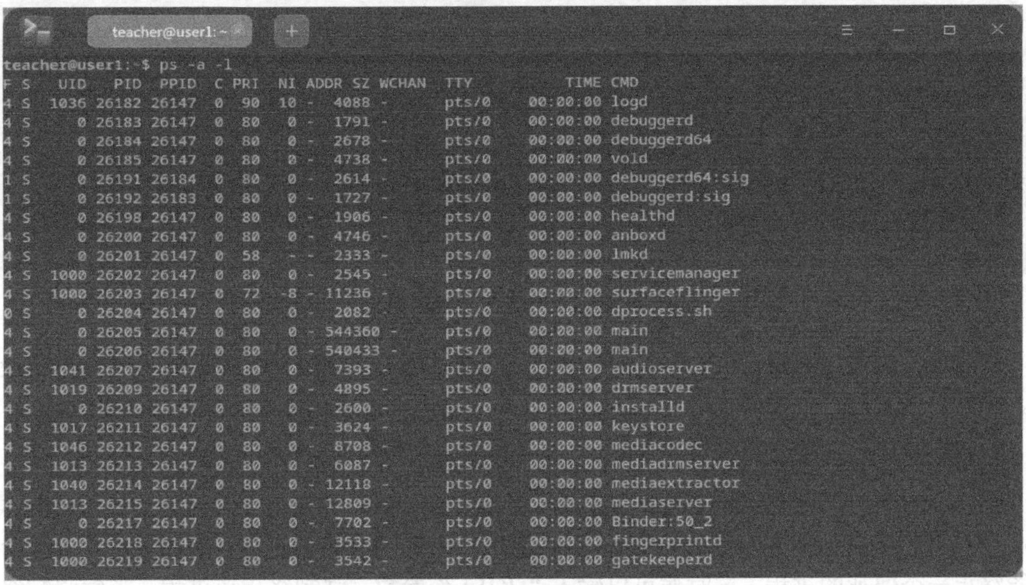

图 6-4　使用 ps 命令查看进程的详细信息

从图 6-4 中可以看出，显示的进程详细信息主要内容如下。

- UID：用户名。
- PID：进程号。
- PPID：父进程号。
- C：进程最近所消耗的 CPU 资源。
- TIME：进程总共占用的 CPU 时间。
- CMD：进程名。

PPID 是指父进程的 PID，即父进程的进程 ID。在统信 UOS 系统中，进程之间是有相关性的，在用户登录系统后，内核会先创建几个进程，再由这些进程提供的接口去创建新的进程。所以当一个进程被创建时，创建它的进程就被称为父进程，用 PPID 表示，被创建的进程被称为子进程。同时父子进程之间都通过“复制”的方式加以创建，所以两者的内容几乎相同。

2. top命令

top 命令用于即时跟踪当前系统中的进程状态，可以动态显示 CPU 信息、内存利用率和进程状态等相关信息，并按照 CPU、内存使用情况和执行时间对进程进行排序，功能和系统监视器类似。top 命令运行结果如图 6-5 所示。

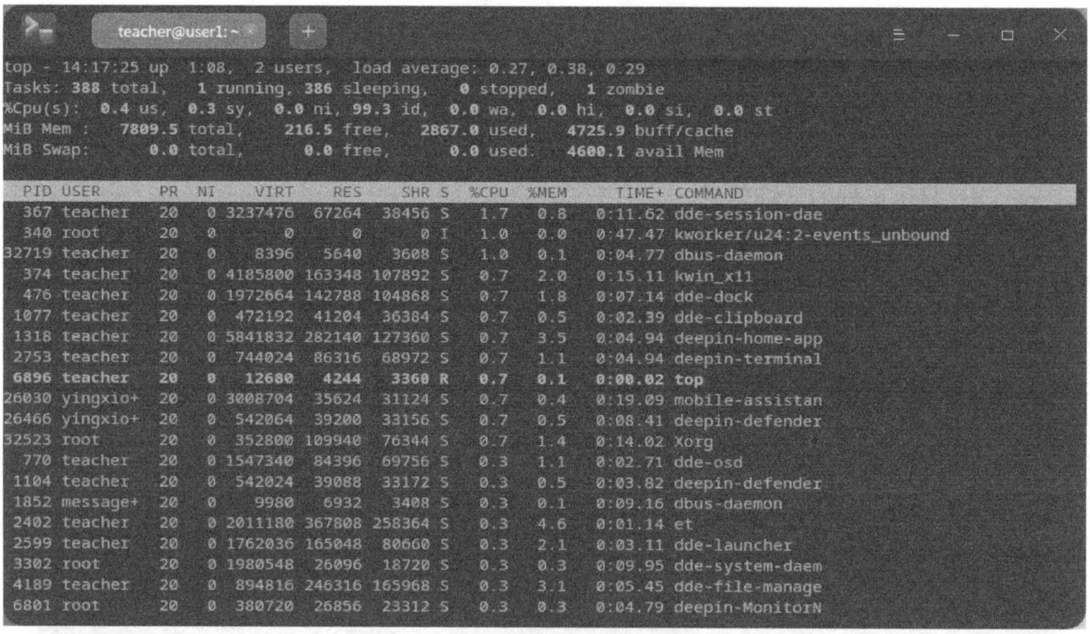

图 6-5 top 命令运行结果

从图 6-5 中可以看出，top 命令显示的结果十分丰富，使用 CPU 最多的程序会排在最前面。此外，用户还可以查看内存占用率等有用的信息，并在查看结束后输入 q 退出该命令。

3. kill 命令

kill 命令用于发送指定信号到相应进程，将其终止。kill 的使用要遵循一定的用户权限，root 用户可影响其他用户的进程，而非 root 用户只能影响自己的进程。有时候使用 kill 命令不能终止一个僵死的进程，这时候可以输入“-KILL”参数，强制终止该进程。当然强制终止一个进程会有一定的副作用，也就是会导致数据丢失或者终止失败，所以在强制终止时要注意后续的影响。

kill 命令的主要用法如下：

kill （进程信号） 进程号

要想知道常用的进程信号，可以利用 kill -l 来查看，如图 6-6 所示。

```
teacher@teacher:~$ kill -l
 1) SIGHUP       2) SIGINT       3) SIGQUIT      4) SIGILL       5) SIGTRAP
 6) SIGABRT      7) SIGBUS       8) SIGFPE       9) SIGKILL     10) SIGUSR1
11) SIGSEGV     12) SIGUSR2     13) SIGPIPE     14) SIGALRM     15) SIGTERM
16) SIGSTKFLT   17) SIGCHLD     18) SIGCONT     19) SIGSTOP     20) SIGTSTP
21) SIGTTIN     22) SIGTTOU     23) SIGURG      24) SIGXCPU     25) SIGXFSZ
26) SIGVTALRM   27) SIGPROF     28) SIGWINCH    29) SIGIO       30) SIGPWR
31) SIGSYS      34) SIGRTMIN    35) SIGRTMIN+1  36) SIGRTMIN+2  37) SIGRTMIN+3
38) SIGRTMIN+4  39) SIGRTMIN+5  40) SIGRTMIN+6  41) SIGRTMIN+7  42) SIGRTMIN+8
43) SIGRTMIN+9  44) SIGRTMIN+10 45) SIGRTMIN+11 46) SIGRTMIN+12 47) SIGRTMIN+13
48) SIGRTMIN+14 49) SIGRTMIN+15 50) SIGRTMAX-14 51) SIGRTMAX-13 52) SIGRTMAX-12
53) SIGRTMAX-11 54) SIGRTMAX-10 55) SIGRTMAX-9  56) SIGRTMAX-8  57) SIGRTMAX-7
58) SIGRTMAX-6  59) SIGRTMAX-5  60) SIGRTMAX-4  61) SIGRTMAX-3  62) SIGRTMAX-2
63) SIGRTMAX-1  64) SIGRTMAX
```

图 6-6 kill 命令查看信号

kill 命令中最常用的信号为 9，即 SIGKILL，用于强制杀死一个进程。

【例 6-3】在终端中利用 kill 命令杀死指定的进程。

首先在终端输入命令“ps -ef|grep top”，找到 vi 命令的进程，假如找到的进程号为 6896，然后在终端输入命令“kill 6896”即可杀死对应的进程。注意此处不输入对应的进程信号也可杀死进程。

6.1.4 进程调度

统信 UOS 系统允许用户在特定的时间执行特定的任务，也可以让用户根据自己的计划对任务进行合理的安排。进程调度就像定时闹钟一样，提醒用户去完成特定的任务，当然比闹钟更强大的是，它可以自动完成任务，实现系统管理的自动化。进程的调度最初是服务器上常用的功能，可以用于定时完成相关任务。掌握好调度的相关命令，灵活地运用该功能，可以极大地提升工作和学习的效率。统信 UOS 系统主要通过 crontab 命令完成进程调度。

crontab 命令的主要形式如下：

```
crontab -l    //列出当前用户的任务
crontab -r    //删除当前用户的所有任务
crontab -e    //编辑当前用户的任务
```

当使用 crontab -e 编辑任务时，需要遵循以下语法格式，具体如下：

```
Minutes Hours Day-of-Month Month Day-of-Week Command
```

crontab -e 共有 6 个参数，由于是周期性地执行任务，因此前 5 个参数代表设置的周期时间，最后的参数 Command 代表要执行的命令，通常是一个可执行脚本。

操作时，首先在终端输入命令 crontab -e，这时界面会出现一个编辑命令的页面，然后利用系统提供的 nano 或者 vi 编辑器编辑命令，根据设定的时间在分钟（Minutes）、小时（Hours）、每个月的某一天（Day-of-Month）、月份（Month）、每周的某一天（Day-of-Week）这 5 个参数上填写数字，当使用通配符*时表示的是任意的时间。比如在第三个参数 Day-of-Month 上输入数字 3，表明每月的 3 日执行该命令，而如果使用通配符* 则表示每月的任意一天都需要执行该命令。

例如：在每天凌晨 3 点实现 MySQL 的备份操作，具体的命令如下：

crontab -e

0 3 * * * sh mysql-backup.sh

其中的 * * * 表示 Day-of-Month、Month、Day-of-Week 这三个参数为通配，代表每个月的任意一天、一年的任意月份和每周的任意一天都适用，也就是备份脚本 mysql-backup.sh 每天都会被执行。

再如：crotab -e

0 3 15 6 * sh mysql-backup.sh

表示每年的 6 月 15 日凌晨 3 点执行对应的备份脚本 mysql-backup.sh。

使用 nano 编辑器编辑命令时的界面如图 6-7 所示，命令 sh mysql-backup.sh 表示执行备份脚本 mysql-back.sh。

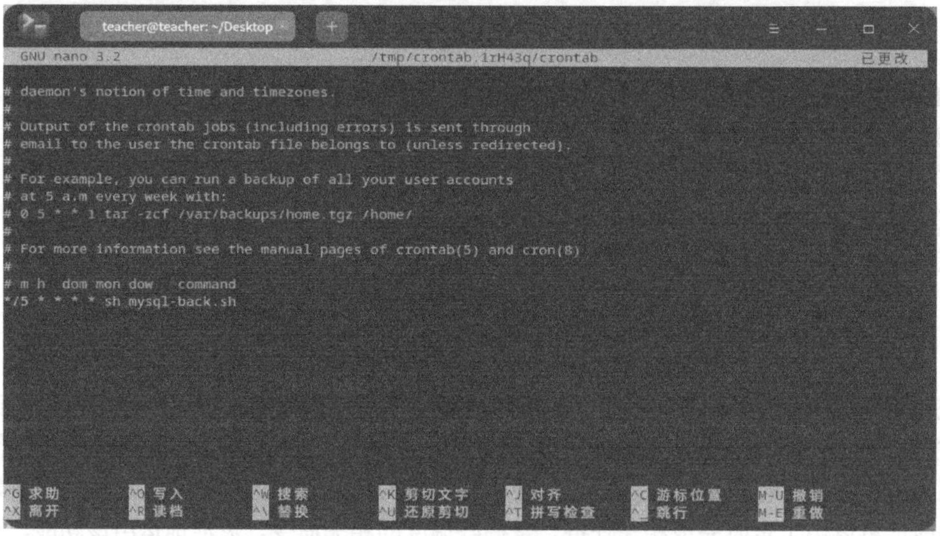

图 6-7 使用 nano 编辑器编辑命令时的界面

有了以上认识，再看以下这个例子。

【例 6-4】设置每隔 5 分钟执行一次 sh mysql-backup.sh。

由于是每隔 5 分钟，因此在分钟参数上，我们可以用 */5 代替，对应的命令为：

crontab -e

*/5 * * * * sh mysql-back.sh

【例 6-5】删除系统设置的所有周期任务。

可以使用“-r”参数删除任务，即在终端输入 corntab -r 。

6.1.5 使用系统监视器进行服务管理

系统提供的服务是操作系统执行指定的程序、例程或者进程，用于支持其他的程序，更多的是底层接近硬件的服务。系统服务一般是在后台运行的，不会有程序窗口或对话框。很多系统服务在用户没有登录或者已经注销的情况下仍然可以正常运行，这对于普通的应用软件而言是办不到的，如打印机服务用于打印机连接，bluetooth 服务用于蓝牙的连接，等等。利用系统监视器可以进行服务的启停管理，如图 6-8 所示。

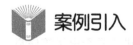

程序进程
系统服务
搜索
名称
活动
运行状态
状态
描述
accounts-daemon 已启动 running 已启用 Accounts Service
启动
停止
重新启动
设置启动方式
刷新
acpid dead 已禁用 ACPI event daemon
alsa-restore exited 静态 Save/Restore Sound Card State
alsa-state running 静态 Manage Sound Card State (restore and store)
alsa-utils dead 已屏蔽 alsa-utils.service
apparmor 未启动 dead apparmor.service
apt-daily 未启动 dead 静态 Daily apt download activities
apt-daily-upgrade 未启动 dead 静态 Daily apt upgrade and clean activities
auditd 未启动 dead auditd.service
autovt@ 已启用 Getty on %I
blk-availability 已启动 exited 已启用 Availability of block devices
bluetooth 已启动 running 已启用 Bluetooth service
bootlogd 未启动 dead 已屏蔽 bootlogd.service
bootlogs 未启动 dead 已屏蔽 bootlogs.service
bootmisc 未启动 dead 已屏蔽 bootmisc.service
checkfs 未启动 dead 已屏蔽 checkfs.service
checkroot 未启动 dead 已屏蔽 checkroot.service
checkroot-bootclean 未启动 dead 已屏蔽 checkroot-bootclean.service

图 6-8　系统监视器对服务的操作

【例 6-6】关闭计算机的蓝牙服务。

在启动器中打开“系统监视器”，再打开“系统服务”选项卡，在已启动的系统服务中找到“bluetooth”服务，右击，在弹出的快捷菜单中选择“停止”菜单选项，停止该服务。

单元 6.2　系统日志管理

案例引入

6.2 案例导读

【案例导读】

杨震“四知”羞王密

范晔《后汉书》记载：杨震由荆州刺史迁东莱太守，上任时道经昌邑。昌邑县令是杨震举荐的荆州茂才王密。为报推举之恩，王密晚上前往驿馆拜见杨震，并奉献黄金十金。杨震连连摆手拒绝。王密以为他怕人看见，有损名声，便说：“暮夜无知者。”杨震愤然道：“天知，地知，你知，我知，何谓无知?”把黄金扔给王密，王密羞愧而退。

【案例分析】

“天知，地知，你知，我知”，凡所为，必留下痕迹。在计算机系统中，你对计算机的操作也是有迹可循的，这就是操作系统的日志管理。用户可以根据日志判断行为发生的时间，分析错误原因。在计算机的世界中，我们要合理利用计算机的“知”，便利我们的生活。

6.2 案例分析

【专业知识】

统信 UOS 系统有着非常灵活和强大的日志功能，几乎可以保存所有的操作记录，用户可以从中检索出自己需要的信息。同时，系统和程序在运行过程中会产生很多的错误信息，系统可以将这些错误信息写到日志里，这样在错误发生时，用户可以及时追溯错误文件，分析错误原因，从而解决相关问题。

6.2.1 日志收集工具

日志收集工具视频

统信 UOS 系统内集成了一个日志收集工具，可以让用户方便地查看相关日志。用户可以通过该工具回溯操作记录或者分析错误日志，从而找出程序出错的原因。

日志收集工具主要收集了以下 7 个部分的日志信息，如图 6-9 所示，分别为系统日志、内核日志、启动日志、dpkg 日志、Xorg 日志、应用日志、开关机事件。

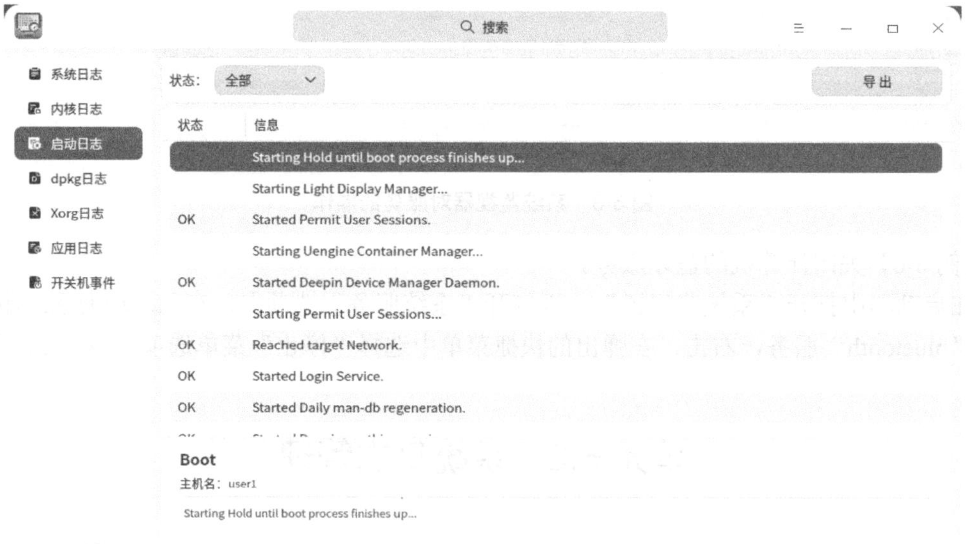

图 6-9 在日志收集工具中查看启动日志

系统日志记录了系统进程运行记录，包括进程的启动时间以及进程是否出错等信息。当进程运行出错时，可以通过系统日志查看对应的错误信息，便于分析错误原因。系统日志可以按照周期和日志级别两个选项对日志进行筛选。比如按周期查找时，可以设置查看的周期是今天还是近三天或者近一个月等。当通过日志级别进行查找时，可以查看紧急、严重警告或者注意等不同级别的日志信息。

内核日志记录了操作系统内核运行的相关情况，当需要查看系统底层信息时，可以查看相关的内核日志。

启动日志记录了计算机启动后各个服务的启动状态。该日志中也按照“OK”和“Failed”，即成功和失败对日志进行归类。启动过程中发生异常情况时可以查看和定位出错的相关模块。

dpkg 是 Debian 发行版的套件管理系统。dpkg 日志主要记录了软件包的安装、更新和移除等变动信息。

Xorg 负责操作系统图形化桌面下的底层操作。Xorg 日志主要记录键盘、鼠标等相关信息。

应用日志记录了应用程序在运行过程中的相关事件，例如，应用程序的调试信息、运行过程中的错误信息等。在应用日志中可以按照周期、日志级别和应用列表三个选项对日志进行筛选，可以方便地查看各个应用的操作记录。

开关机事件记录了系统开机、系统关机、用户登录三类开关机事件的操作时间和操作的用户名。

6.2.2 后台日志的查看

在统信 UOS 系统中，系统或程序运行的后台日志存放在 /var/log 目录下，可以打开终端工具，利用命令 cd /var/log 进入，在该目录下利用命令 ls 可以按更新时间先后列出所有日志，如图 6-10 所示。

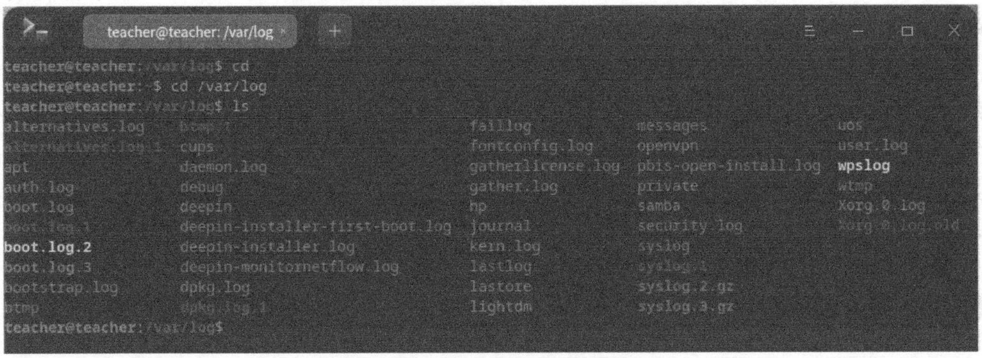

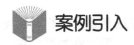

图 6-10 /var/log 下的日志文件

利用命令“tail -f 日志文件”可以非常方便地监控日志的变化。比如：当使用命令查看系统日志时，可通过以输入命令 tail -f syslog 来实现。当日志没有更新时，tail 命令不再去访问磁盘文件，屏幕上的日志文件不会有滚动刷新；而一旦日志写入了，tail 命令可以及时地读取该日志文件并在屏幕上滚动刷新。因此 tail 命令非常适合实时地跟踪日志文件，监控系统和程序的运行。

注意：由于 syslog 需要 root 权限才能查看，所以普通用户登录时，需要使用 su root 命令切换 root 用户权限才能进行查看。

【例 6-7】利用 tail -f 命令在终端中查看系统日志。

在启动器或者桌面上打开终端，输入命令 cd /var/log 进入日志目录，先用 ls 命令查看目录下的日志文件，再利用命令 tail -f syslog 实时跟踪系统的日志文件。

单元 6.3 系统的账户和权限

案例引入

6.3 案例导读

【案例导读】

不能言而能不言

东晋著名的清谈名家刘惔话很多，但也欣赏不说话的人，他见江权不常开口，非常欢喜：

"江权不会说话，而能够不说，真叫人佩服。"不要以为"不能言而能不言"是那么容易的事，人之患，好为人师，社会上鸡毛蒜皮之事，往往引发口舌之战，议论纷纷，说个不停，明明不大会说话，偏偏说个不停，自暴其短。江权知道自己不善言谈，懂得藏拙，真一等一聪明，不是每一个人都知道自己的缺点在什么地方。

【案例分析】

6.3 案例分析

能说话而爱说，是情有可原的。在计算机上，想按自己的方式操作，按自己的意愿做事，也是情有可原的。统信 UOS 系统的账户设置、账户权限的分级就给用户提供了这样一个按自己方式做事的平台。只要不同的用户按照不同的账户登录系统，那么账户之间就是互相独立的，一个用户安装和卸载了程序并不会影响其他的用户。在这个平台上，我们按自己的方式做事，尽情发挥自己的聪明才智，但切不可对他人的操作与习惯指手画脚。

【专业知识】

统信 UOS 系统对所有特权程序进行了处理，包括 setuid 权限和 capabilities 的可执行程序。前端应用程序都去掉了这些特权，只有通过后端有特权的服务器获取相应的功能。在使用过程中系统还通过 Union ID 同步数据、账户设置、文件访问权限设置等功能来加强系统的安全。

6.3.1 账户设置

统信 UOS 系统是一个多用户的操作系统，系统可以为不同的使用者设置不同的账户，账户之间互相独立。比如 A 用户在应用商店通过账户 a 下载了 WPS 软件，B 用户使用自己的账户 b 进入系统，会发现自己并不能使用 WPS 软件，B 用户甚至都不知道 A 用户已经下载了该软件。如此独立的账户也就保证了多人独立地使用一台计算机，同时不会受到其他用户的干扰。此时，每个用户都可以通过自己的账户进行个性化的设置，如设置不同的桌面、屏保等。更为重要的是，不同的账户拥有不同的权限，可以对系统进行不同的更改操作。账户设置是操作系统权限和管理的基础，保证了不同用户之间操作的安全性。

注意：在统信 UOS 系统安装过程中已经创建了一个账户，这个账户为系统的初始账户，使用该账户可以用于初次登录操作系统，并用于添加新账户，同时在添加完新账户后，也可以对该新加的账户进行个性化设置。账户的添加和个性化设置如图 6-11 所示。

添加账户的操作通过账户界面下的 ⊕ 图标进行操作。

在新增完一个账户之后，可以对该账户进行个性化的设置，可设置的主要内容如下：

- 修改密码，修改该账户的登录密码。
- 删除账户。当用户不再需要某个账户的时候可以选择删除账户，在删除的时候需要确认该账户已经注销，即通过登录另一个账户来删除需要删除的账户，当前登录的账户无法删除自身账户。
- 自动登录。设置为自动登录后，用户不再需要在系统启动时选择登录账户，也无须输入密码，而由系统自动登录一个已被设置为"自动登录"的账户。要注意的是，在一个统信 UOS 系统中最多只能设置一个自动登录的账户，而当账户切换时，该账户还是需要密码才能登录的。
- 无密码登录。为账户设置无密码登录后，用户无须输入密码即可登录该账户。

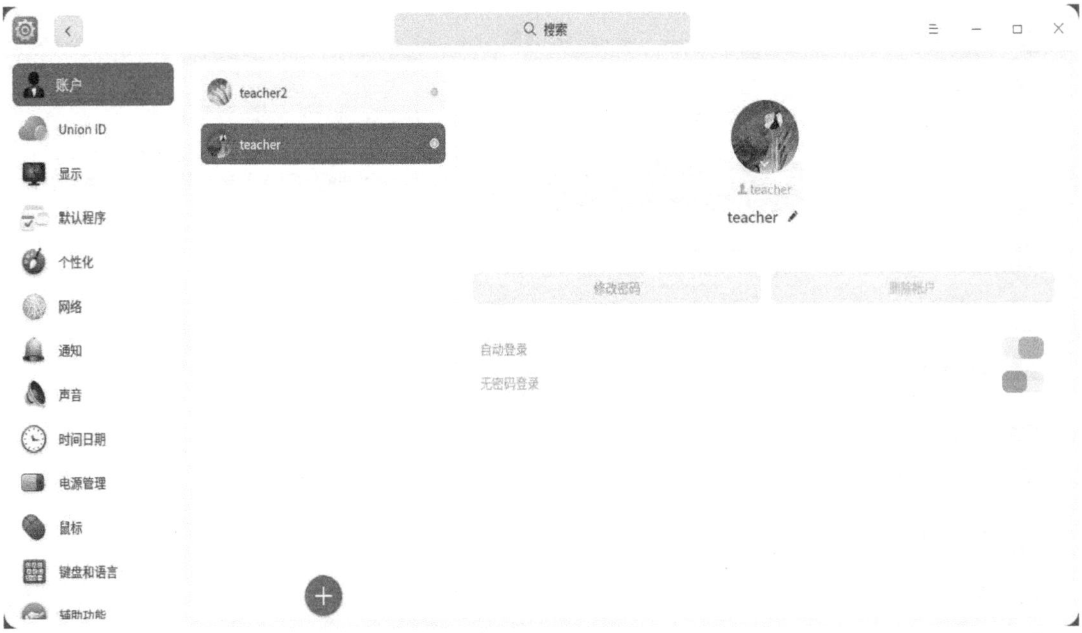

图 6-11　账户的添加和个性化设置

【例 6-8】将当前登录的账户设置为自动登录账户。

打开“控制中心”，在控制中心页面选择“账户”选项。在账户设置界面，选择当前登录的账户，拖动账户下方的“自动登录”滑块，打开自动登录。

注意：当滑块为蓝色时表示该功能已开启。

开发者模式视频

6.3.2　开发者模式

和其他 Linux 系统类似，在统信 UOS 系统中，“root”账户的权限是最高的。为了系统的安全，默认情况下，该权限是禁用的。当用户需要使用该权限进行特定的操作时，比如需要安装未在应用商店上架的软件，或者对某个系统文件进行修改等，用户可以通过“开发者模式”取得“root”账户权限，并通过该权限进行部分普通权限下无法授权的操作。

设置开发者模式的步骤如下：

进入控制中心后，在控制中心选择“通用”→“开发者模式”选项，进入开发者模式的设置界面。

开发者模式的设置界面中有“在线激活”和“离线激活”两种激活方式。在线激活需要先登录 Union ID。用户在查看了开发者模式的免责声明和注意事项后，即可激活开发者模式。

如果选择“离线激活”方式，用户需要根据提示下载证书，待操作系统导入证书后，才能进入开发者模式。进入开发者模式后需要重启计算机，设置才能生效。

值得注意的是，统信 UOS 系统默认开发者权限的打开是不可逆的过程，一旦打开后将不支持通过正常渠道关闭。由于 root 账户权限是操作系统的最高权限，利用 root 权限进行的误操作会破坏系统的稳定性，因此用户需要慎重开启该模式。

开启该模式的操作如图 6-12 所示。

图 6-12　开发者模式

【例 6-9】利用开发者模式取得 root 权限，并利用该权限查看目录下的文件。

（1）进入控制中心，在控制中心选择“通用”→“开发者模式”进入开发者模式设置界面。

（2）首次使用 root 时，在终端通过命令“sudo passwd root”设置 root 密码。

（3）在终端的任意目录下执行命令“sudo ls”。

（4）输入对应的 root 密码后，如果命令成功执行，则说明开发者模式已开启，用户已经获取了 root 权限。

知识总结

（1）统信 UOS 系统监视器和 Windows 系统的任务管理器类似，在日常的操作中，对于程序和服务的管理已经足够可以应付，若有特殊需求可以进入终端利用 Shell 脚本进行管理。

（2）利用 crontab 命令可以设置一些周期性执行的任务，如可以自动执行相关脚本，利用设置的调度命令，按计划定时完成很多重复的工作，提高工作和学习的效率。

（3）日志收集工具收集了很多有用的日志信息和开关机记录，当系统或程序出现异常情况时，它是一个十分有用的追溯工具。

（4）当前多个用户共享一台计算机的情况十分普遍，尤其是公司办公场所。当有共享计算机的情况时，用户可以为自己设置一个独立的账户，保护自身的信息安全和个人隐私。

综合实训　进程与日志管理

【实训目的】

（1）掌握系统监视器的使用方法。

（2）了解常用的进程管理命令。

（3）了解进程调度 crontab 命令的使用。

（4）掌握日志收集工具的使用。

【实训内容】

（1）利用系统监视器查看当前系统的内存使用情况。

（2）利用系统监视器查看当前系统中所有已打开的程序。

（3）利用系统监视器中的进程管理功能关闭打开的终端程序。

（4）利用系统监视器查看当前系统正在运行的服务。

（5）在终端中用 top 命令查看系统当前的进程状况。

（6）在终端中利用 ps　-l 命令查看进程的详细信息。

（7）利用 kill 命令终止打开的 WPS 程序。

（8）利用 crontab 命令设置一个周期执行的命令，命令内容为每隔 5 分钟在桌面上新建一个文件夹。在查看相应的结果后，终止相应的 crontab 调度。

（9）利用日志收集工具查看本次系统的启动日志。

（10）打开系统的开发者模式，使当前账户获得 root 权限。

思考与练习

1. 选择题

（1）以下哪项工具可以用于统信 UOS 系统管理进程？（　　）

[A]系统监视器　[B]日志收集工具　[C]启动器　[D]设备管理器

（2）以下哪个命令可以显示系统的内存使用情况？（　　）

[A]ls　[B]ps　[C]top　[D]crontab

（3）以下哪项日志显示了操作系统启动后的各个服务的启动状况？（　　）

[A]系统日志　[B]启动日志　[C]Xorg 日志　[D]应用日志

（4）以下哪个不属于系统监视器对系统服务可执行的管理操作？（　　）

[A]启动　[B]停止　[C]重新启动　[D]删除

（5）以下哪个命令可以发送信号到进程，将其终止？（　　）

[A]kill　[B]ps　[C]top　[D]ls

（6）以下哪个命令可以用于实时跟踪日志的变化？（　　）

[A]tail -f　[B]ps　[C]top　[D]ls -ltr

（7）kill 命令的什么参数可用于强制终止进程？（　　）

[A]-l　　[B]-a　　[C]-KILL　　[D]-u

（8）利用 ps 命令查看进程信息，其中 PPID 代表什么含义？（　　）

[A]当前进程的 ID　　[B]当前系统父进程的 ID

[C]子进程的 ID　　[D]产生进程的用户 ID

（9）通过统信 UOS 系统的哪项功能可以实现多人共享一台计算机？（　　）

[A]账户设置　　[B]进程管理

[C]进入开发者模式　　[D]激活系统

（10）系统监视器可以查看的信息不包括以下哪项？（　　）

[A]处理器运行情况　　[B]内存使用情况

[C]磁盘读写情况　　[D]启动日志

2. 填空题

（1）系统监视器的主要功能包括__________、__________、__________。

（2）当前用户需要获取 root 权限时，可以打开________模式。

（3）通过系统监视器的右键关联菜单，可以对进程执行的操作包括__________、__________、__________、__________、__________、__________。

3. 判断题

（1）进程是操作系统进行资源分配和调度的基本单位。（　　）

（2）系统服务在无用户登录的情况下也可以运行。（　　）

（3）日志收集工具中的系统日志记录了操作系统内核工作的相关信息。（　　）

（4）kill 命令可以用于发送指定信号到相应进程，将其终止。（　　）

（5）统信 UOS 系统默认是开启了系统的“root”权限的。（　　）

4. 简答题

（1）使用系统监视器管理系统服务时，可以对系统服务进行哪些管理操作？

（2）使用 top 命令显示的 4 行信息分别是什么？

（3）日志收集工具可以收集哪些日志信息？

（4）使用系统监视器查看硬件信息时，可以查看的信息主要有哪些？

模块 7　国产操作系统应用软件

导读

统信 UOS 系统自身集成了一套多媒体软件和辅助系统工具，集成的软件功能强大，操作简单，可以满足普通用户的日常需求。本模块将从办公、语音图文处理、影音娱乐、社交四个方面入手，介绍常用的应用软件和工具的使用，以及浏览器和归档工具的使用，便于读者尽快地熟悉系统常用软件的操作。

学习要点

1. 应用商店的使用
2. 办公软件的使用
3. 语音图文处理软件的使用
4. 影音娱乐软件的使用
5. 浏览器的使用

学习目标

【知识目标】

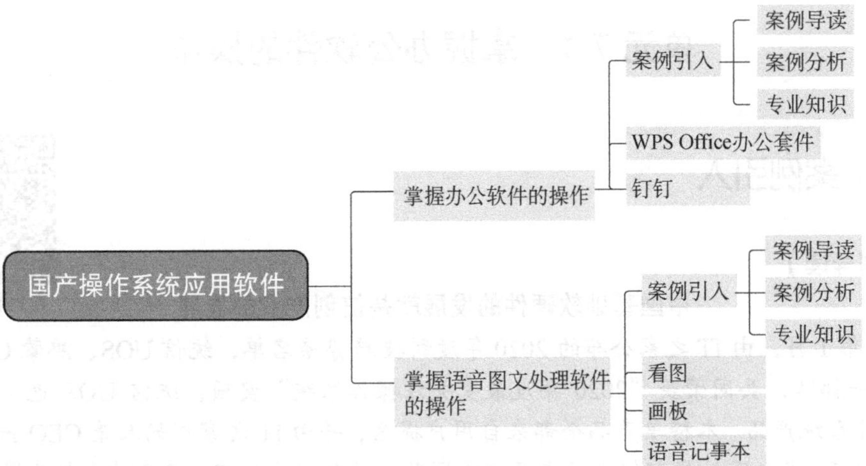

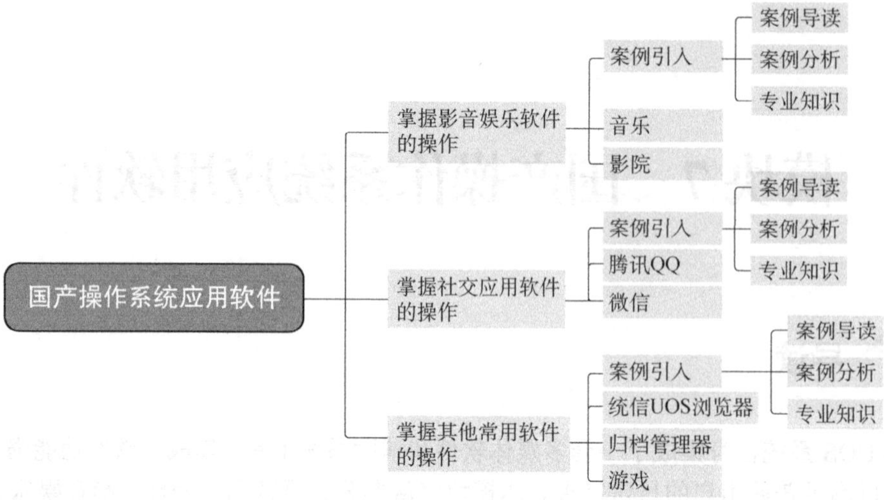

【技能目标】

（1）掌握 WPS 的基本操作。

（2）掌握 PDF 文件的打开和保存。

（3）掌握音乐和视频文件的播放。

（4）掌握语音记事本中基本功能的使用。

（5）利用系统自带浏览器浏览网页并能删除浏览记录。

（6）利用归档管理器工具压缩和解压不同格式的文件。

【素质目标】

（1）通过对各种应用软件的介绍，可以让学生了解不同类型的软件应用，掌握其基本功能和使用方法，提高他们的信息技术素养和应用能力。

（2）通过各个国产软件的运用，使学生了解当前国产软件的发展水平，也借此让学生意识到在许多方面，国产软件完全可以替代国外的软件。

（3）通过浏览器删除浏览记录的操作，使学生树立安全上网的意识，注重个人的隐私保护。

单元 7.1　掌握办公软件的操作

案例引入

7.1 案例导读

【案例导读】

中国基础软硬件的发展就是信创产业的发展

2021 年 1 月，由 IT 之家公布的 2020 年度科技趋势榜名单，统信 UOS、鸿蒙 OS 作为操作系统第一梯队，共同荣获“2020 年度最受关注操作系统”奖项，统信 UOS 也是唯一上榜的 PC 操作系统产品。本榜单产品全部来自用户提名，并由 IT 之家创始人兼 CEO 张凯、总经理许士学以及 IT 之家编辑部组成的专业评审团队，结合用户口碑、产品特点与业界影响力最终评出入选名单。统信 UOS 系统的获奖理由为专注效率，更懂中国。

【案例分析】

7.1 案例分析

作为一款由中国团队自主研发的操作系统产品，统信 UOS 系统在产品设计、操作体验上更加注重国人的使用习惯，新手用户也可快速上手。统信 UOS 系统内置丰富好用的常用软件，WPS、QQ、微信等流行软件完美支持，业内首创的智能语音助手，帮助解放双手，效率也获得了极大的提升！统信 UOS 系统正快速成长为新的生产力工具，越来越多的个人用户将统信 UOS 系统作为日常办公生活的主要计算机系统，在党政军、金融、电力、交通、电信、教育等关键行业领域，统信 UOS 系统也已经成为算力“新底座”。

【专业知识】

办公软件是指可以进行文字处理、表格制作、幻灯片制作、图形图像处理、简单数据库处理等方面工作的软件。办公软件的应用十分广泛，从社会层面的数据统计，到会议记录，都离不开办公软件的支持。本节主要介绍 WPS Office 和永中 Office 两个优秀的国产办公软件。

7.1.1　WPS Office 办公套件

WPS Office 办公套件视频

WPS Office 是由北京金山办公软件股份有限公司自主研发的一款办公软件套件（见图 7-1），可以实现日常办公中最常见的文字和表格处理、文档演示、PDF 阅读等多种功能，具有内存占用低、运行速度快、云功能多、强大插件平台支持、免费提供在线存储空间及文档模板的优点。

图 7-1　WPS Office 办公软件套件

同时，WPS Office 支持阅读和输出 PDF（.pdf）文件，WPS 具有全面兼容微软 Office1997—2010 格式（doc/docx/xls/xlsx/ppt/pptx 等），覆盖 Windows、Linux、Android、iOS 等多个平台。WPS Office 支持桌面和移动办公，数据可在多个平台同步共享。

利用 WPS 新建 WPS 文档时，需要先单击左上角的“+”图标新建文件，进入新建页面后，还需要选择文字、表格或者演示三个选项新建对应的文件。对应的步骤如图 7-2 和图 7-3 所示。

图 7-2　左上角“+”号新建文件

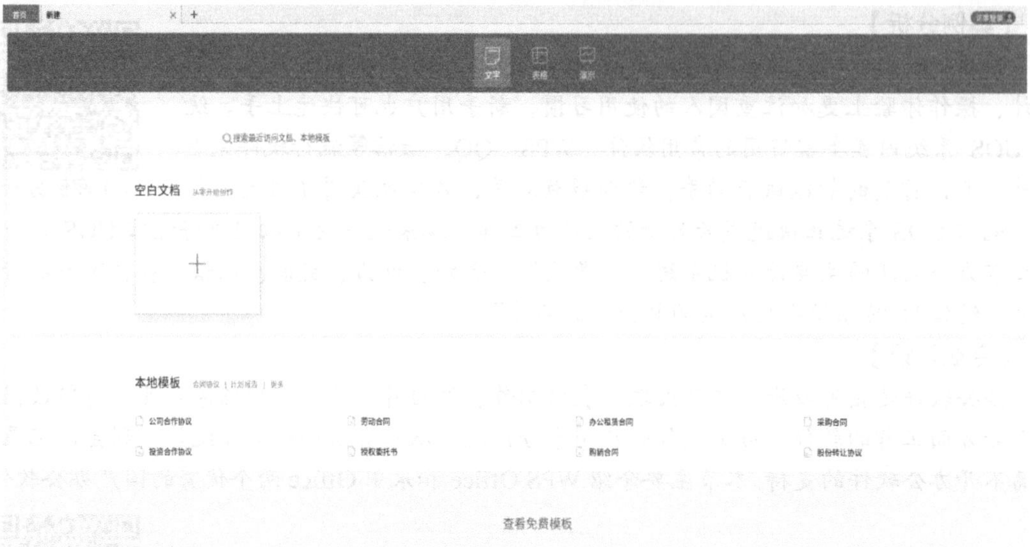

图 7-3　选择对应的文字、表格、演示进行新建

【例 7-1】将 WPS 文字输出为 PDF 文件。

单击 WPS 文字的“保存”按钮，已经保存的 WPS 文件可以单击“另存为”按钮，在保存类型中选择“PDF 文件格式”进行保存，如图 7-4 所示。

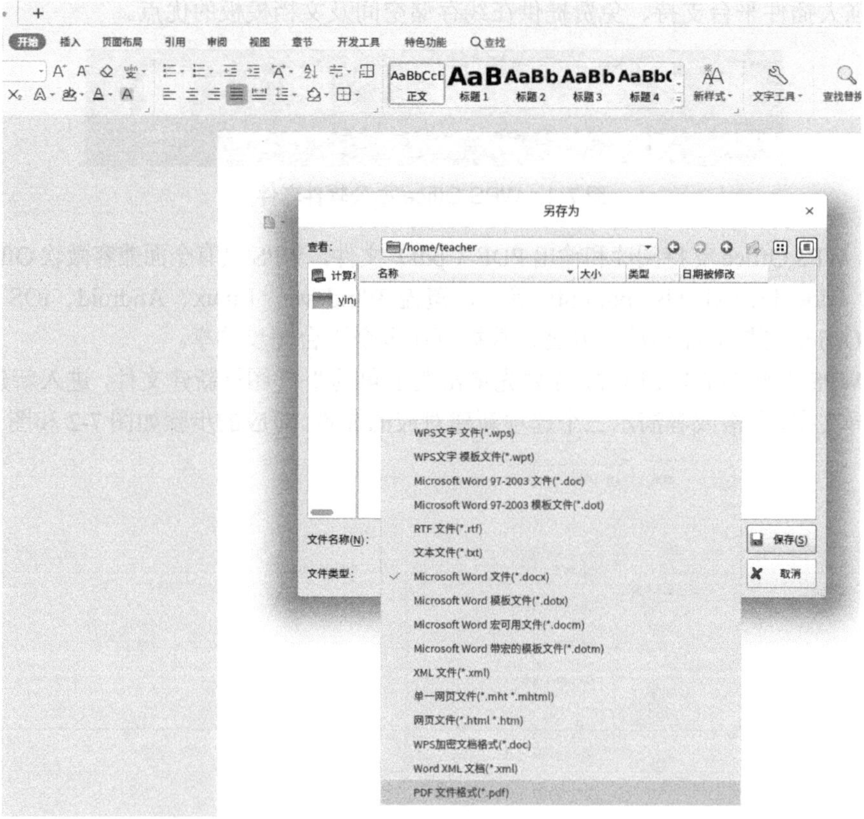

图 7-4　WPS 输出 PDF 文件

7.1.2　钉钉

钉钉是阿里巴巴集团专为企业打造的一个工作、商务沟通、协同、智能移动办公平台。当前钉钉已在众多的企事业单位中成为办公通信的首选应用，统信 UOS 系统平台同样支持钉钉的下载和使用。钉钉登录界面如图 7-5 所示。

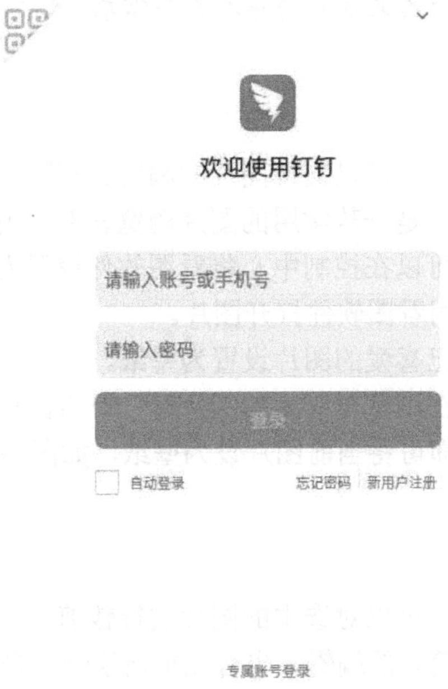

图 7-5　钉钉登录界面

单元 7.2　掌握语音图文处理软件的操作

案例引入

7.2 案例导读

【案例导读】

苏炳添刷新亚洲纪录

2018 年 2 月 6 日，苏炳添以 6 秒 43 夺得国际田联世界室内巡回赛男子 60 米冠军，并刷新亚洲纪录，跑出了亚洲人新速度。3 月 3 日在世界室内田径锦标赛中，苏炳添以 6 秒 42 再次打破男子 60 米亚洲纪录的成绩摘得银牌，成为第一位在世界大赛中赢得男子短跑奖牌的中国运动员。其实苏炳添个子不高，小时候吃过不少苦头，但是就在他的坚持和对自我的高要求下，他才有今天的成就。

【案例分析】

在外人看来，短跑其实是一项很枯燥的运动，它没有华丽的操作，也没有各种夺目的炫技，它有的只是一个目标，跑得更快。在操作系统的语音图文操作中，软件本身和短跑一样，不需要很复杂的操作，不需要面面俱到的功能，更多时候只要能满足常规的处理需求即可。

但是这类软件运行速度和短跑竞技一样，要快速，操作要流畅。统信 UOS 系统自带的语音图文处理软件，既很好地贴合了短跑的特点，没有复杂的菜单和操作，又和系统适配良好，运行稳定，满足了大多数人的操作需求。

【专业知识】

统信 UOS 系统自身集成了看图、画板、语音记事本等多款优秀的软件，这些软件操作简单，功能强大，可以满足用户语音图文方面的基本办公需求。

7.2.1 看图

看图是个小巧的图片查看工具，可以支持图片的浏览、删除等简单功能。该软件系统资源占用低，图片显示快速、流畅，是一款实用的图片浏览软件。用户可以在启动器中直接打开软件，然后选择图片查看，也可以在控制中心将看图软件设置为默认的打开程序，这样在双击打开图片时，系统会自动调用看图软件打开图片。

【例 7-2】利用看图软件将自己喜爱的图片设置为壁纸。

打开看图软件，浏览图片，在浏览至喜爱的图片时，单击鼠标右键，在弹出的快捷菜单中选择“设为壁纸”菜单选项，即可将当前图片设为壁纸，如图 7-6 所示。

7.2.2 画板

画板是一款简单的绘图工具，可以对选中的图片进行裁剪、文本添加、图形绘制等基本操作，既可以对现有的图片进行简单的编辑，也可以重新绘制一张新的图片。

【例 7-3】利用画板软件对图片进行模糊处理。

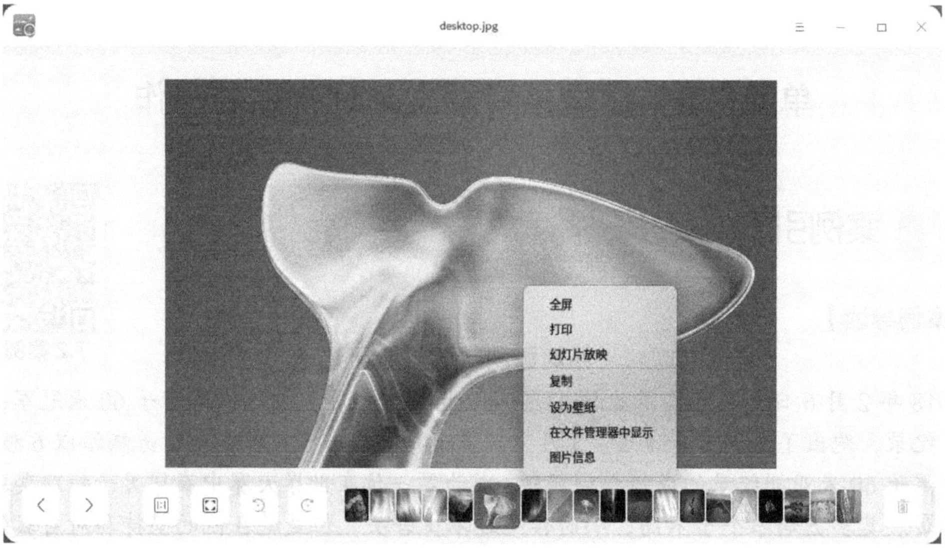

图 7-6　看图软件的基本操作

打开画板软件，选择一张图片打开，在图片的左侧菜单中选择水滴形状模糊工具的图标，长按鼠标左键在图片中需要模糊处理的部位进行模糊处理。图 7-7 展示了对图片进行模糊处理的界面。

7.2.3　语音记事本

在课堂或者会议等需要快速记录的场合中，语音记录因其高效率是计算机中一个不可或缺的重要功能。统信 UOS 系统集成了一个便捷的语音记事本，用户可以通过语音记录的形式快速记录信息，同时该记录本可以将记录的语音转化为文字处理，大大提高了用户的记录效率。

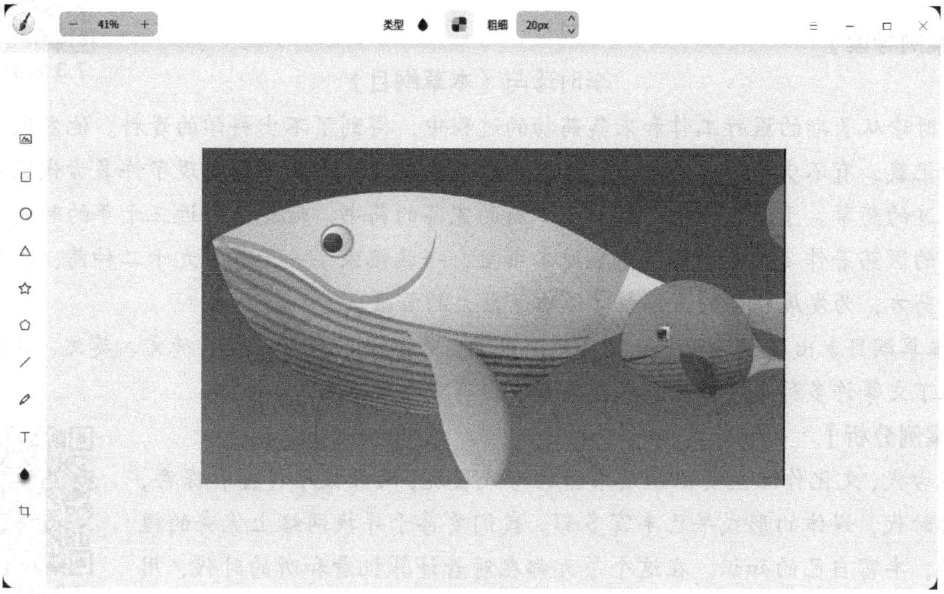

图 7-7　对图片进行模糊处理的界面

打开自己之前录制的音频文件，或者单击  图标重新录制一段音频文件。选中音频文件，右击，在弹出的快捷菜单中选择“语音转文字”菜单选项即可将该语音文件转录为文字，如图 7-8 所示。

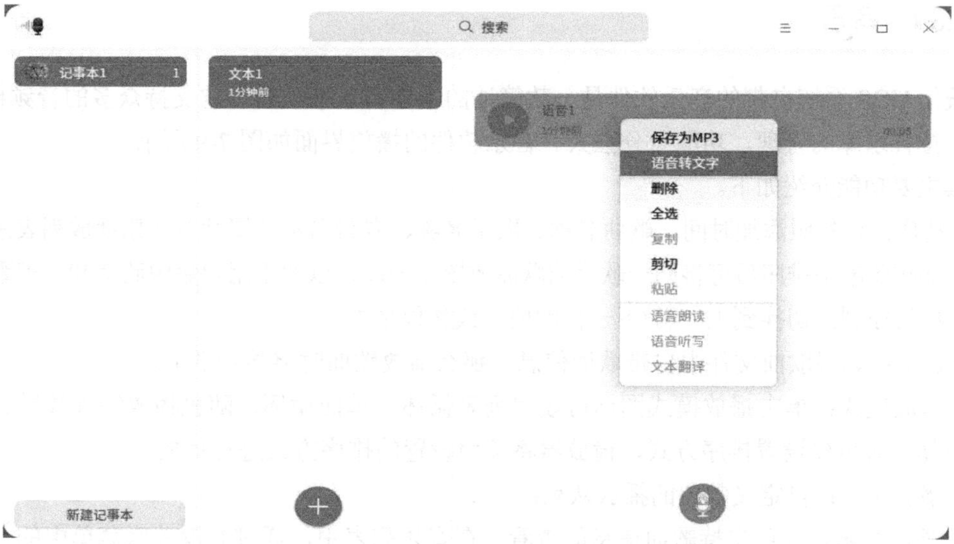

图 7-8　利用语音记事本将自己录制的语音文件转化为文字

单元 7.3 掌握影音娱乐软件的操作

案例引入

7.3 案例导读

【案例导读】

李时珍与《本草纲目》

李时珍从长期的医疗工作和采集药物的过程中，得到了不少科学的资料。他发现古代医书上的记载，有不少错误；再加上，经过那么多年代，人们又陆续发现了许多古代医书上没有记载过的药草。于是，他决心编写一本新的完备的药书。他花了将近三十年的时间，写成了著名的医药著作《本草纲目》。在这本书里，一共记录了一千八百九十二种药，收集了一万多个药方，为发展祖国的医药科学做出了巨大的贡献。

《本草纲目》出版以后，一直流传到全世界，已经被翻译成日文、德文、英文、法文、俄文、拉丁文等许多种文字，在世界医药界中占有重要的地位。

【案例分析】

7.3 案例分析

在古代，文化作品主要以纸质书籍的形式展现，而且极难传播和保存，在网络时代，媒体的形式早已丰富多彩。我们要善于寻找网络上优秀的视听资源，丰富自己的知识。在这个每天都在对着计算机看和听的时代，用好这些视听资源，将极大地提高我们的工作和生活效率。

【专业知识】

统信 UOS 系统提供了多款优秀的影音娱乐软件，避免了用户重复下载的困扰。这些软件设计简洁，系统支持良好，可以满足大部分的影音娱乐需求。

7.3.1 音乐

统信 UOS 系统自带的音乐软件是一款简洁的本地音乐播放器。它支持众多的音频格式，同时支持音乐库的管理，功能十分强大。音乐软件的播放界面如图 7-9 所示。

其主要功能介绍如下。

- 排序：可按照添加时间、歌曲名称、歌手名称、专辑名称等属性对音乐播放列表进行排序。比如按照歌手排序后可将同一歌手的歌曲放置在一起，以便于用户集中欣赏和管理歌曲。
- 播放控制：切换到上一首/下一首歌曲，或暂停播放。
- LRC：如果歌曲文件中自带歌词信息，那么播放歌曲时将显示歌词。
- 播放模式：单击播放模式图标可设置列表循环、单曲循环、随机播放等播放模式。其中列表循环时可先设置排序方式，播放器将按照设置的排序方式进行播放。
- 播放队列：自定义歌曲的播放队列。

此外，音乐软件还支持歌曲信息的查看。在音乐列表中，通过右键关联菜单中的“歌曲信息”菜单选项可以查看相关的歌曲信息。

【例 7-4】按“专辑名称”排序歌曲。

打开音乐软件后，选中左侧“所有音乐”菜单项，单击界面右上角“设置排序方式”图标，默认的是按照添加时间排序，在下拉选项中选择“专辑名称”，则所有歌曲按照专辑名称自动进行排序。

图 7-9　音乐软件的播放界面

7.3.2　影院

统信 UOS 系统自带的影院软件支持多种格式的视频文件的播放，同时操作界面简洁直观，可以满足常规功能的使用。

影院软件的界面主要包括播放窗口、进度条、播放控制等。

播放窗口：显示视频内容，当鼠标指针移入播放窗口后将显示功能图标，同时在播放窗口中右击可以显示播放设置的右键菜单。

进度条：显示视频播放进度，将鼠标指针放置在进度条上时可以显示视频的缩略图，根据缩略图拖曳进度条上的滑块可以改变视频播放进度。

播放控制：可以根据自己的需要控制视频的播放、暂停、快进、快退等。

音量控制：调整视频的音量。

基础设置：进行播放和截图相关的设置。

快捷键设置：影院应用中的各项功能如播放暂停、声音设置、截图设置、字幕显示等都可以设置相应的快捷键。

【例 7-5】将影院软件中正在播放的画面截图保存。

在视频播放界面中，播放视频到需要截图的界面或者手动拖拉进度条到需要截图的界面，在视频中单击右键，在弹出的快捷菜单中选择“截图”菜单选项，如图 7-10 所示。在打开的对话框中设置截图保存的格式和位置，即可将视频截图保存。

图 7-10　影院软件的基本操作

单元 7.4　掌握社交应用软件的操作

案例引入

7.4 案例导读

【案例导读】

张玉滚——担起乡村未来的“80 后”教师

张玉滚大学毕业后，放弃在城市的工作机会，回到家乡，从一名每月拿 30 元钱补助、年底再分 100 斤粮食的民办教师干起，一干就是 17 年。学校地处偏僻，路没修好时，他靠一根扁担，一挑就是 5 年，把学生的课本、文具挑进了大山。他是这里的全能教师，手执教鞭能上课，掂起勺子能做饭，握起剪刀能裁缝，打开药箱能治病。由于常年操劳，“80 后”的他鬓角斑白、脸上布满皱纹。

【案例分析】

当今随着时代的发展，各种优秀的通信软件已经层出不穷。我们可以利用 QQ、微信和自己的亲朋好友视频聊天，利用微信公众号也可以获取自己需要的学习资源。担起乡村未来的教师令人敬佩，希望通信的发展可以让乡村教师们不再那么辛苦。

【专业知识】

社交软件是通过网络来实现社会交往的软件。当前常用的社交软件普遍支持主流的操作系统和移动桌面等多终端的使用。在统信 UOS 系统中，同样支持 QQ、微信、钉钉等主流的社交应用。

7.4.1　腾讯 QQ

QQ 是许多人都在使用的通信软件。QQ 不仅支持文字聊天，还能进行视频和语音通话，也能通过它随时随地收发文件。

在应用商店中，QQ 支持 Linux、Windows、Android 三个平台版本的下载，如图 7-11 所示。

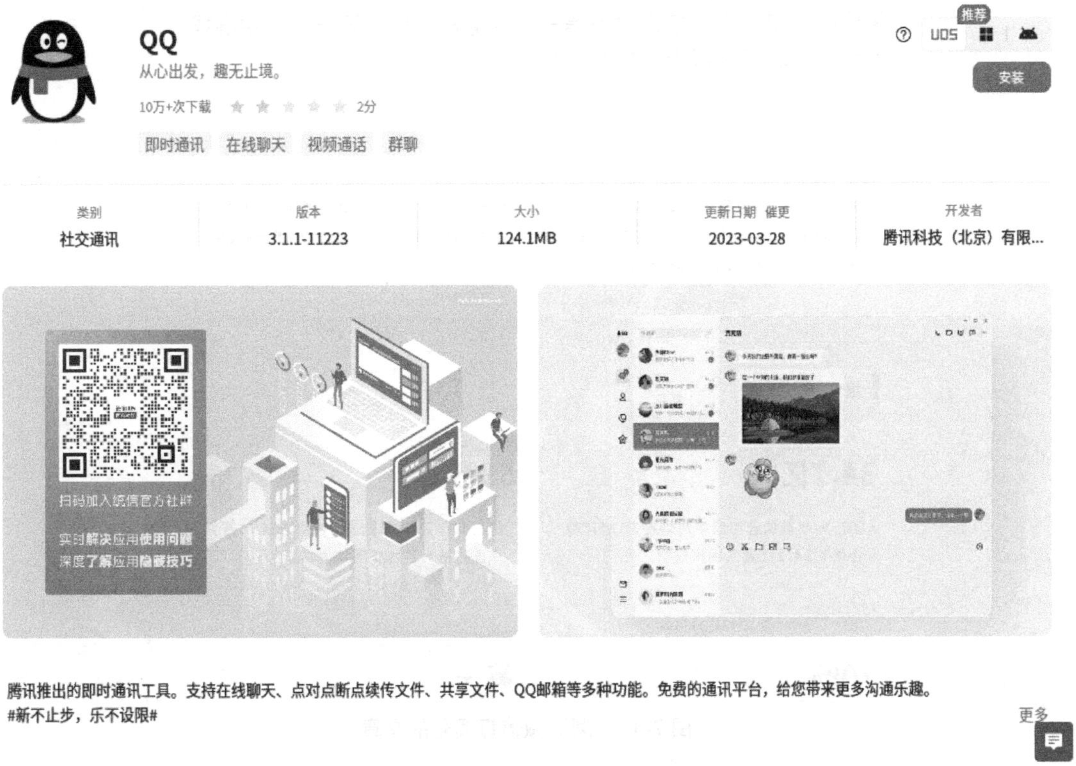

图 7-11　不同版本 QQ 的下载

由于统信 UOS 系统是桌面系统，因此当需要向不同的平台终端传送文件时，可以直接向手机或者平板电脑传送文件，如图 7-12 所示。

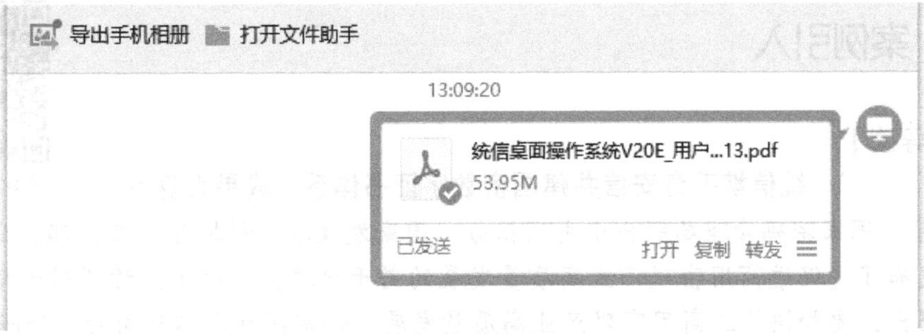

图 7-12　向手机 QQ 传送文件

7.4.2　微信

微信是腾讯公司开发的通信工具。统信 UOS 系统同样支持微信的下载使用。桌面版的微信同样支持公众号和小程序等应用，比手机等移动终端小屏幕有更好的使用体验，如图 7-13 所示。

统信UOS桌面端持续市占率第一，服务器端增速第一：《中国操作系统发展研究报告》权威发布

统信软件 2022-08-10 11:14 发表于北京

近日，亿欧智库发布了《2022年中国操作系统发展研究报告》，报告聚焦国产操作系统通用市场，对国产操作系统市场变化、商业模式、成长路径进行对比分析，详细解读操作系统开源模式，对操作系统未来社区与生态做出展望。

（点击文末【阅读原文】获取报告）

报告核心数据

34.1亿

国产操作系统通用新增市场在2024年将会达到34.1亿元人民币规模。

53万

统信操作系统生态适配数量达到53万，是国内最大的操作系统生态。

70%

第一

图 7-13 浏览微信订阅号的文章

单元 7.5 掌握其他常用软件的操作

案例引入

【案例导读】

7.5 案例导读

统信携手奇安信共建国密数字证书体系，成果大盘点

2021 年，国家密码管理局联合中央网信办、国家发改委、科技部、工信部、公安部等十部委联合发布了《促进商用密码产业高质量发展的若干措施》（以下简称《若干措施》）。文件明确提出，要加快推进商用密码产业高质量发展，切实提升网络空间密码保障能力。

伴随着《密码法》的正式实施和《若干措施》的发布，国产商用密码体系建设已步入快车道：以可信数字证书为起点，基于自主操作系统和浏览器平台构建国密数字证书体系成为新的发展趋势。为加速国产密码推广应用，2021 年，统信软件与奇安信紧密合作，联合发起“商用密码证书可信计划”，共商、共建国密数字证书体系。

【案例分析】

7.5 案例分析

信息时代隐私具备双重性的显著特征：既是纯粹的个人私事，又是具有价值的资源。如何在计算机的使用过程中保护好个人的隐私具有十分现实的意义，比如本节涉及的浏览器历史数据的清理、Cookie 数据的管理等。

我们需要利用好操作系统提供的各项功能，保护好我们自身的数据和隐私。

【专业知识】

除了上述常用的应用软件之外，网页浏览和文件压缩是系统使用中两个必不可少的功能，本节主要对这两部分内容进行介绍。

统信 UOS
浏览器视频

7.5.1　统信 UOS 浏览器

为了满足系统网页浏览器的需求，应用商店中支持 360 浏览器、Chrome 浏览器、Edge 浏览器等当前主流浏览器的下载使用。同时，系统自带了统信 UOS 浏览器，该浏览器高效稳定，有着简单的交互界面，完全可以满足用户浏览网页的需求。

统信 UOS 浏览器的主要特点介绍如下。

- 多标签浏览管理：统信 UOS 浏览器可以同时打开多个标签进行浏览，想要打开新的网页同时保留原有的浏览内容时，可以重新打开一个新的标签，在新的标签上打开页面。
- 统一下载管理：不用额外下载迅雷等第三方下载器，统信 UOS 系统自带的下载器可以将网页中的文件、图片等通过右键单击下载，也可以单击下载链接自动调用下载器进行文件的下载，下载的文件可以保存到计算机默认的目录中进行统一管理，也可以手动修改该下载目录。
- 定制功能：统信 UOS 浏览器可设置许多定制功能。如标签页的打开方式、新窗口的打开、历史记录的保存时间、收藏夹的展示与管理等都可个性化进行设置。

统信 UOS 浏览器的图标默认锁定在桌面的任务栏上，用户可以单击任务栏图标打开浏览器，如图 7-14 所示。

图 7-14　浏览器图标和打开页面

我们可以通过统信 UOS 浏览器的管理界面对浏览器的功能进行设置。主要的设置包括常规设置、隐私和安全设置、下载管理器设置 3 项内容。

（1）常规设置。

在浏览器主界面的右上角单击“设置”，打开统信 UOS 浏览器的设置页面。统信 UOS

浏览器的常规设置包括自动填充、显示、搜索引擎、启动时等，如图 7-15 所示。设置的基本含义如下。

自动填充：用户在浏览网站时输入的数据会自动保存，用户再次访问该网站时，浏览器会自动填充之前输入的数据。在登录界面上需要输入用户名和密码时，打开“自动填充”功能往往可以带来很多便利。

显示：设置是否显示主页按钮和书签栏。当打开“显示主页按钮”开关时，浏览器界面上方的刷新按钮边上会出现一个主页按钮图标 。单击该图标可以打开主页标签，主页的内容可以是一个新的标签页，也可以是自己设置的常用网址。单击该图标可以进入自己定义的主页页面。而打开“显示书签栏”开关时，会在浏览器上方显示收藏夹，以便快速进入自己收藏的网站。

搜索引擎：设置地址栏中使用的搜索引擎，当用户输入非法的 URL 地址或者输入要搜索的内容时，浏览器会自动连接默认的搜索引擎，对用户输入的内容进行搜索。在浏览网页时，一个常用的搜索技巧是，选中需要搜索的文字，并在设置好的搜索引擎中进行搜索。

启动时：设置浏览器启动时的动作，设置的选项有打开新标签页；继续浏览上次打开的网页；打开特定网页或一组网页。

用户可以根据自己的使用习惯设置对应的打开页面。

图 7-15　浏览器常规设置

（2）隐私和安全设置。

隐私和安全的设置便于用户更好地维护个人的信息安全，避免个人信息的泄露。在“设置”界面中单击“隐私和安全”选项，可以进入“隐私和安全”设置页面，如图 7-16 所示，主要功能包括：网站设置、清除浏览数据、管理证书以及随浏览流量一起发送“不跟踪”请求。

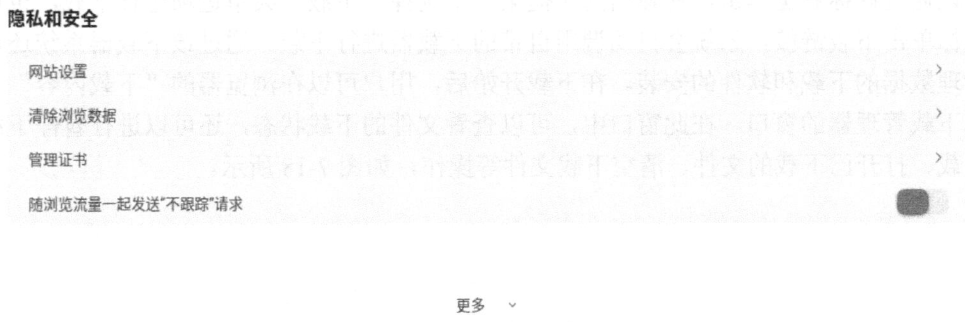

图 7-16 浏览器隐私和安全设置

在“网站设置”中的“Cookie 和网站数据”选项下可以设置是否保存和读取 Cookie 数据，以及关闭时是否清除 Cookie。

Cookie 是浏览网站时，由网站的服务器在本地硬盘上存放的文本文件，它用于存放用户 ID、密码、浏览过的网页、停留时间等信息。设置 Cookie 可以让用户下次浏览该网站时，优化用户的上网体验，但是 Cookie 的设置也占用了大量的硬盘资源并且在某种程度上存在隐私信息泄露的风险。

在“清除浏览数据”选项下，用户可以按照自己的需求灵活设置清理的时间范围，设置清理某个时间段的浏览记录、Cookie 及其他网站数据。比如设置清理过去 1 小时的记录，那么浏览器会选择过去 1 小时的浏览记录进行清理，而对 1 小时之外的记录进行保存。如果这 1 小时用户并未使用浏览器上网，那么浏览器也就不会清理任何记录。

清除浏览数据的设置界面如图 7-17 所示。

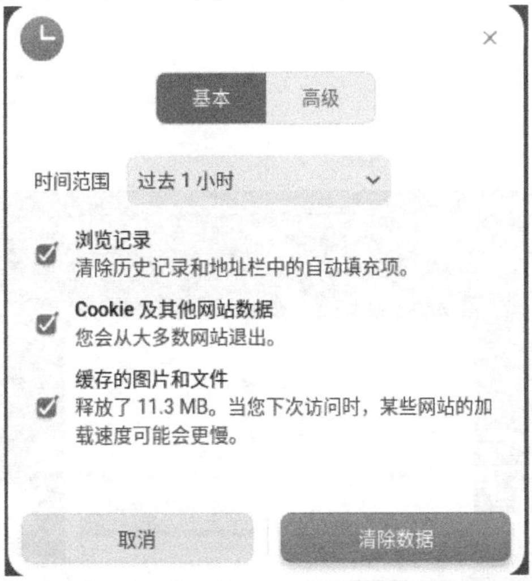

图 7-17 清除浏览数据的设置界面

（3）下载管理器设置。

统信 UOS 系统中内置了一个下载管理器，用户可以直接利用系统内置的下载器进行下载，避免下载迅雷等额外的下载器。统信 UOS 浏览器支持以 HTTP 形式下载各种数据，例如音频、视频、各类办公文档、软件安装包等。当在页面查看到需要下载的内容或者文件时，用户可以通过鼠标右键单击，在弹出的快捷菜单中选择“下载”菜单选项进行下载，也可以通过鼠标单击下载链接，系统会自动调用自带的下载器进行下载。通过该下载器系统还可以集中管理数据的下载和软件的安装。在下载开始后，用户可以在浏览器的“下载内容”菜单中进入下载管理器的窗口。在此窗口中，可以查看文件的下载状态，还可以进行暂停下载、取消下载、打开已下载的文件、清空下载文件等操作，如图 7-18 所示。

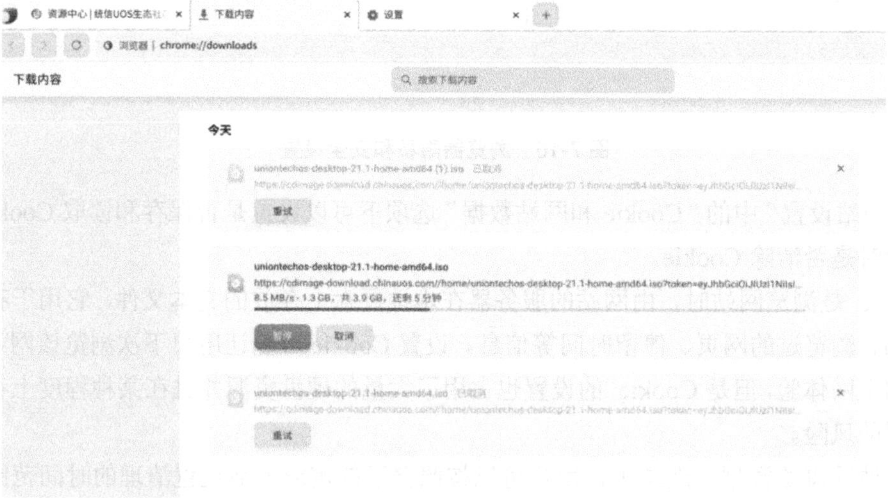

图 7-18　下载内容管理界面

【例 7-6】将对应的网站加入收藏夹。

打开浏览器，在地址栏中输入对应的网址后，单击地址栏左侧的收藏按钮☆，在收藏之前可以指定网址的名称和收藏文件夹，也可以新建收藏文件夹，即可将该网页加入对应的收藏夹，如图 7-19 所示。

图 7-19　收藏管理窗口

7.5.2　归档管理器

归档管理器是一款文件的压缩与解压缩工具，界面操作简单，使用右键菜单即可完成，支持 .7z 、.tar 、.tar.gz、.zip 等多种压缩包格式，还支持加密压缩设置。归档管理器的基本功能是对单个或多个文件或文件夹进行压缩，节省文件的存储空间。该工具也可以对已压缩的文件进行解压，解压时只要选择解压目录即可。

在同时选中要压缩的文件后，鼠标右键菜单中可以显示压缩的主要菜单选项如图 7-20 所示。在右键菜单选项中可以选择“添加到‘Documents.7z’”和“添加到‘Documents.zip’”等两个菜单选项，其中 Documents 为文件所在的目录的名称。

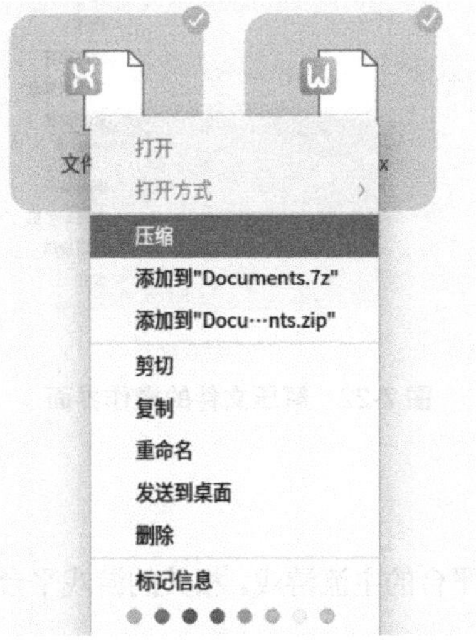

图 7-20　归档管理器右键菜单选项

如果在右键菜单中选择“压缩”菜单选项，则会出现压缩的设置界面，如图 7-21 所示。其中可以设置压缩的方式、保存的目录和压缩后的文件名等。

图 7-21　压缩设置页面

当需要对压缩文件进行解压时，同样选择压缩文件，在右键菜单中选择“解压”、“解压到当前文件夹”或者“解压到 Documents”三个菜单选项进行操作，如图 7-22 所示。

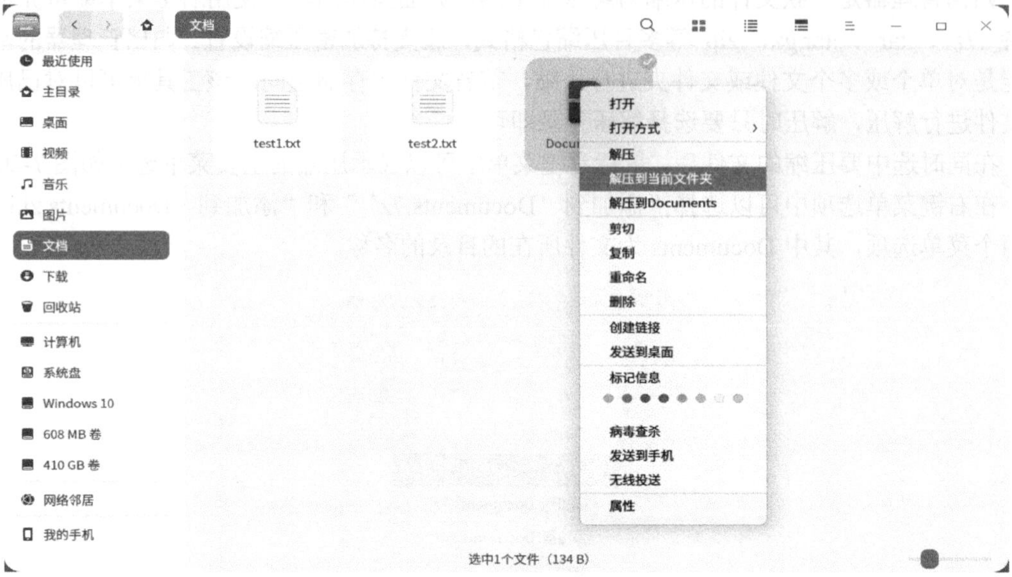

图 7-22　解压文件的操作界面

7.5.3　游戏

统信 UOS 系统支持当前各平台的主流游戏。相关的游戏平台和游戏可以在应用商店中下载。

知识总结

（1）在基础操作系统中，统信 UOS 系统自带的软件已经可以很好地满足影音娱乐与日常办公等需求，不需要再额外下载其他软件。

（2）记事本中语音文字的互转功能可以灵活运用在会议和课堂等需要快速输入文字的场景中，极大地提高办公和学习效率。

综合实训　国产操作系统应用软件

【实训目的】

（1）掌握看图软件的使用方法。

（2）掌握音乐软件的使用方法。

（3）掌握影院软件的使用方法。

（4）掌握语音记事本的使用方法。

（5）掌握文件压缩和解压缩的使用方法。

【实训内容】

（1）利用 WPS 文字完成一段文字的输入并保存。

（2）利用永中 Office 打开一个表格，输入两个数字并求和，完成后保存。

（3）利用系统自带的看图软件打开任意图片文件进行浏览。

（4）利用系统自带的影院软件打开任意本地视频文件进行播放。

（5）利用系统自带的音乐软件打开任意本地音频文件进行播放。

（6）在应用商店中搜索“钉钉”软件，下载后并安装，安装完成后卸载该软件。

（7）在浏览器中清除过去一小时的浏览数据。

（8）利用浏览器的下载管理器下载统信 UOS 官网的安装镜像，并在下载完成前暂停下载。

（9）利用系统自带的语音记事本录制一段音频，并转录成文字。

（10）利用归档管理器将新建的两个文件压缩为文件名为 hello.7z 的压缩文件，压缩文件保存在和原始文件相同的目录下。

思考与练习

1. 选择题

（1）以下哪个软件支持 PDF 文件的打开？（　　）

[A]WPS　[B]看图　[C]相册　[D]画板

（2）以下哪个软件支持对图片进行模糊处理？（　　）

[A]看图　[B]相册　[C]画板　[D]语音记事本

（3）语音记事本支持将录制的声音导出为以下哪种格式保存？（　　）

[A]jpeg　[B]mp3　[C]mp4　[D]wmv

（4）以下哪个菜单可用于音乐软件显示歌词？（　　）

[A]播放模式　[B]播放控制　[C]收藏歌曲　[D]LRC

（5）UOS 集成的音乐、影院、截图录频等软件在操作系统的哪里可以查找到？（　　）

[A]控制中心　[B]应用商店　[C]启动器　[D]终端管理器

（6）以下哪项不是系统自带截图功能支持的存储格式？（　　）

[A]mp3　[B]PNG　[C]JPG　[D]BMP

（7）以下哪个后缀的文件不是归档文件名？（　　）

[A].7z　[B].tar　[C].jar　[D].doc

（8）以下文件格式中，可以用 WPS 演示打开的是哪种？（　　）

[A]doc　[B].pptx　[C].xls　[D].mp3

（9）在应用商店中下载的软件，可以通过应用商店中的哪里加以卸载？（　　）

[A]系统管理　[B]其他应用　[C]应用管理　[D]应用更新

（10）在影院应用中，将鼠标指针放置在以下哪个组件上可以显示缩略图？（　　）

[A]播放列表　[B]音量控制　[C]播放窗口　[D]进度条

2. 填空题

（1）UOS 浏览器的常规设置包括_______、_______、_______和_______。

（2）画板内置工具的主要功能包括_______、_______、_______、_______。

3. 判断题

（1）系统自带的音乐软件支持歌曲信息的查看。（ ）

（2）录屏时可以将文件保存为 GIF 格式并且统信 UOS 系统支持音频的录制。（ ）

（3）统信 UOS 系统在下载文件时需要迅雷等第三方的下载器。（ ）

（4）统信 UOS 系统不支持游戏。（ ）

（5）统信 UOS 系统的归档管理器也可以对单个文件进行归档和压缩。（ ）

4. 简答题

（1）什么是 Cookie 数据？Cookie 数据有什么作用？

（2）列举常用的压缩包格式。

模块 8　国产操作系统网络与安全管理

导读

本模块主要介绍国产操作系统——统信 UOS 系统网络与安全管理方面的知识。首先介绍 TCP/IP 协议的各类网络参数；然后详细介绍在国产操作系统下网络参数的设置方式，其中包括命令行（CLI）方式和图形化界面（GUI）配置方式；最后介绍基于国产操作系统的两种远程管理方式和系统安全管理的配置。

学习要点

1. TCP/IP 协议及网络参数概述
2. 国产操作系统网络参数设置与调试
3. 国产操作系统远程桌面管理
4. 国产操作系统安全设置

学习目标

通过学习本模块内容，掌握国产操作系统网络调试、远程管理及系统安全配置。

【知识目标】

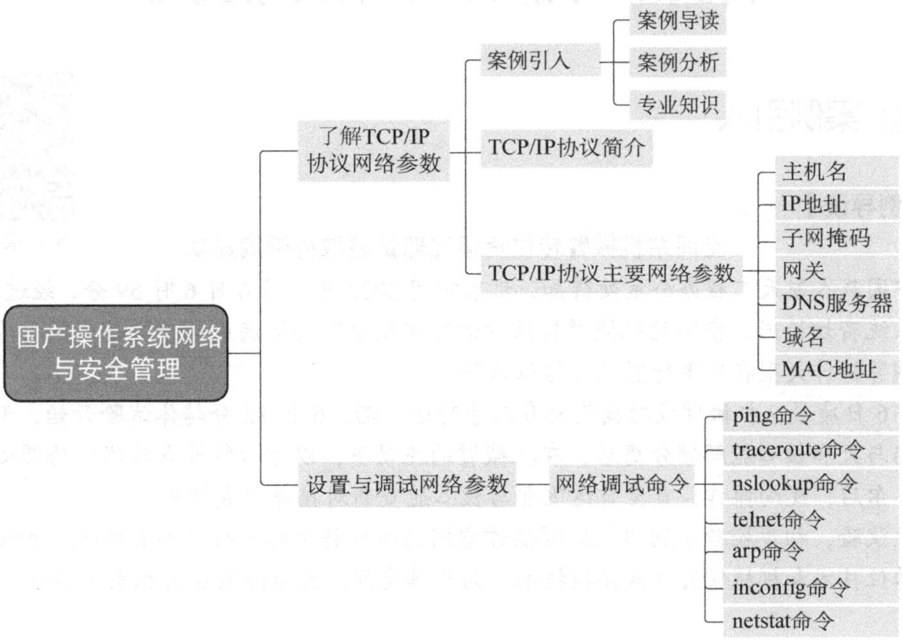

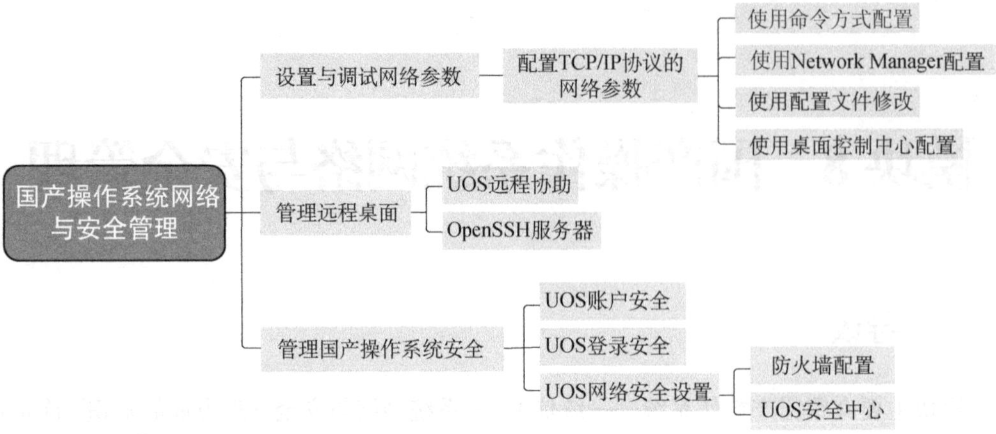

【技能目标】

（1）认识 TCP/IP 协议及网络参数。

（2）掌握国产操作系统网络参数设置与调试。

（3）掌握国产操作系统远程桌面管理。

（4）掌握国产操作系统安全管理。

【素质目标】

（1）通过介绍国产操作系统上的各类网络参数和调试命令，使学生能够学会在国产操作系统上调试网络，处理简单的系统网络类故障。

（2）通过国产系统远程管理知识的讲解，使学生能够在虚拟机环境中通过远程管理方式实现高效和便捷的运维。

（3）通过对国产操作系统安全管理的教学，使学生能够进行系统安全设置，制定防火墙策略，实现访问控制以保证信息安全要求。

单元 8.1　了解 TCP/IP 协议网络参数

案例引入

8.1 案例导读

【案例导读】

空间站机械臂转位货运飞船试验取得圆满成功

由中国载人航天工程办公室处得知，北京时间 2022 年 1 月 6 日 6 时 59 分，经过约 47 分钟的跨系统密切协同，空间站机械臂转位货运飞船试验取得圆满成功，这是我国首次利用空间站机械臂操作大型在轨飞行器进行转位试验。

1 月 6 日凌晨，机械臂成功捕获天舟二号货运飞船，6 时 12 分转体试验开始，天舟二号货运飞船与天和核心舱解锁分离后，在机械臂的拖动下，以核心舱节点舱球心为圆心进行平面转位；尔后，反向操作，直至货运飞船与核心舱重新对接并完成锁紧。

此次试验，初步检验了利用机械臂操作空间站舱段转位的可行性和有效性，验证了空间站舱段转位技术和机械臂大负载操控技术，为后续空间站在轨组装建造积累了经验。

【案例分析】

航天工作的开展离不开通信指令的传送。当传递的信息量过大时，需要对信息进行分组传递，每个分组中都有验证的数据。但是按照这套系统进行信息传递时，并不能确保准确无误。借助参数，可以提高信息传递的准确性。

【专业知识】

TCP/IP 协议，全称 Transmission Control Protocol/Internet Protocol，译为传输控制协议/网际协议，也叫作网络通信协议，是 Internet 中最基本的协议。TCP/IP 定义了电子设备（比如计算机）如何连入互联网，以及数据如何在它们之间传输的标准。

8.1.1　TCP/IP 协议简介

TCP/IP 协议是一个四层的体系结构，包括应用层、传输层、网络层和数据链路层。

1. 应用层

应用层决定了向用户提供应用服务时通信的活动。比如，FTP（File Transfer Protocol，文件传输协议）、DNS（Domain Name System，域名系统）服务、HTTP 协议、Telnet 协议等。

2. 传输层

传输层对上层应用层，提供处于网络连接中的两台计算机之间的数据传输。在传输层有两个性质不同的协议：TCP（Transmission Control Protocol，传输控制协议）和 UDP（User Data Protocol，用户数据报协议）。

3. 网络层

网络层用来处理在网络上流动的数据包。数据包是网络传输的最小数据单位。该层规定了通过怎样的路径（所谓的传输路线）到达对方计算机，并把数据包传送给对方。与对方计算机之间通过多台计算机或网络设备进行传输时，网络层所起的作用就是在众多的选项内选择一条传输路线。该层包括 IP、ARP、CMP、RARP 等。

4. 数据链路层

数据链路层用来处理连接网络的硬件部分，包括控制操作系统、硬件的设备驱动、NIC（Network Interface Card，网络适配器，即网卡）及光纤等物理可见部分（还包括连接器等一切传输媒介）。硬件上的范畴均在链路层的作用范围之内。该层包括 CSMA/CD 协议、TokingRing 协议等。

8.1.2　TCP/IP 协议主要网络参数

1. 主机名

主机名就是计算机的名字（计算机名），这个名字可以随时更改。在同一个局域网中，用不同的主机名比 IP 地址更好区分不同的计算机。

2. IP地址

IP 地址是 IP 协议提供的一种统一的地址格式，它为互联网上的每一个网络和每一台主机分配一个逻辑地址，以此来屏蔽物理地址的差异。大家日常见到的情况是每台联网的 PC 上都需要有 IP 地址，才能正常通信。

目前最常见的 IP 地址是 IPv4 编码，是一个 32 位的二进制数，通常被分割为 4 个“8 位二进制数”（也就是 4 字节）。IP 地址通常用“点分十进制”表示成（a.b.c.d）的形式，其中，a、b、c、d 都是 0~255 之间的十进制整数。

随着互联网的蓬勃发展，在 2019 年 11 月 25 日 IPv4 位地址分配完毕，地址空间的不足必将妨碍互联网的进一步发展。为了扩大地址空间，拟通过 IPv6 重新定义地址空间。IPv6 采用 128 位地址长度。IPv6 不仅在设计过程中解决了地址短缺问题，还解决了其他 IPv4 存在的缺陷。

3. 子网掩码

子网掩码（Subnet Mask）又叫网络掩码、地址掩码、子网络遮罩，它用来指明一个 IP 地址的哪些位标识的是主机所在的子网，以及哪些位标识的是主机的位掩码。子网掩码不能单独存在，它必须结合 IP 地址一起使用。子网掩码只有一个作用，就是将某个 IP 地址划分成网络地址和主机地址两部分。

子网掩码的设定必须遵循一定的规则。与二进制 IP 地址相同，子网掩码由 1 和 0 组成，且 1 和 0 分别连续。子网掩码的长度也是 32 位，左边是网络位，用二进制数字“1”表示，1 的数目等于网络位的长度；右边是主机位，用二进制数字“0”表示，0 的数目等于主机位的长度。

常用网络 A、B、C 类 IP 地址其默认子网掩码的二进制与十进制对应关系，如表 8-1 所示。

表 8-1　子网掩码的二进制与十进制

类别	子网掩码的二进制数值	子网掩码的十进制数值
A	11111111 00000000 00000000 00000000	255.0.0.0
B	11111111 11111111 00000000 00000000	255.255.0.0
C	11111111 11111111 11111111 00000000	255.255.255.0

4. 网关

网关（Gateway）又称网间连接器、协议转换器，用于两个高层协议不同的网络互联，既可以用于广域网互联，也可以用于局域网互联。

按照不同的分类标准，网关也有很多种。TCP/IP 协议里的网关是最常用的，在这里我们所讲的“网关”均指 TCP/IP 协议下的网关。网关实质上是一个网络通向其他网络的 IP 地址。不同网段的网络要实现通信，必须通过网关，网关的 IP 地址是具有路由功能的设备的 IP 地址，具有路由功能的设备有路由器、启用了路由协议的服务器（实质上相当于一台路由器）、代理服务器（也相当于一台路由器）。

5. DNS服务器

DNS（Domain Name Server，域名服务器）是进行域名（Domain Name）和与之相对应的 IP 地址（IP Address）转换的服务器。将域名映射为 IP 地址的过程叫作解析。一个域名解析到某一台服务器上，并且把网页文件放到这台服务器上，用户的计算机才知道去哪一台服务器获取这个域名的网页信息。这是通过域名服务器来实现的。常用的域名服务器有 114.114.114.114（114DNS）、1.2.4.8（CNNIC SDNS）等。

6. 域名

域名（Domain Name）又称网域，是由一串用点分隔的名字组成的 Internet 上某一台计算机或计算机组的名称，用于在数据传输时对计算机进行定位标识。由于 IP 地址具有不方便记忆并且不能显示地址组织的名称和性质等缺点，因此人们设计出了域名，并通过网域名称系统（Domain Name System，DNS）来将域名和 IP 地址相互映射。

7. MAC地址

MAC 地址（Media Access Control Address），直译为媒体存取控制位址，也称为局域网地址（LAN Address）、MAC 位址、以太网地址（Ethernet Address）或物理地址（Physical Address），它是一个用来确认网络设备位置的位址。

MAC 地址是 48 位的，通常表示为 12 个十六进制数，每 2 个十六进制数之间用冒号隔开。由于MAC 地址是网络设备制造商在生产时烧录在网卡上的，因此只要不更改自己的MAC 地址，MAC 地址在世界上就是唯一的。形象地说，MAC 地址就如同身份证上的身份证号码，具有唯一性。

单元 8.2　设置与调试网络参数

案例引入

【案例导读】

《前出塞·其六》

唐·杜甫

挽弓当挽强，用箭当用长。
射人先射马，擒贼先擒王。
杀人亦有限，列国自有疆。
苟能制侵陵，岂在多杀伤！

8.2 案例导读

【案例分析】

在两军对战中，如果把敌人的主帅擒获或者击毙，其余的兵马则不战自败。它比喻在解决问题时要抓住关键，解决主要矛盾，其他的细节便可以迎刃而解。网络参数就是网络中的关键的地方，就比如我们在写信时将所有的内容无论好坏都写到信纸上，但是寄信的地址却写在信封上，网络地址就像我们邮寄时的地址一样，不管信中的内容是什么，只有通过信封上的地址这一关键因素才能准确地寄给对方。

【专业知识】

“Packet Internet Groper”（因特网包探索器），是 TCP/IP 协议网络层通信协议 ICMP（Internet Control Message Protocol，因特网消息控制协议）协议的一员，主要用于检查网络是否连通。ping 向特定的目的主机发送一个 ICMP 请求，然后再根据目的主机的 ICMP 返回信息来确认与目标主机的网络是否畅通，并且通过接收答复等待的时间来判断网络速度。如果传输过程存在错误，那么 ping 命令还会回显错误信息，协助管理员定位网络问题。

8.2.1　网络调试命令

1. ping命令

ping 命令的使用语法：

ping　-（参数）　IP 地址

ping 命令视频

ping 命令常见参数如下。

-c：设置发起 ping 测试的次数。

-R：记录路由过程。

-s：设置数据包的大小。

-t：设置存活数值 TTL 的大小。

实例：ping 192.168.1.1 用于测试主机到目的地址为 192.168.1.1 的网络线路是否连通，如图 8-1 所示。

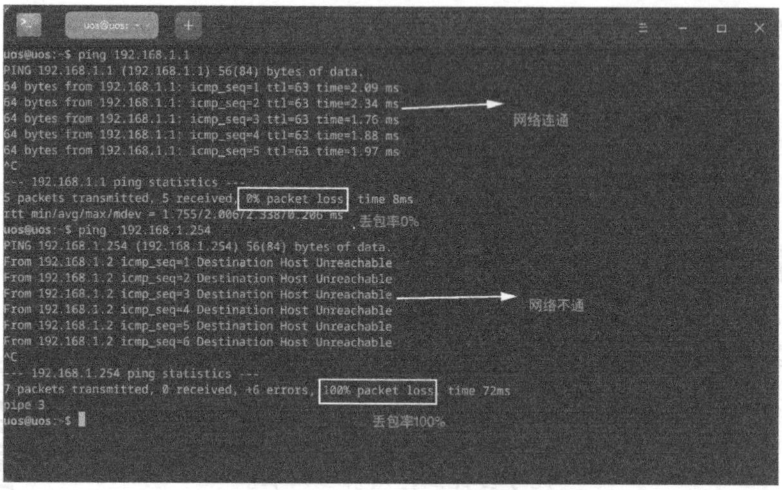

图 8-1 ping IP 地址测试

图 8-1 通过 ping 命令可以测试主机到目的主机是否建立连接，其中“time=”表示目的主机响应时间，通过时间长短可以判定网络速度，时间越短，网络速度越快。如果要停止 ping 命令，则按 Ctrl+C 快捷键即可。

另外，ping 命令除了可以 ping IP 地址外，还可以 ping 域名和网址以测试网站的连通性，例如，ping 搜狐网域名和百度网址，如图 8-2 所示。

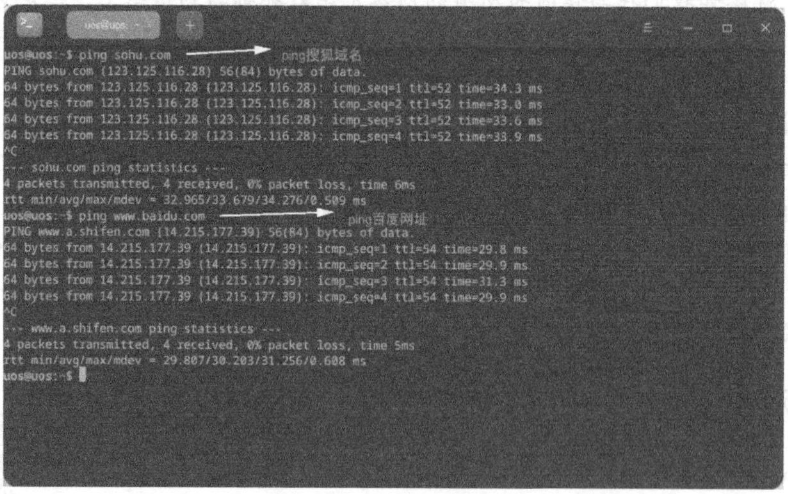

图 8-2 ping 域名和网址

如果要指定 ping 的次数，可以通过-c 参数来实现。

如图 8-3 所示，只发起一次 ping 测试，ping 即自动停止了。

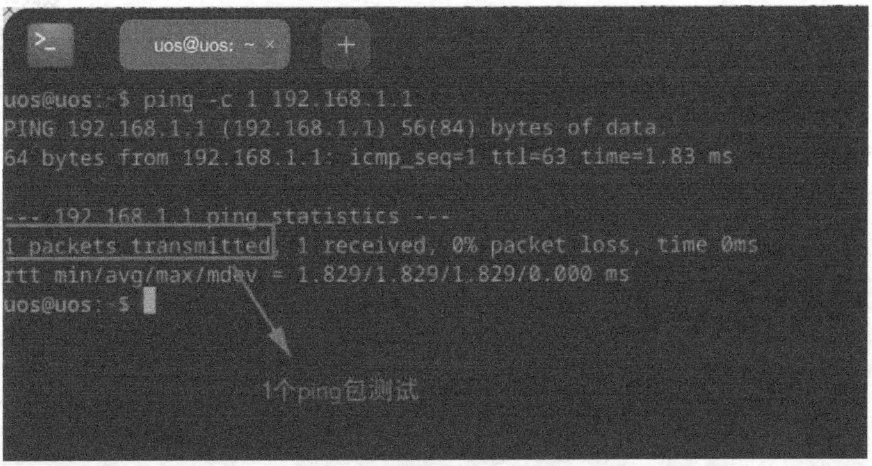

图 8-3　ping 指定 ping 次数

2. traceroute命令

traceroute 命令是路由追踪命令，其功能有点类似 ping -R，可以记录从测试主机到目标主机所途经的所有路由器。

traceroute
命令视频

国产操作系统需要手动安装 traceroute 工具，需通过命令进行安装，安装命令为：sudo　apt　install　traceroute　-y。

traceroute 命令语法如下：

traceroute　-（参数）　目标主机名

常见参数说明如下。

-d：指定不对计算机名解析地址。

-h：指定查找目标的跳转最大数目。

实例：测试主机通过 traceroute 记录到目的主机——搜狐的网络路径，如图 8-4 所示。

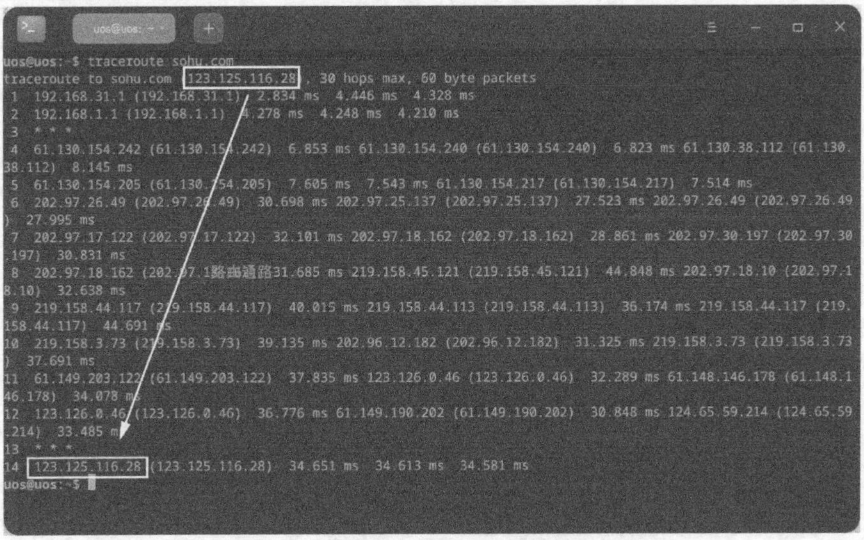

图 8-4　测试主机到搜狐的网络路径

3. nslookup命令

nslookup 命令是主机连接 DNS 服务器，查询指定域名信息的命令。

nslookup 语法如下：

nslookup　域名

实例：查询搜狐网的域名信息，如图 8-5 所示。

nslookup
命令视频

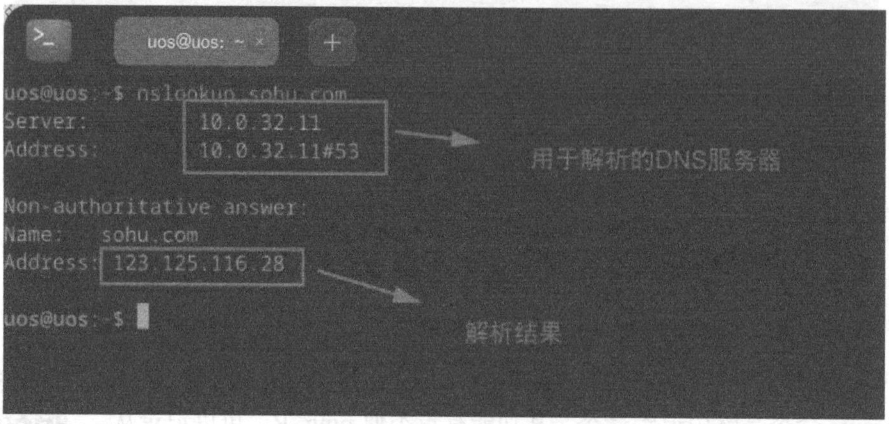

图 8-5　nslookup 命令应用示例

4. telnet命令

telnet 命令可以作为 TCP 端口的测试工具，当用 ping 命令测试网络连通但应用服务依旧无法访问时，可以考虑用 telnet 命令去测试该应用服务。

telnet 工具安装命令为：sudo　apt　install　telnet　-y。

telnet 语法：

telnet　目的主机　端口号

实例：测试搜狐网的 80 端口号，如图 8-6 所示。

telnet
命令视频

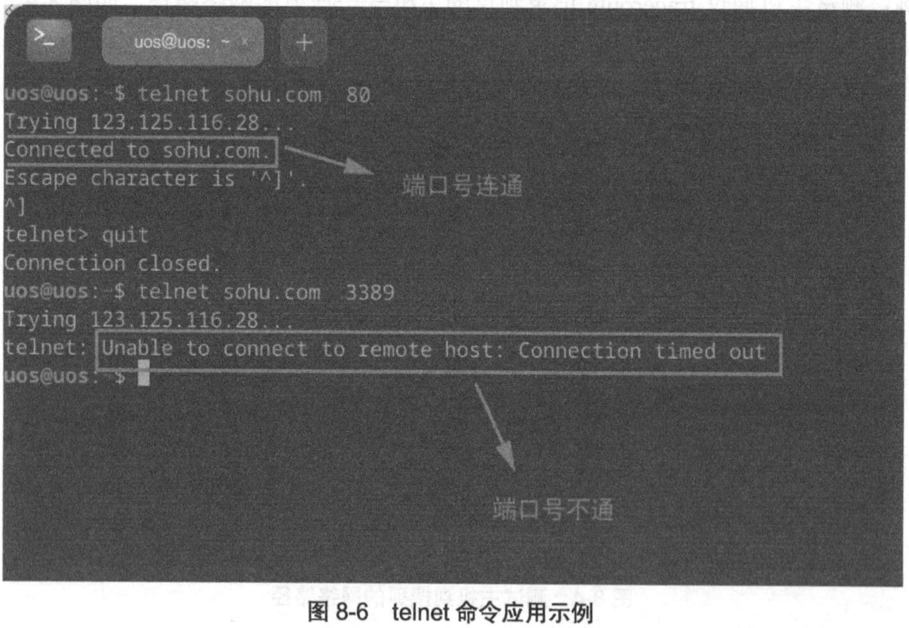

图 8-6　telnet 命令应用示例

5. arp命令

arp 命令用于显示和修改“地址解析协议”（ARP）缓存中的项目。arp 缓存通常以表的形式存在，用于存储 IP 地址和 MAC 地址的对应关系。

arp 命令视频

arp 命令语法：

arp　-（参数）

常用参数说明如下。

-a：显示所有接口的 arp 缓存表。

-s：向 arp 缓存表添加可以将 IP 地址解析为 MAC 地址的静态项。

-d：删除指定的 IP 地址项。

实例：手动添加 IP 地址 192.168.31.100 的 arp 静态项，如图 8-7 所示。

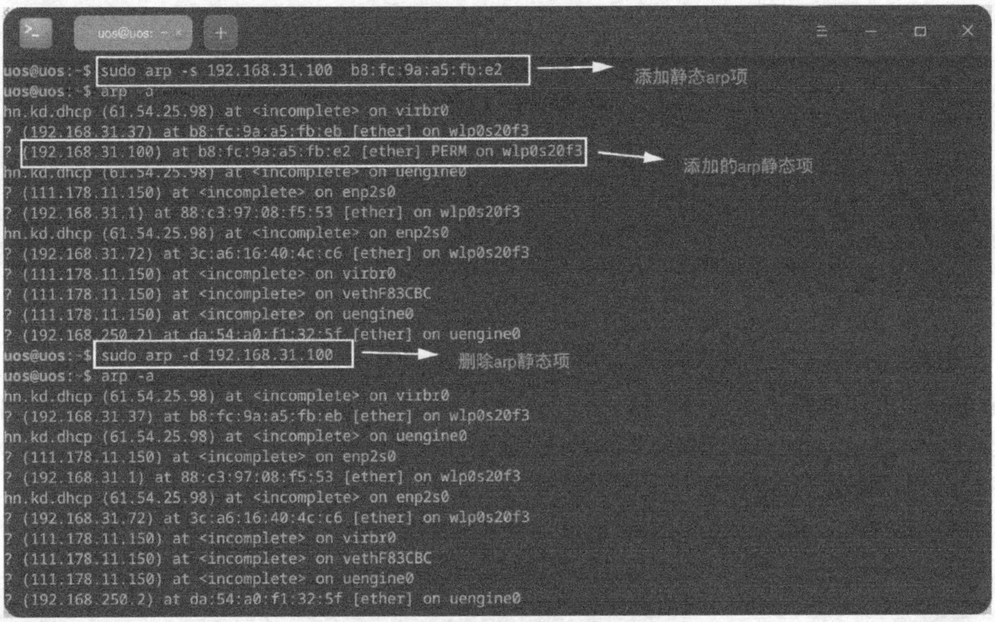

图 8-7　arp 命令应用示例

6. ifconfig命令

ifconfig 命令可用于查看或者配置国产操作系统的网络配置，可以设置网卡相关参数，启动或者停用网络接口。

ifconfig 命令视频

ifconfig 命令语法：

ifconfig　-（参数）

常用参数说明如下。

Add：设置网络设备的 IP 地址。

Del：删除网络设备的 IP 地址。

down：停用指定的网络设备。

up：启用指定的网络设备。

mtu：设置网络设备的最大传输单元值。

其中，网络设备可以理解为各类网卡，包括有线网卡和无线网卡等。

实例：使用 ifconfig 命令查看网络设备的信息，如图 8-8 所示。

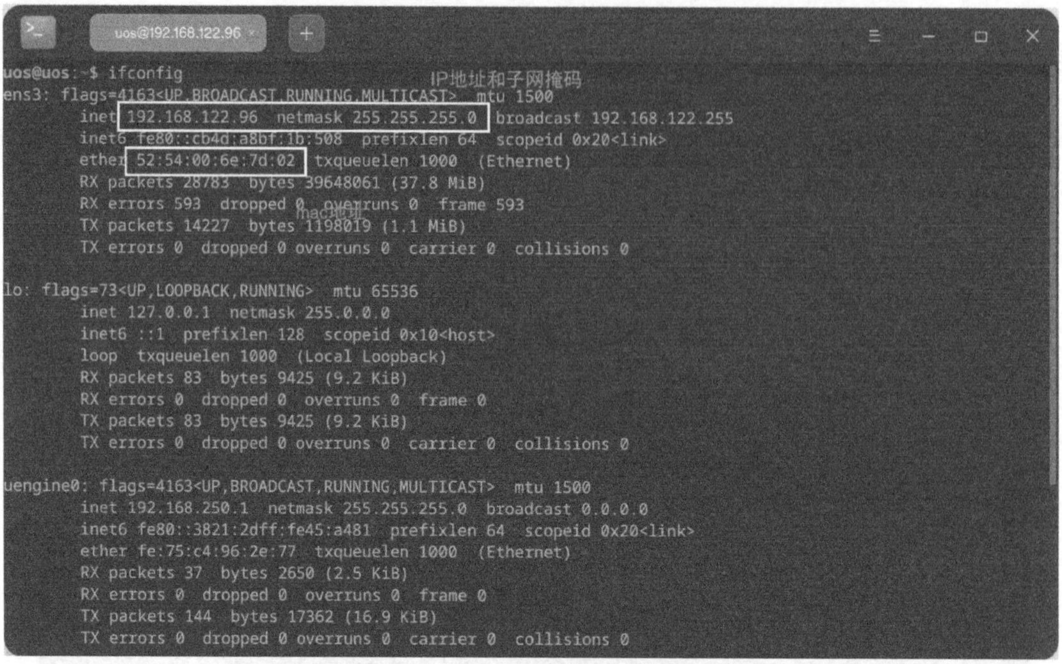

图 8-8 ifconfig 命令应用示例

在图 8-8 中，ens3 是有线网卡的名称，inet 字段表示网络设备的 IP 地址为 192.168.122.96，netmask 字段表示网络设备的子网掩码为 255.255.255.0，即 24 位。ether 表示网络设备的物理地址（MAC 地址）为 52:54:00:6e:7d:02。lo 是主机的本地回环地址，一般用于测试一个网络程序，只用于本地运行或测试使用的网络接口。

实例：使用 ifconfig 命令配置 IP 地址，如图 8-9 所示。

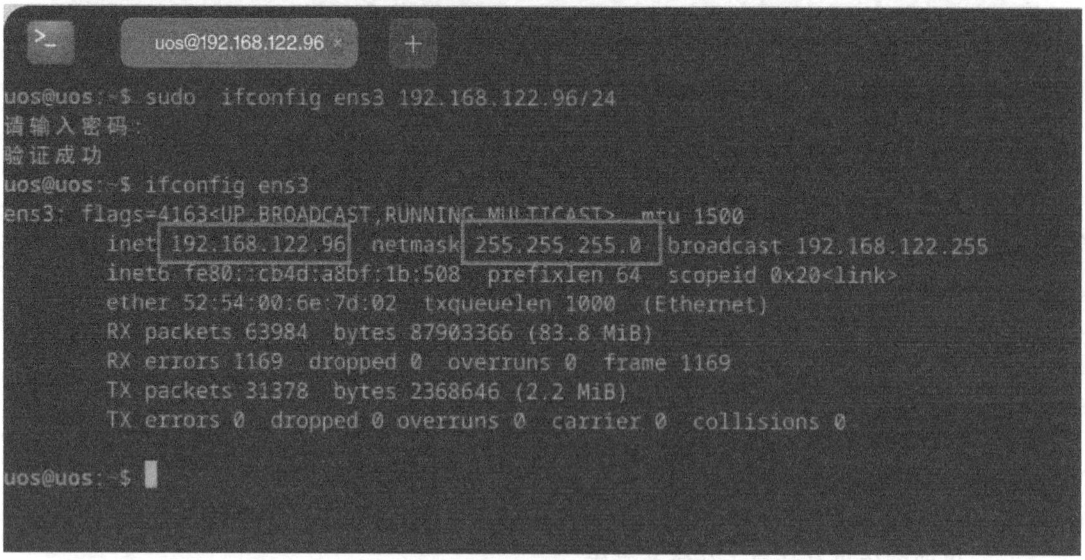

图 8-9 ifconfig 命令配置 IP 地址

在图 8-9 中，ens3 网卡配置的 IP 地址为 192.168.122.96，子网掩码为 255.255.255.0，

即 24 位，可以通过 sudo ifconfig ens3 ip/掩码命令来实现。其中 sudo 表示必须使用管理员权限来运行该命令才能成功。需要注意的是，使用 ifconfig 命令设置的网络配置，仅本次开机有效，主机重启后配置即丢失，无法永久使用。

7. netstat命令

netstat 可以用于查看国产操作系统中自身 IP、TCP、UDP 和 ICMP 协议相关的统计数据，一般用于检验本机各端口的网络连接情况，它还可以显示系统路由表及网络接口等信息，因此 netstat 是一个综合性的网络状态查看工具。

netstat 命令视频

netstat 命令语法如下：

netstat　-（参数）

常用参数介绍如下。

-a：显示所有当前连接。

-at：显示所有当前 TCP 连接。

-au：显示所有当前 UDP 连接。

-nr：列出路由表。

-l：显示监控中的服务器 socket。

实例：使用 netstat　-at 命令显示系统当前 TCP 连接，如图 8-10 所示。

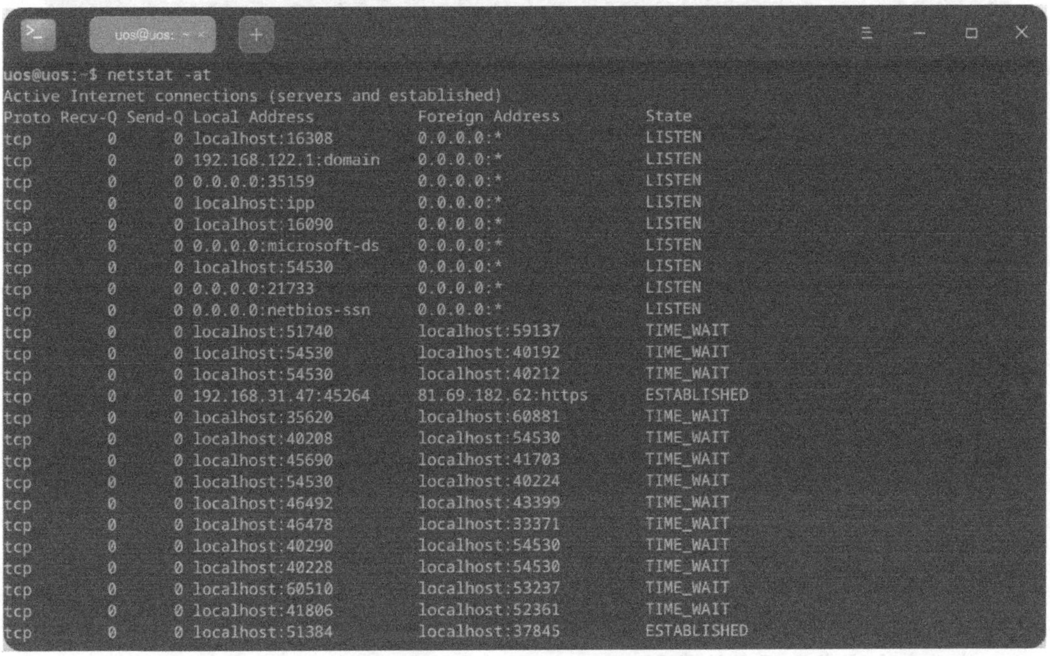

```
uos@uos:~$ netstat -at
Active Internet connections (servers and established)
Proto Recv-Q Send-Q Local Address           Foreign Address         State
tcp        0      0 localhost:16308         0.0.0.0:*               LISTEN
tcp        0      0 192.168.122.1:domain    0.0.0.0:*               LISTEN
tcp        0      0 0.0.0.0:35159           0.0.0.0:*               LISTEN
tcp        0      0 localhost:ipp           0.0.0.0:*               LISTEN
tcp        0      0 localhost:16090         0.0.0.0:*               LISTEN
tcp        0      0 0.0.0.0:microsoft-ds    0.0.0.0:*               LISTEN
tcp        0      0 localhost:54530         0.0.0.0:*               LISTEN
tcp        0      0 0.0.0.0:21733           0.0.0.0:*               LISTEN
tcp        0      0 0.0.0.0:netbios-ssn     0.0.0.0:*               LISTEN
tcp        0      0 localhost:51740         localhost:59137         TIME_WAIT
tcp        0      0 localhost:54530         localhost:40192         TIME_WAIT
tcp        0      0 localhost:54530         localhost:40212         TIME_WAIT
tcp        0      0 192.168.31.47:45264     81.69.182.62:https      ESTABLISHED
tcp        0      0 localhost:35620         localhost:60881         TIME_WAIT
tcp        0      0 localhost:40208         localhost:54530         TIME_WAIT
tcp        0      0 localhost:45690         localhost:41703         TIME_WAIT
tcp        0      0 localhost:54530         localhost:40224         TIME_WAIT
tcp        0      0 localhost:46492         localhost:43399         TIME_WAIT
tcp        0      0 localhost:46478         localhost:33371         TIME_WAIT
tcp        0      0 localhost:40290         localhost:54530         TIME_WAIT
tcp        0      0 localhost:40228         localhost:54530         TIME_WAIT
tcp        0      0 localhost:60510         localhost:53237         TIME_WAIT
tcp        0      0 localhost:41806         localhost:52361         TIME_WAIT
tcp        0      0 localhost:51384         localhost:37845         ESTABLISHED
```

图 8-10　netstat-at 命令应用示例

实例：使用 netstat -l 命令显示监控中的服务器 socket 状况，如图 8-11 所示。

实例：使用组合命令 netstat　-pantu 列出所有的正在连接的网络信息，如图 8-12 所示。

```
uos@uos:~$ netstat -l
Active Internet connections (only servers)
Proto Recv-Q Send-Q Local Address           Foreign Address         State
tcp        0      0 localhost:16308         0.0.0.0:*               LISTEN
tcp        0      0 192.168.122.1:domain    0.0.0.0:*               LISTEN
tcp        0      0 localhost:13591         0.0.0.0:*               LISTEN
tcp        0      0 0.0.0.0:35159           0.0.0.0:*               LISTEN
tcp        0      0 localhost:ipp           0.0.0.0:*               LISTEN
tcp        0      0 localhost:16090         0.0.0.0:*               LISTEN
tcp        0      0 0.0.0.0:microsoft-ds    0.0.0.0:*               LISTEN
tcp        0      0 localhost:54530         0.0.0.0:*               LISTEN
tcp        0      0 0.0.0.0:21733           0.0.0.0:*               LISTEN
tcp        0      0 0.0.0.0:8680            0.0.0.0:*               LISTEN
tcp        0      0 localhost:10250         0.0.0.0:*               LISTEN
tcp        0      0 0.0.0.0:netbios-ssn     0.0.0.0:*               LISTEN
tcp6       0      0 localhost:47471         [::]:*                  LISTEN
tcp6       0      0 localhost:ipp           [::]:*                  LISTEN
tcp6       0      0 [::]:microsoft-ds       [::]:*                  LISTEN
tcp6       0      0 [::]:20000              [::]:*                  LISTEN
tcp6       0      0 [::]:netbios-ssn        [::]:*                  LISTEN
udp        0      0 0.0.0.0:15283           0.0.0.0:*
udp        0      0 0.0.0.0:36033           0.0.0.0:*
udp        0      0 192.168.122.1:domain    0.0.0.0:*
udp        0      0 0.0.0.0:bootps          0.0.0.0:*
udp        0      0 0.0.0.0:bootpc          0.0.0.0:*
udp        0      0 192.168.31.2:netbios-ns 0.0.0.0:*
udp        0      0 192.168.31.4:netbios-ns 0.0.0.0:*
```

图 8-11 netstat -l 命令应用示例

```
uos@uos:~$ netstat -pantu
(Not all processes could be identified, non-owned process info
 will not be shown, you would have to be root to see it all.)
Active Internet connections (servers and established)
Proto Recv-Q Send-Q Local Address           Foreign Address         State       PID/Program name
tcp        0      0 127.0.0.1:16308         0.0.0.0:*               LISTEN      -
tcp        0      0 192.168.122.1:53        0.0.0.0:*               LISTEN      -
tcp        0      0 127.0.0.1:631           0.0.0.0:*               LISTEN      -
tcp        0      0 127.0.0.1:13591         0.0.0.0:*               LISTEN      7159/wineserver.rea
tcp        0      0 0.0.0.0:35159           0.0.0.0:*               LISTEN      -
tcp        0      0 127.0.0.1:16090         0.0.0.0:*               LISTEN      -
tcp        0      0 0.0.0.0:445             0.0.0.0:*               LISTEN      -
tcp        0      0 127.0.0.1:54530         0.0.0.0:*               LISTEN      -
tcp        0      0 0.0.0.0:21733           0.0.0.0:*               LISTEN      3425/mobile-assista
tcp        0      0 0.0.0.0:8680            0.0.0.0:*               LISTEN      7155/c:/Program Fil
tcp        0      0 127.0.0.1:10250         0.0.0.0:*               LISTEN      7159/wineserver.rea
tcp        0      0 0.0.0.0:139             0.0.0.0:*               LISTEN      -
tcp        0      0 192.168.31.47:45264     81.69.182.62:443        ESTABLISHED -
tcp        0      0 127.0.0.1:33038         127.0.0.1:47465         TIME_WAIT   -
tcp        0      0 127.0.0.1:56770         127.0.0.1:34443         TIME_WAIT   -
tcp        0      0 127.0.0.1:49600         127.0.0.1:41465         TIME_WAIT   -
tcp        0      0 127.0.0.1:43022         127.0.0.1:54530         TIME_WAIT   -
tcp        0      0 127.0.0.1:43172         127.0.0.1:54530         TIME_WAIT   -
tcp        0      0 127.0.0.1:57334         127.0.0.1:60077         TIME_WAIT   -
tcp        0      0 127.0.0.1:51384         127.0.0.1:37845         ESTABLISHED 4790/wps
tcp        0      0 127.0.0.1:43018         127.0.0.1:54530         TIME_WAIT   -
tcp        0      0 127.0.0.1:54530         127.0.0.1:43216         TIME_WAIT   -
```

图 8-12 netstat -pantu 命令应用示例

8.2.2 配置 TCP/IP 协议的网络参数

1. 使用命令方式配置网络参数

国产操作系统支持多种网络参数配置方式，这里介绍通过命令行的方式进行网络参数配置，其中主要使用的命令有（ip address、ip link、route、hostnamectl）等。

（1）查看网络设备配置。

国产操作系统使用命令查看网络设备，我们可以使用 ip address 命令，ip address 命令功能与 ifconfig 基本雷同。

ip address 命令语法如下。

ip address：查看主机所有网络设备的配置信息。

ip address　show　网络设备名：查看指定网络设备配置信息。

实例：使用 ip address show 命令查看网络设备信息，如图 8-13 所示。

ipaddress 命令视频

图 8-13　ip address show 命令应用示例

在图 8-13 中，通过 ip address show 网卡名即可查看指定网卡的网络信息。

（2）配置网络设备 IP 地址和掩码（临时生效）。

在国产操作系统中，我们常用 ip address add/del 命令来修改网络设备的 IP 和掩码，命令语法如下。

ip address add xxxx dev：网络设备新增 IP 地址

ip address del xxxx dev：网络设备删除 IP 地址

实例：使用 ip adress 命令新增指定网络设备的 IP 和掩码，如图 8-14 所示。

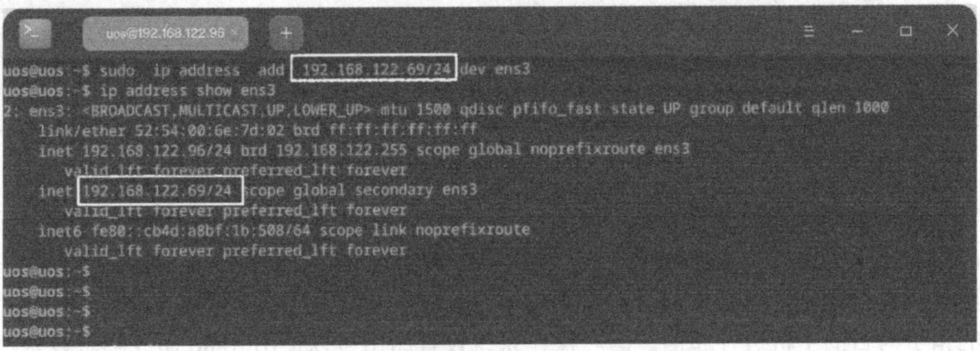

图 8-14　指定网络设备的 IP 和子网掩码

在图 8-14 中，通过 sudo ip address add 命令新增 192.168.122.69/24 IP 地址后，ens3 网卡有了两个 IP 地址，并且两个 IP 地址都可以生效。需要注意的是，通过这种方式添加的配置，主机重启后也会丢失，临时生效。

（3）禁用或启用网络设备。

国产操作系统要禁用或启用网络设备，可以通过 ip link 命令来实现，具体使用语法如下：

ip link set　网络设备　up/down

实例：禁用 ens3 网卡。使用的命令如下：

sudo ip link set ens3 down

实例：启用 ens3 网卡。使用的命令如下：

sudo ip link set ens3 up

（4）主机名设置。

主机名修改视频

国产操作系统中设置主机名可以使用 hostname 和 hostnamectl 命令实现，其中 hostname 命令设置后，主机重启即失效，所以可以使用 hostnamectl 命令来进行设置，它可以永久生效，具体语法如下：

hostnamectl　set-hostname　xxxx

在图 8-15 中，原主机名为 uos，通过 hostnamectl　set-hostname 命令设置为 uos-server 后，重新登录后，可以看到，主机名即显示为 uos-server，且永久生效。

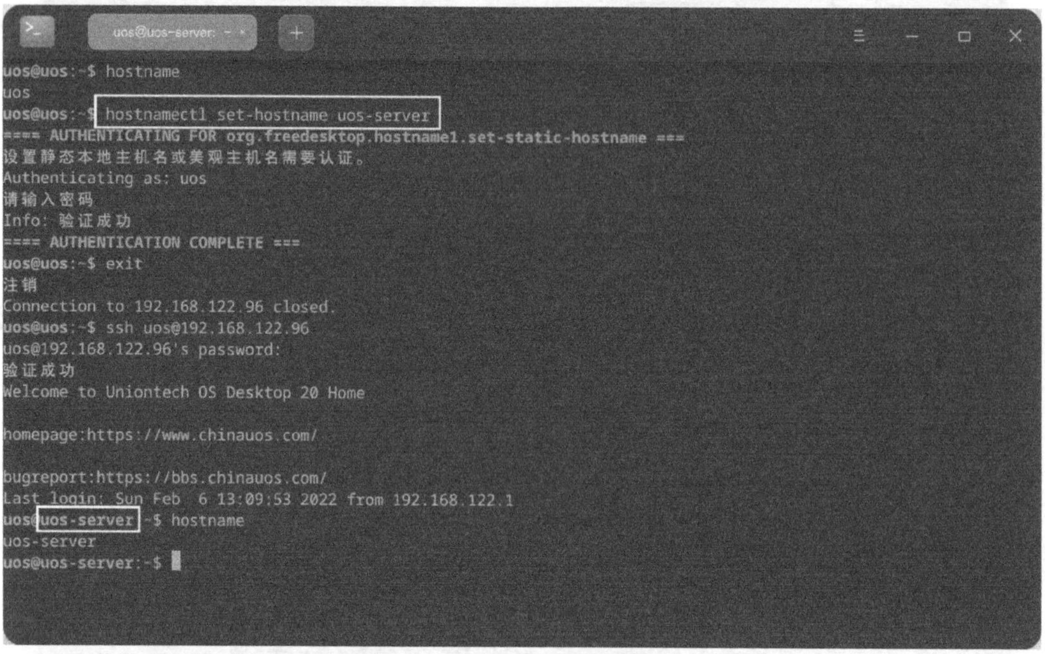

图 8-15　hostnamectl 命令应用示例

（5）路由设置（临时生效）。

前面讲述了配置 IP 地址和掩码，但只能和同一网段的主机进行通信，如果要和其他局域网甚至外网进行通信，就必须通过设置路由来实现，就像地图导航，有了路由，就可以通过导航的指引与目的主机进行通信。国产操作系统设置路由可以使用 route 命令临时设置路由。

route 命令语法如下。

route　add：增加路由。

route　del：删除路由。

route　add　-net：设置到目的网段的路由。

route　add　-host：设置到目的主机的路由。

route　add　-host　xxxx　gw：设置到目的主机路由的网关地址。

route　add　-host　xxxx　dev：设置到目的主机的本机出接口。

路由查询和增删视频

实例：设置到 1.1.1.1 主机的路由，如图 8-16 所示。

在图 8-16 中，通过 sudo route add -host 1.1.1.1 gw 192.168.122.1 命令设置了访问目的主机 1.1.1.1 的下一跳网关为 192.168.122.1，因此，所有目的地址为 1.1.1.1 的数据报文，都会直接转发给 192.168.122.1，192.168.122.1 会负责将报文传递给 1.1.1.1。

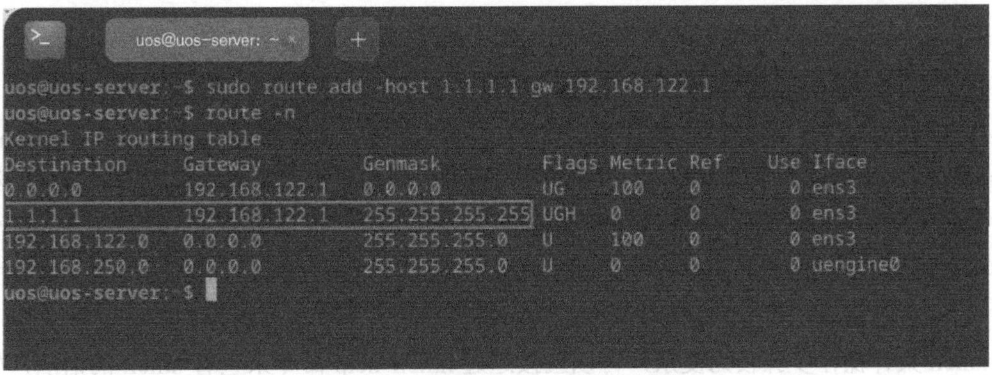

图 8-16　设置到 1.1.1.1 主机的路由

实例：添加访问目的网段 100.100.100.0/24 网段的路由，如图 8-17 所示。

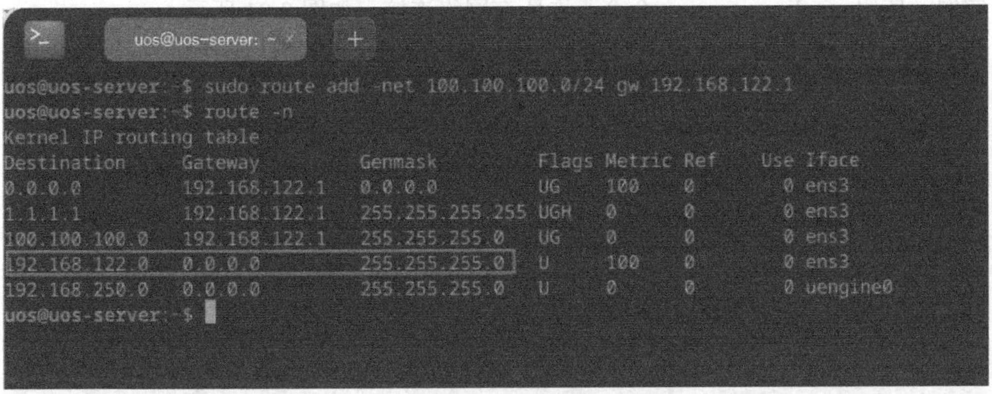

图 8-17　添加路由

在图 8-17 中，设置了访问 100.100.100.0/24 网段的路由，网关为 192.168.122.1，因此，只要目的地址在 100.100.100.0/24 范围内的数据包，都会转发给 192.168.122.1 进行传输。

实例：删除指定人工添加的路由，如图 8-18 所示。

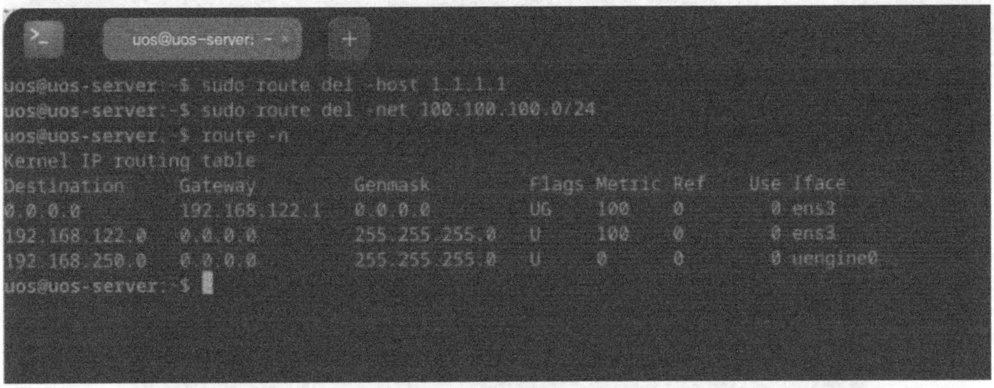

图 8-18　删除人工添加路由

在图 8-18 中，通过 sudo route del -host/net 即可删除指定人工添加的路由，通过 route -n 命令查看该路由是否已经被删除。当然，我们也可以直接重启主机，重启后，路由也会失效，不复存在。

2. 使用NetworkManager配置网络参数

（1）NetworkManager 简介。

NetwrokManager 是由国产操作系统提供的网络连接管理服务的软件。NetworkManager 支持两种网络管理命令工具，分别是 nmcli 和 nmtui。管理员可以使用它来查询和管理网络状态与配置。NetworkManager 的配置文件保存在/etc/sysconfig/NetworkManager 目录下。需要注意的是，通过 NetworkManager 方式配置的网络参数，可以永久保存，重启主机依然生效。

（2）nmcli 命令。

nmcli 具体操作步骤较为复杂，可以直接通过 nmcli help 命令来查看 nmcli 的语法，如图 8-19 所示。

实例：使用 nmcli device 命令查看所有网络设备，如图 8-20 所示。

实例：使用 nmcli connection 命令查看所有网络连接，如图 8-21 所示。

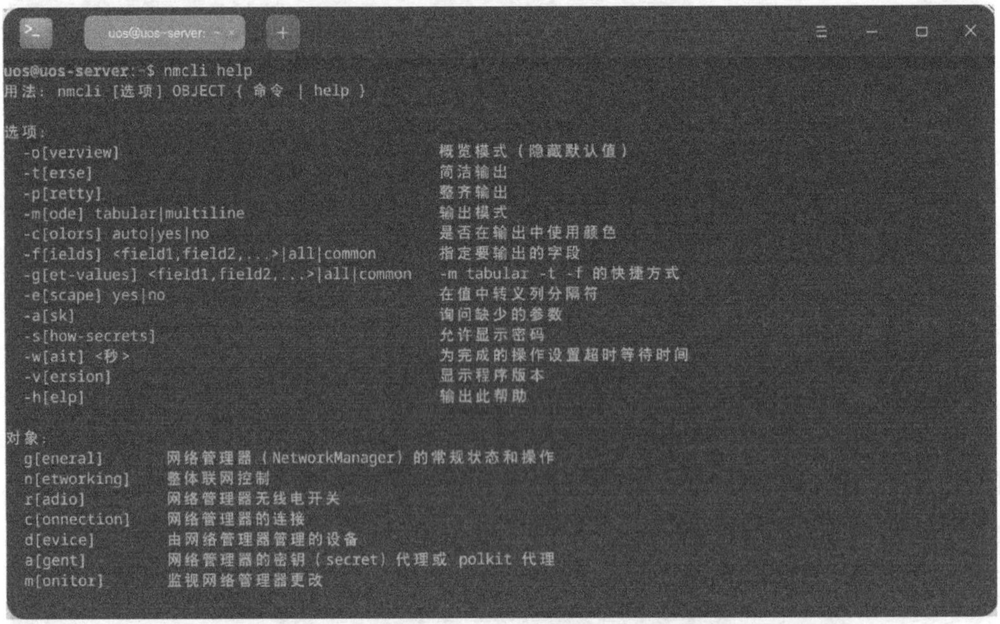

图 8-19　使用 nmcli help 命令查看 nmcli 的语法

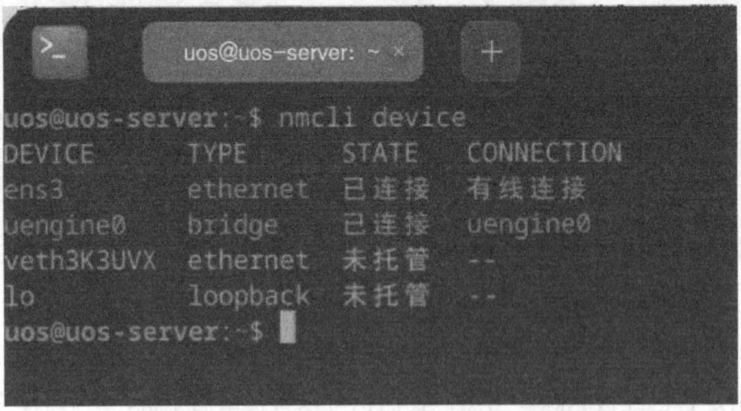

图 8-20　使用 nmcli device 命令查看网络设备

图 8-21　使用 nmcli connection 命令查看网络连接

其中，UUID 是网卡的唯一识别号，由一系列的数字、字母和短杠组成，UUID 是将网卡 MAC 地址通过算法计算出的唯一的信息。

实例：使用 nmcli connection show 命令查看指定的网络连接配置，如图 8-22 所示。

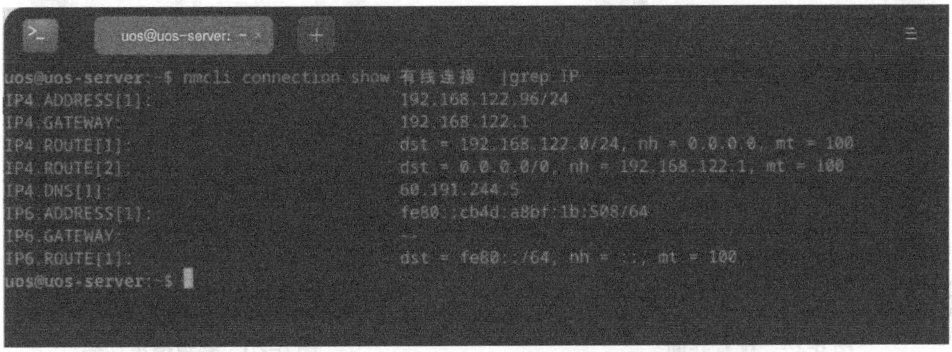

图 8-22　使用 nmcli connection show 命令查看网络连接配置

在图 8-22 中，主机的有线连接、相关的 IP 地址、子网掩码、路由、DNS 信息可以全部显示出来，也可以使用 nmcli 命令对这些配置进行修改，例如，修改 DNS 服务器，如图 8-23 所示。

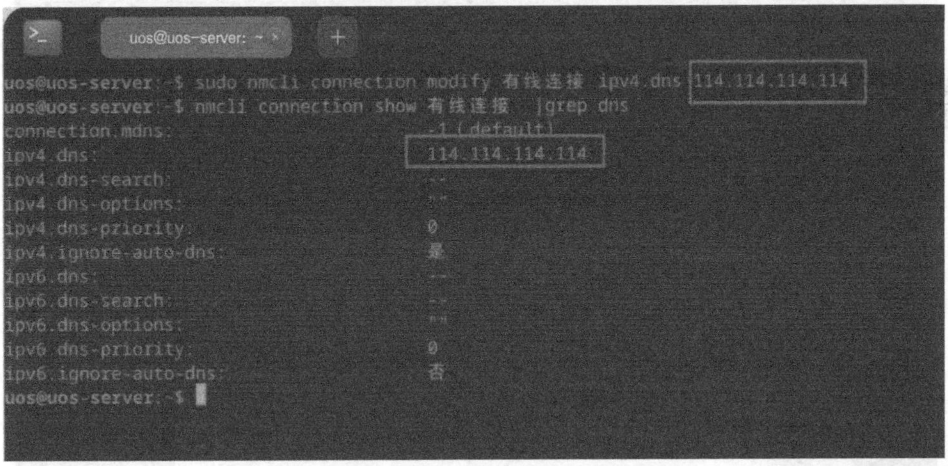

图 8-23　使用 nmcli 命令修改 DNS 服务器

（3）nmtui 命令。

nmtui 命令相对 nmcli 命令来说提供了一个 GUI 的界面，能够实现 nmcli 命令同样的功能，而且对于管理员来说更加友好，更受管理员的喜爱。只

nmtui 命令视频

要在国产操作系统的终端中运行 sudo nmtui 命令，回车后即可进入配置界面，配置界面如图 8-24 所示。

在图 8-24 中，nmtui 的主要功能分为三块：编辑连接、启用连接和设置系统主机名。

① 编辑连接功能。用户可以修改指定连接的网络参数，包括 IP 地址、子网掩码、网关、路由、DNS 服务器等。编辑指定连接如图 8-25 所示。

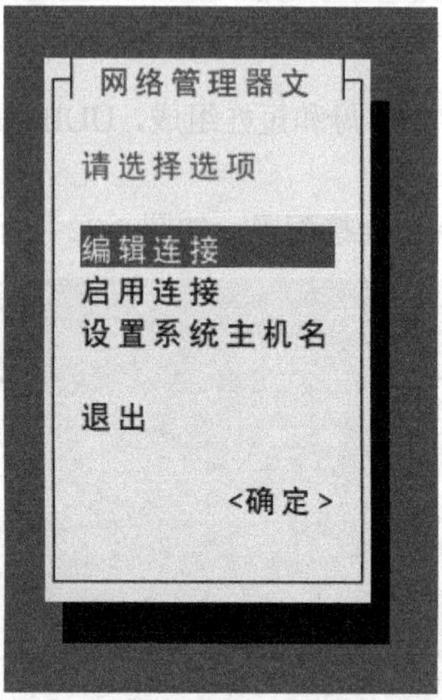

图 8-24　配置界面

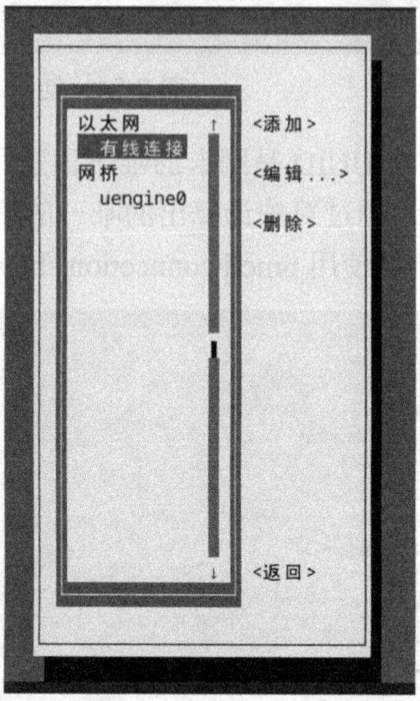

图 8-25　编辑指定连接

编辑具体的连接“有线连接”，通过键盘方向键切换到“编辑”，回车后即可切换到“有线连接”的参数设置界面，如图 8-26 所示。

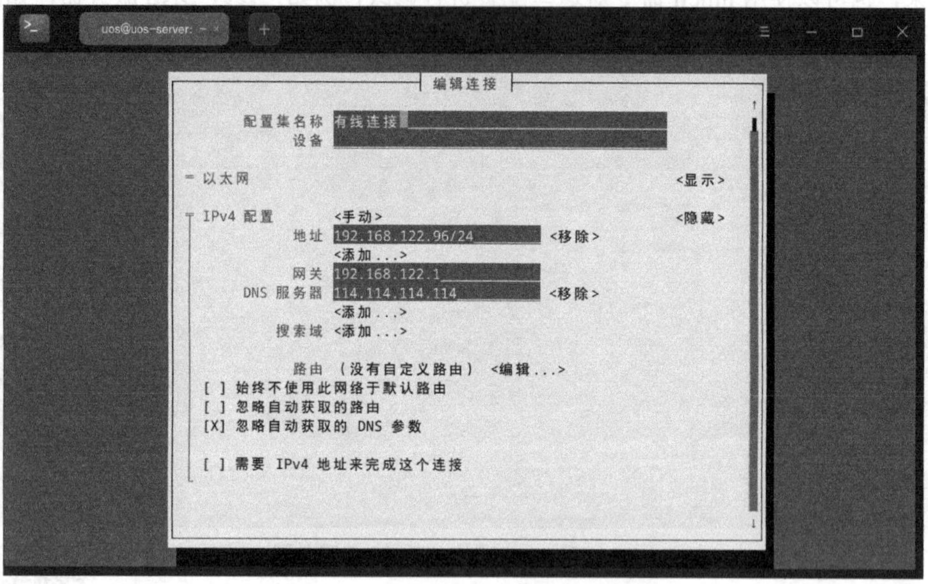

图 8-26　“有线连接”的参数设置界面

在图 8-26 中可以完成需要的网络参数设置，例如，IPv4 地址、网关、DNS 服务器、路由等。选项之间，可以通过 Tab 键进行切换，根据光标位置输入具体配置内容。配置完成后，将光标移动到最下方的<确定>上按回车键，如图 8-27 所示。

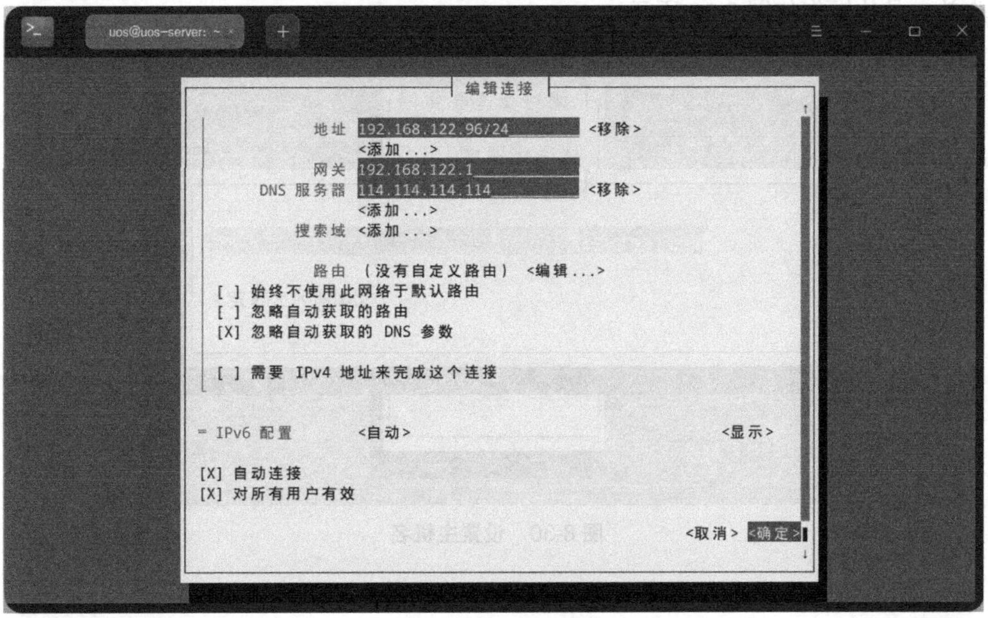

图 8-27　配置完成

需要注意的是，确定后，设置并没有生效，需要重新启用该连接才行，具体操作见第②部分——启用连接功能。

② 启用连接功能。将光标切换到“启用连接”并按回车键，如图 8-28 所示。

将光标移动到“停用”上，按回车键，再次按回车键，即“启用”，如图 8-29 所示，说明刚刚我们完成了一次对“有线连接”的重新启用，如此，前面对“有线连接”网络参数的修改方能生效。

图 8-28　启用连接

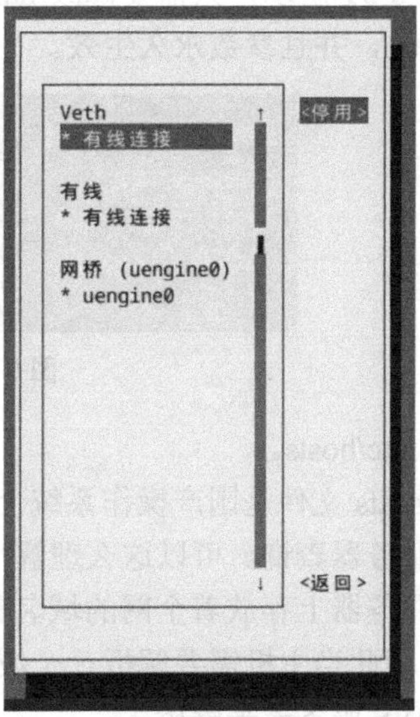

图 8-29　停用

③ 设置系统主机名功能。此功能同前面介绍的 hostnamectl 功能一样，修改主机名后能永久生效，具体操作如图 8-30 所示。

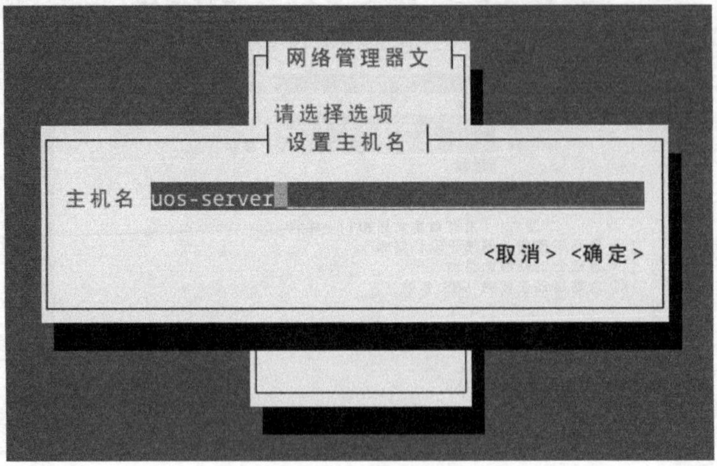

图 8-30 设置主机名

3. 使用配置文件修改网络参数

国产操作系统还提供了一种通过修改配置文件的方式修改网络参数。这里介绍以下几个配置文件：/etc/resolv.conf、/etc/hostname、/etc/NetworkManager、/etc/services、/etc/hosts 等。

（1）/etc/resolv.conf。

/etc/resolv.conf 是主机 DNS 服务器的配置文件，用于指定 DNS 服务器来将域名解析为 IP 地址。

常见网络参数配置文件视频

参数含义：

nameserver DNS 服务器 IP 地址：指定主机 DNS 服务器地址。

如图 8-31 所示，只需要修改 nameserver 字段，即可完成 DNS 服务器的参数修改，并且参数永久生效。

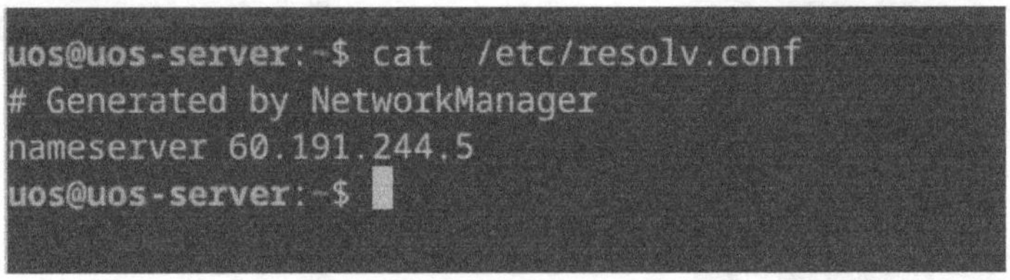

图 8-31 指定主机 DNS 服务器

（2）/etc/hosts。

/etc/hosts 文件是国产操作系统上一个负责 IP 地址与域名快速解析的文件，它的优先级高于 DNS 服务器查询。可以这么理解，这是域名和 IP 地址的本地数据解析库，需要人工设置，而 DNS 服务器上存放着全网的域名和 IP 地址的外部数据解析库，而 hosts 文件只有手动添加的部分，因此当主机需要解析一个域名的时候，优先查询/etc/hosts 文件，如查询不到，才会去请求 DNS 服务器来解析。

参数如下：

IP 地址 域名

配置文件如图 8-32 所示。

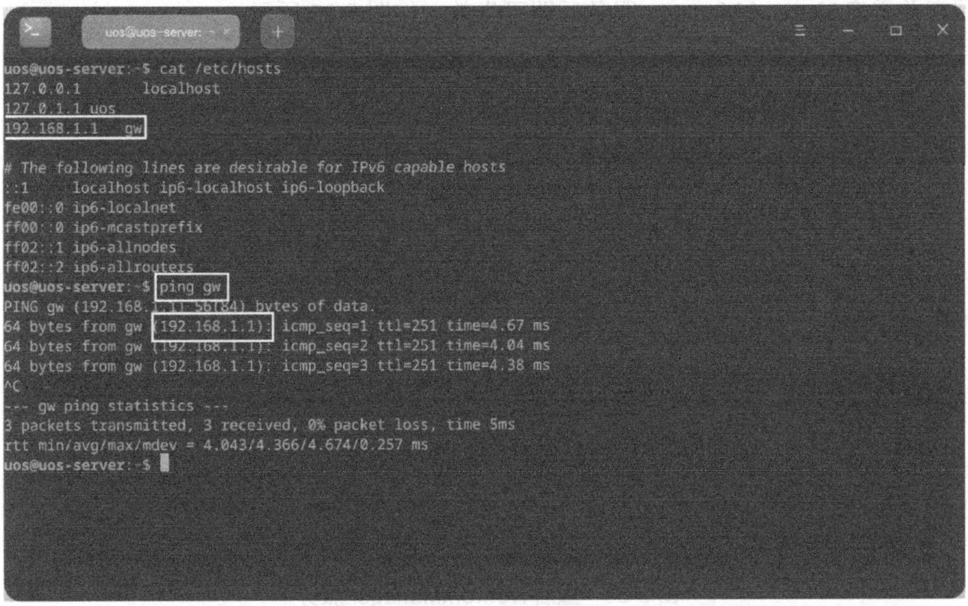

图 8-32 配置文件

在图 8-32 中，在/etc/hosts 文件内手动设置一个 gw 和 192.168.1.1 的解析项，输入 ping gw 命令后，返回结果为 192.168.1.1，说明主机已经将域名 gw 解析为 192.168.1.1。

（3）/etc/hostname。

/etc/hostname 文件是国产操作系统主机名的配置文件，修改主机名时，只需要编辑 hostname 文件，在文件中输入新的主机名并保存该文件即可，如图 8-33 所示。

uos@uos-server:~$ cat /etc/hostname
uos-server
uos@uos-server:~$

图 8-33 主机名的配置文件

（4）/etc/NetworkManager。

/etc/NetwokManager 目录就是使用 NetworkManager 方式配置的文件，除了使用 nmcli 和 nmtui 进行配置以外，也可以直接修改对应配置文件内容，保存后重启 NetworkManager 使服务生效。

进入/etc/NetworkManager/system-connections 目录下，即可看到所有的网络连接对应的配置，如图 8-34 所示。

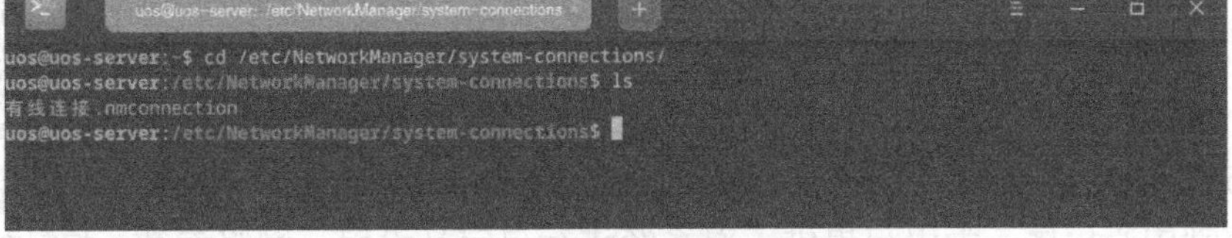

图 8-34 查看网络连接配置

在图 8-34 中，有线连接的配置文件为“有线连接.nmconnection”，可以对该文件进行修改，保存并重启 NetworkManager 服务后即可生效，如图 8-35 所示。

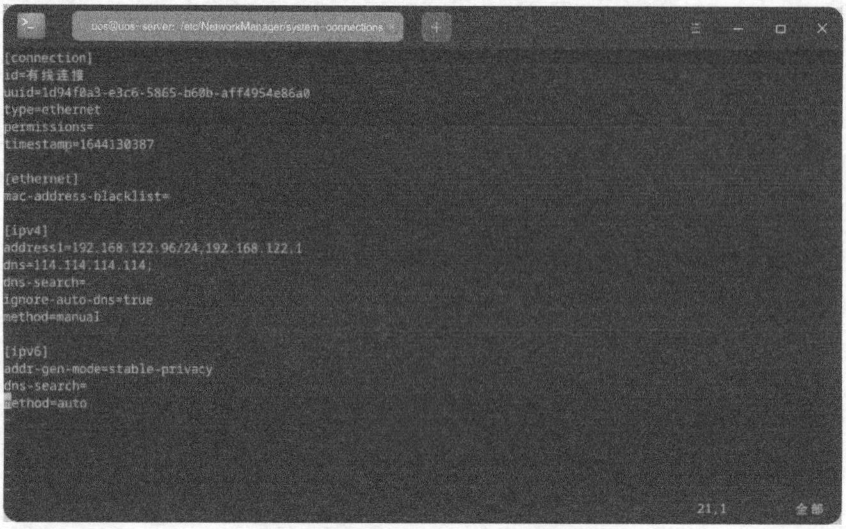

```
[connection]
id=有线连接
uuid=1d94f8a3-e3c6-5865-b68b-aff4954e86a0
type=ethernet
permissions=
timestamp=1644130387

[ethernet]
mac-address-blacklist=

[ipv4]
address1=192.168.122.96/24,192.168.122.1
dns=114.114.114.114;
dns-search=
ignore-auto-dns=true
method=manual

[ipv6]
addr-gen-mode=stable-privacy
dns-search=
method=auto
```

图 8-35　重启 NetworkManager 服务

（5）/etc/services。

/etc/services 文件列出了国产操作系统中所有可用的网络服务、所使用的端口号以及通信协议等。两个网络服务不能使用同一个端口号进行通信，否则会造成冲突。用户可以查看系统当前提供的网络服务但无法修改此文件。查看网络服务如图 8-36 所示。

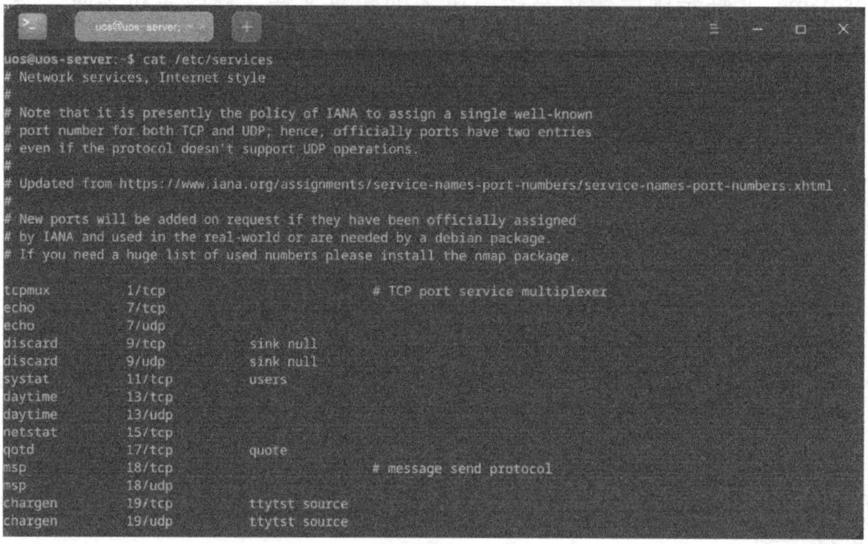

```
uos@uos-server:~$ cat /etc/services
# Network services, Internet style
#
# Note that it is presently the policy of IANA to assign a single well-known
# port number for both TCP and UDP; hence, officially ports have two entries
# even if the protocol doesn't support UDP operations.
#
# Updated from https://www.iana.org/assignments/service-names-port-numbers/service-names-port-numbers.xhtml .
#
# New ports will be added on request if they have been officially assigned
# by IANA and used in the real-world or are needed by a debian package.
# If you need a huge list of used numbers please install the nmap package.

tcpmux          1/tcp                           # TCP port service multiplexer
echo            7/tcp
echo            7/udp
discard         9/tcp           sink null
discard         9/udp           sink null
systat          11/tcp          users
daytime         13/tcp
daytime         13/udp
netstat         15/tcp
qotd            17/tcp          quote
msp             18/tcp                          # message send protocol
msp             18/udp
chargen         19/tcp          ttytst source
chargen         19/udp          ttytst source
```

图 8-36　查看网络服务

4. 使用桌面控制中心配置网络参数

设计一个国产操作系统时，设计的重点之一就是提供符合国人习惯的桌面 UI，统信 UOS 系统核心 DDE（Deepin Desktop Development）桌面环境提供了控制中心程序，为用户提供了对系统进行自定义设置。网络参数

控制中心修改网络参数视频

也可以非常方便地在控制中心进行设置和查看，下面对控制中心—网络进行介绍。

（1）控制中心网络入口，如图 8-37 所示。

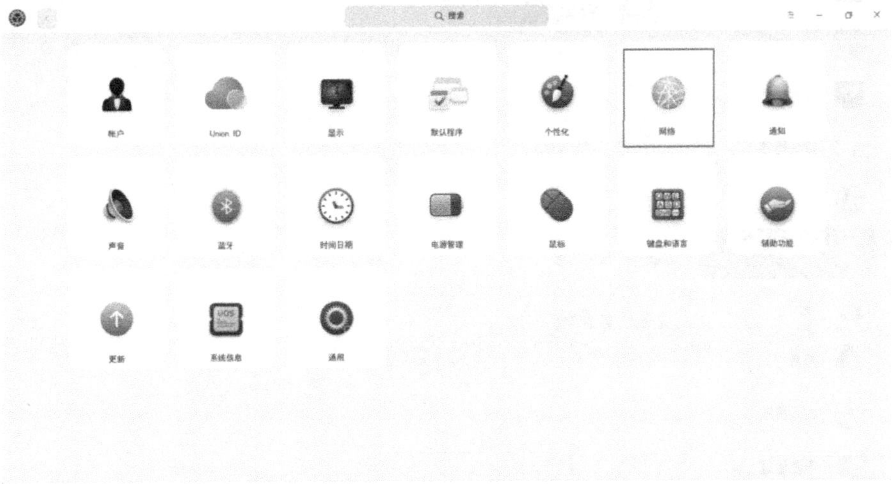

图 8-37　控制中心网络入口

（2）网络详情查看。由控制中心进入网络设置模块后，在二级菜单中选择“网络详情”，即可看到所有网络连接的参数信息，如图 8-38 所示。

图 8-38　网络详情

（3）网络参数设置。在网络设置模块二级菜单中，选择“有线网络”，即可对有线连接参数进行设置，可以新建一个连接，也可以删除和修改已知的连接。值得注意的是，每个网络设备同一时间只能启用一个网络连接。

① 新建网络连接，如图 8-39 所示。

图 8-39　新建网络连接

在图 8-40 中，添加网络连接“有线连接 1”，即可对“有线连接 1”进行参数设置，IPv4 选择“自动”即 DHCP 自动获取 IP，选择“手动”即可手动设置 IP 地址、掩码和网关。

图 8-40　添加网络

② 删除网络连接，如图 8-41 所示。

在图 8-41 中，当我们需要删除一个不必要的网络连接时，可进入该网络连接设置页，找到最上方的“删除”按钮，单击即可。

图 8-41　删除网络连接

③ 修改网络连接，如图 8-42 所示。

图 8-42　修改网络连接

在图 8-42 中，进入指定的网络连接设置页，可以根据需求自定义设置 IP 地址、子网掩码、网关等网络参数。

单元 8.3　管理远程桌面

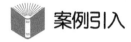

案例引入

【案例导读】

8.3 案例导读

感动中国人物马旭——涓滴见沧海

武汉一位退休老人向家乡木兰县教育局捐赠 1000 万元，引起了广泛的关注。这笔巨款是马旭与丈夫一分一毫几十年积累而来的。他们至今生活简朴，住在一个不起眼的小院里。网友纷纷向两位老人致敬、点赞。

颁奖辞：少小离家乡音无改，曾经勇冠巾帼，如今再让世人惊叹。以点滴积蓄汇成大河，灌溉一世的乡愁，你毕生节俭只为一次奢侈，耐得清贫守得心灵的高贵。

【案例分析】

我们生活在这个社会中一定会受到别人的帮助，也帮助过别人，但是当我们距离比较远时，即使我们想帮助别人，也鞭长莫及。但计算机的世界是不同的，只要我们能进行网络通信，我们就可以通过网络像登录我们自己的计算机一样登录到别人的计算机，来解决那些需要远程帮助的对象。

8.3 案例分析

【专业知识】

当某台计算机开启了远程桌面连接功能后，就可以在网络的另一端控制这台计算机了，通过远程桌面功能可以实时操作这台计算机。在这台计算机上安装软件、运行程序，所有的一切都好像是直接在该计算机上操作的一样，这就是远程桌面的最大功能。通过该功能网络管理员可以在家中安全地控制单位的服务器，而且由于该功能是系统内置的，所以比其他第三方远程控制工具使用更方便、更灵活。

8.3.1　UOS 远程协助

UOS 自带局域网远程工具，在启动器中搜索“远程协助”，第一次打开需要先勾选同意用户许可协议，然后进入软件界面，如图 8-43 所示。

输入对方 IP 地址，连接方式可选择“远程连接申请”或者“验证账号密码”。若选择“远程连接申请”方式，则对方计算机上会有弹窗提示允许远程，对方确认后即可进入远程桌面；若选择“验证账号密码”方式，则需要输入对方计算机的登录账号及密码方可进入远程桌面。

8.3.2　OpenSSH 服务器

SSH 是一种允许两台计算机之间通过安全的连接进行数据交换的网络安全数据传输软件。OpenSSH 则是 SSH 的开源实现，在统信 UOS 家庭版中采用了 OpenSSH，分为服务端和客户端。

图 8-43　远程工具软件界面

（1）OpenSSH 的安装。

图 8-44 所示的信息表示 OpenSSH 已安装。

```
uos@uos:~/Desktop$ apt list --installed |grep openssh

WARNING: apt does not have a stable CLI interface. Use with caution in scripts.

openssh-client/now 1:7.9p1.6-1+dde amd64 [已安装，本地]
openssh-server/now 1:7.9p1.6-1+dde amd64 [已安装，本地]
openssh-sftp-server/now 1:7.9p1.6-1+dde amd64 [已安装，本地]
```

图 8-44　查看 OpenSSH 是否已安装

（2）OpenSSH 的状态、启动、关闭及重启。

OpenSSH 的服务名为 ssh，使用格式如下：

service ssh status/start/stop/restart

【SSH 的查询及启动】

图 8-45 所示的信息显示默认 SSH 服务为关闭状态，启用后，查看状态为开启，PID 为 44409。

```
uos@uos:~/Desktop$ service ssh status
● ssh.service - OpenBSD Secure Shell server
   Loaded: loaded (/lib/systemd/system/ssh.service; disabled; vendor preset: enabled)
   Active: inactive (dead)
     Docs: man:sshd(8)
           man:sshd_config(5)
uos@uos:~/Desktop$ service ssh start
uos@uos:~/Desktop$ service ssh status
● ssh.service - OpenBSD Secure Shell server
   Loaded: loaded (/lib/systemd/system/ssh.service; disabled; vendor preset: enabled)
   Active: active (running) since Wed 2022-02-02 13:04:49 CST; 3s ago
     Docs: man:sshd(8)
           man:sshd_config(5)
  Process: 44408 ExecStartPre=/usr/sbin/sshd -t (code=exited, status=0/SUCCESS)
 Main PID: 44409 (sshd)
    Tasks: 1 (limit: 4570)
   Memory: 1.7M
   CGroup: /system.slice/ssh.service
           └─44409 /usr/sbin/sshd -D
```

图 8-45　SSH 服务

【SSH 的重启】

图 8-46 所示的信息显示，SSH 的重启过程是关闭后重新打开的过程，PID 从 44409 变为 45263。

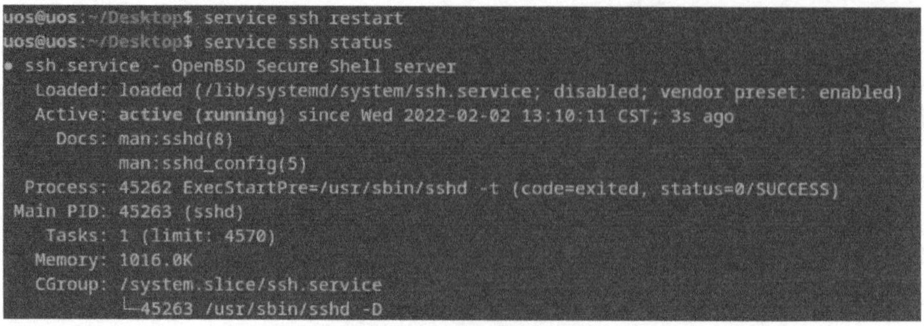
uos@uos:~/Desktop$ service ssh restart
uos@uos:~/Desktop$ service ssh status
● ssh.service - OpenBSD Secure Shell server
Loaded: loaded (/lib/systemd/system/ssh.service; disabled; vendor preset: enabled)
Active: active (running) since Wed 2022-02-02 13:10:11 CST; 3s ago
Docs: man:sshd(8)
man:sshd_config(5)
Process: 45262 ExecStartPre=/usr/sbin/sshd -t (code=exited, status=0/SUCCESS)
Main PID: 45263 (sshd)
Tasks: 1 (limit: 4570)
Memory: 1016.0K
CGroup: /system.slice/ssh.service
└─45263 /usr/sbin/sshd -D

图 8-46　SSH 的重启

（3）OpenSSH 的配置文件/etc/ssh/sshd_config。

配置文件中提供了对 OpenSSH 服务器运行参数的修改和设置。

修改配置文件的格式为：vim /etc/ssh/sshd_config（注：SSH 配置文件属于系统文件，需要调用 root 权限）。OpenSSH 的配置如图 8-47 所示。

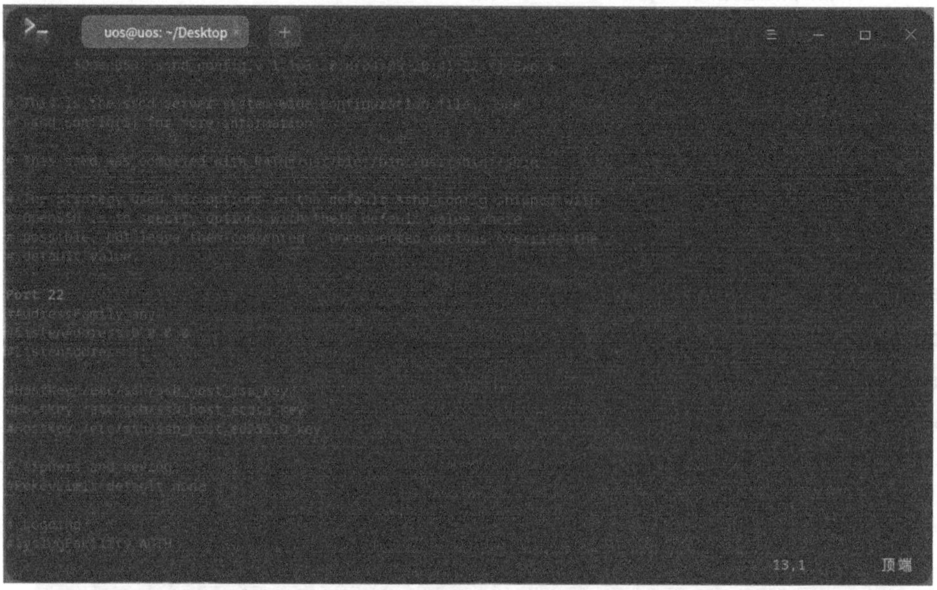
uos@uos: ~/Desktop
Port 22
13,1
顶端

图 8-47　OpenSSH 的配置

（4）登录 OpenSSH 服务器。

Linux 系统直接使用 ssh 命令登录 OpenSSH，Windows 系统则需要第三方软件，例如 PuTTY 或者 SecureCRT。

ssh 命令：

ssh［选项］IP 地址

【例 8-1】在 Linux 系统中登录 IP 地址为 192.168.71.131 的计算机。

首次连接需要确认是否继续连接，输入 yes 后，按回车键，然后在 password 后输入远程计算机的登录密码，按回车键，即可登录成功，如图 8-48 所示。

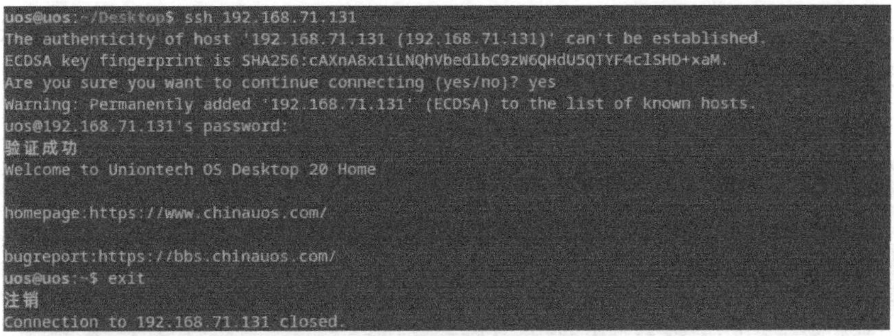

uos@uos:~/Desktop$ ssh 192.168.71.131
The authenticity of host '192.168.71.131 (192.168.71.131)' can't be established.
ECDSA key fingerprint is SHA256:cAXnA8x1iLNQhVbedlbC9zW6QHdU5QTYF4clSHD+xaM.
Are you sure you want to continue connecting (yes/no)? yes
Warning: Permanently added '192.168.71.131' (ECDSA) to the list of known hosts.
uos@192.168.71.131's password:
验证成功
Welcome to Uniontech OS Desktop 20 Home
homepage:https://www.chinauos.com/
bugreport:https://bbs.chinauos.com/
uos@uos:~$ exit
注销
Connection to 192.168.71.131 closed.

图 8-48　远程计算机的登录

第二次登录，只需要输入密码即可，如图 8-49 所示。

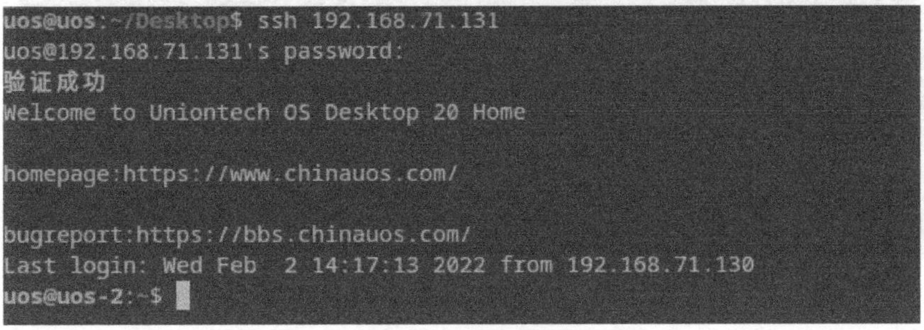

uos@uos:~/Desktop$ ssh 192.168.71.131
uos@192.168.71.131's password:
验证成功
Welcome to Uniontech OS Desktop 20 Home
homepage:https://www.chinauos.com/
bugreport:https://bbs.chinauos.com/
Last login: Wed Feb 2 14:17:13 2022 from 192.168.71.130
uos@uos-2:~$

图 8-49　再次登录

【例 8-2】在 Windows 系统中使用 PuTTY 远程登录 192.168.3.7 的计算机。

具体操作步骤如下：

（1）打开 PuTTY，在“Host Name”中输入目标计算机的 IP 地址，如图 8-50 所示。

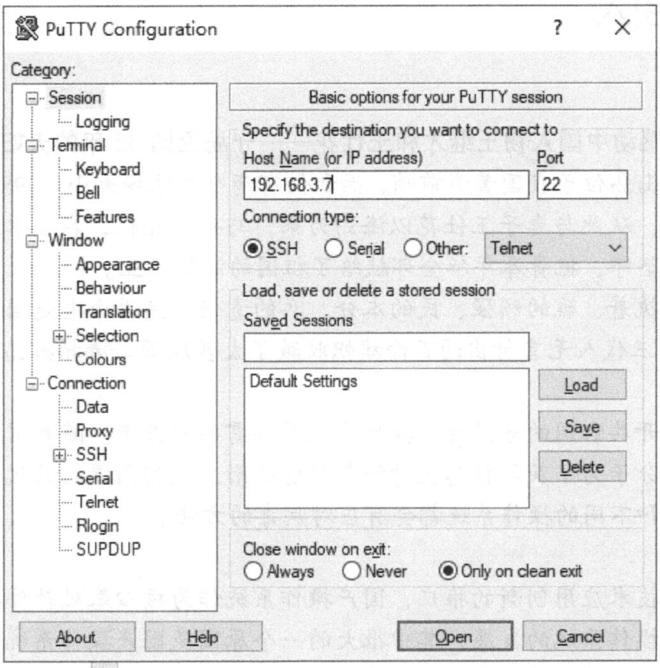

图 8-50　PuTTY 输入 IP 地址

（2）单击“Open”按钮，弹窗提示登录账户名，输入账户名后按回车键，提示输入密码，在 password 后输入登录密码再按回车键，即可进入远程桌面的 Shell 环境，如图 8-51 所示。

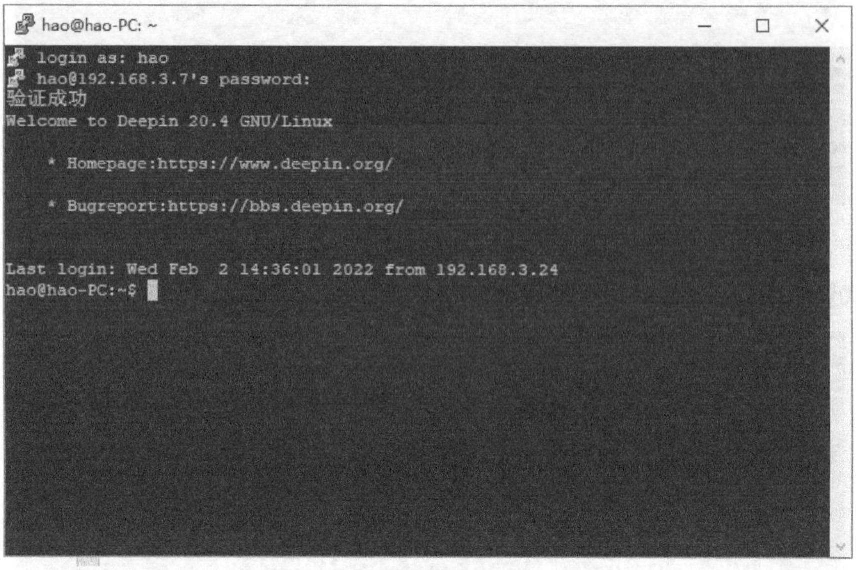

图 8-51　登录远程桌面的 Shell 环境

单元 8.4　管理国产操作系统安全

案例引入

8.4 案例导读、分析

【案例导读】

感动中国人物王继才和王仕花——守岛卫国 32 年的夫妇

江苏灌云县开山岛位于我国黄海前哨，面积仅有两个足球场大小。1986 年，26 岁的王继才接受了守岛任务，从此与妻子王仕花以海岛为家，与孤独相伴，在没水没电、植物都难以存活的孤岛上默默坚守，把青春年华全部献给了祖国的海防事业。

颁奖辞：浪的执着、礁的顽强、民的本分、兵的责任。岛再小也是国土，家未立也要国先安。32 年驻守，三代人无言付出两百面旗帜收藏了太多风雨。涛拍孤岛岸、风颂赤子心！

【案例分析】

国家安全离不开共和国的守卫者，操作系统同样需要守卫者。随着网络的发展，各种病毒传播开来，不法分子为了获取信息主动给各种资源附上能利用漏洞的代码，进而在各种系统上获取资源。各种不同的操作系统都会有应对病毒的方法。

【专业知识】

随着国家信息技术应用创新的推广，国产操作系统作为核心基础软件也不断得到普及。国家如此看重国产操作系统的发展，其中很大的一个原因是国产操作系统的相对安全性。因此，本节会通过几个方面简要地介绍国产操作系统的安全设置，帮助大家创建一个更安全的操作系统环境。

8.4.1 UOS 账户安全

1. 口令复杂度策略

用户如果要控制整个系统，需要管理员账户密码。对于密码口令需要设置强口令，强口令具有不易被暴力破解的特性，因此需要设置一个复杂的口令密码。统信 UOS 系统提供图形化的口令复杂度设置，打开系统自带的安全工具即可进行相关设置，如图 8-52 所示。

UOS 账户安全视频

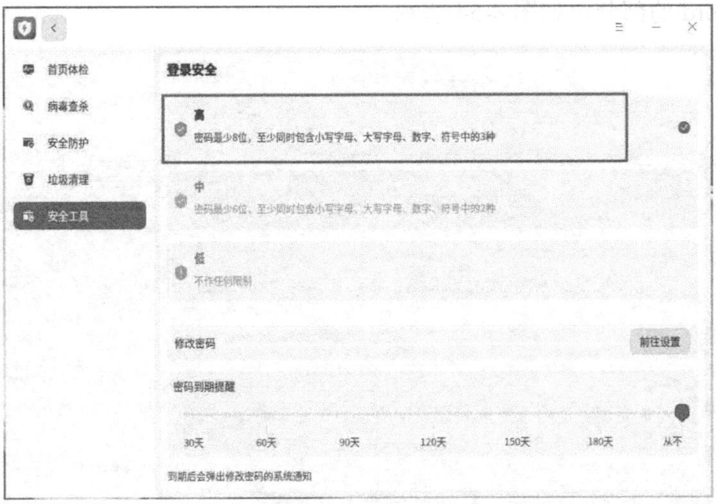

图 8-52　安全工具

当口令复杂度设置为“高”级别后，密码口令需要同时满足包含小写字母、大写字母、数字和符号中的 3 种，且密码长度必须为 8 位。

2. 密码有效天数策略

除了设置强口令之外，密码也可以定时修改。设置密码有效天数，系统会定时要求管理员对密码进行修改，对系统账户安全提供更进一步的保护。打开控制中心，在“账户”设置页，设置“密码有效天数”即可，如图 8-53 所示。

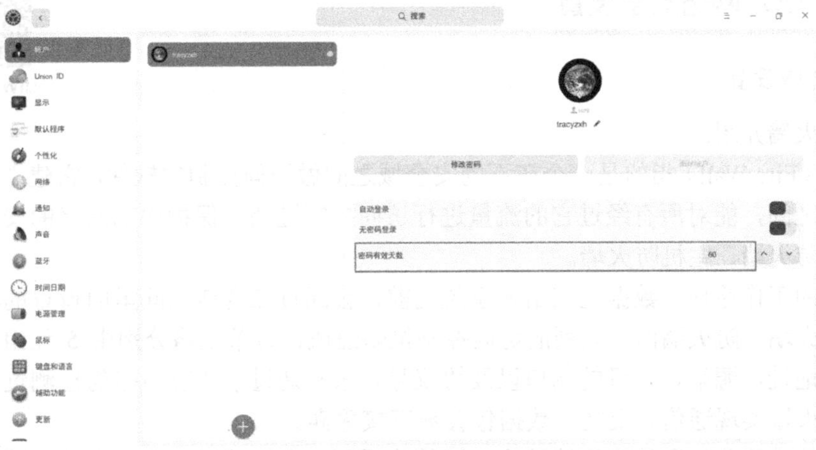

图 8-53　密码有效天数设置

8.4.2 UOS 登录安全

UOS 登录安全视频

1. 登录失败账户锁定策略

当系统用户连续认证失败后，建议配置账户锁定策略，可以有效防止密码被暴力破解。

设置方法如下：更改//var/lib/deepin/authenticate/config.json 配置文件，修改 type=password 的部分，如图 8-54 所示。

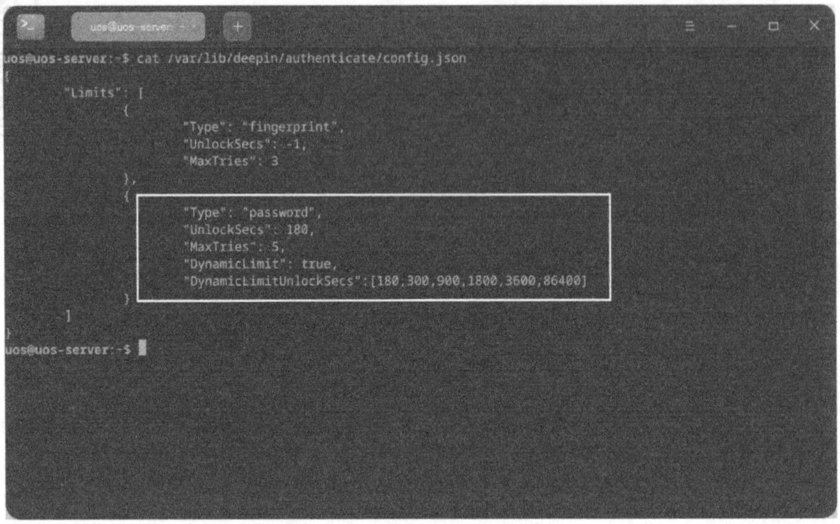

图 8-54　账户锁定

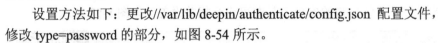

在图 8-54 中，MaxTries 表示连续 5 次认证失败即发出账户锁定命令；UnlockSecs 表示锁定时间为 180 秒；DynamicLimit=true 表示开启动态限制，即随着认证次数增加，锁定时长也会相应增加；DynamicLimitUnlockSecs 表示动态限制时间策略，图 8-54 中的策略为第 6 次失败锁定 300 秒，第 7 次失败锁定 900 秒，不断累加。

8.4.3 UOS 网络安全设置

ufw 防火墙策略视频

1. 防火墙设置

（1）防火墙介绍。

防火墙（Fire Wall）指的是一个在不同安全域之间做访问控制的软件，它建立在内部网络和外部网络之间，能对所有经过它的流量进行访问控制过滤，保护内部网络的安全。防火墙又分为边界防火墙、主机防火墙。

防火墙的工作原理：数据包在出入系统之前，会通过在内核空间里面设置的转发关卡，即所谓的防火墙。防火墙由一系列的访问控制策略组成，每条策略分别由 5 元组组成，即源地址、目的地址、源端口、目的端口以及协议号，只有通过了所有策略的检测过滤允许后，才能通过防火墙实现通信。反之，数据包会被直接丢弃。

防火墙的策略分为通策略和堵策略。通策略需要定义谁能进，未定义的则默认被丢弃；堵策略需要定义谁不能进，未定义的则默认允许进入。用户可以根据需求，选择任意一种策略，形成策略表，防火墙默认对出的流量不做控制。

（2）防火墙安装。

安装命令：sudo apt install ufw -y，如图 8-55 所示。

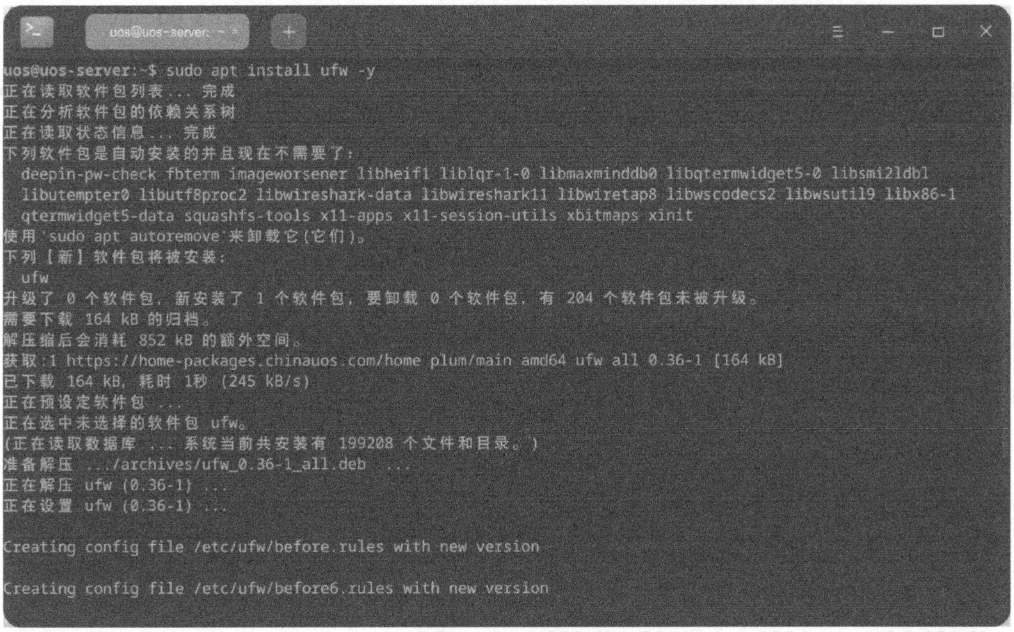

图 8-55　防火墙的安装

（3）防火墙启用。

命令 1：sudo ufw enable

命令 2：sudo ufw　default　deny

运行上述两条命令，开启防火墙（系统启动后防火墙也能自启动）。这里采用通策略，默认禁用外部对系统的访问，本机对外部的访问则不影响。防火墙的启用，如图 8-56 所示。

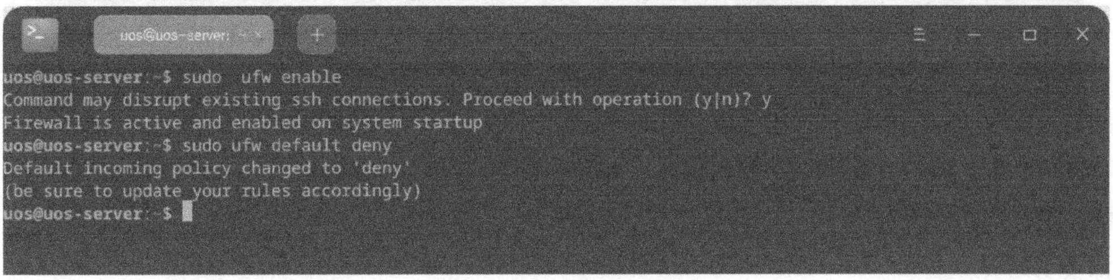

图 8-56　防火墙的启用

（4）防火墙策略设置。

① 允许外部访问本机 80 端口号。使用的命令如下：

sudo ufw allow 80

② 禁止外部访问本机 TCP 协议的 22 端口号。使用的命令如下：

sudo ufw deny 22/tcp

③ 允许外部的 192.168.1.1 地址访问本机。使用的命令如下：

sudo ufw allow from 192.168.1.1

④ 禁止外部的 192.168.1.0 网段访问本机。使用的命令如下：

sudo ufw deny from 192.168.1.0/24

实例：通过五元组设置防火墙策略做更高要求的访问控制规则。使用的命令如下：

sudo ufw allow proto tcp from 192.168.122.96 port 2000 to 192.168.122.1 port 80

在图 8-57 中，策略分别设置了源 IP 地址、源端口、目的 IP 地址、目的端口，以及协议。其中 ALLOW 表示满足此策略要求的数据包允许与系统通信，proto　tcp 表示协议为 TCP 协议，From　192.168.122.96 表示源地址为 192.168.122.96，　2000 表示源端口为 2000，to 192.168.122.1 表示目的地址为 192.168.122.1，80 表示目的端口为 80 端口。

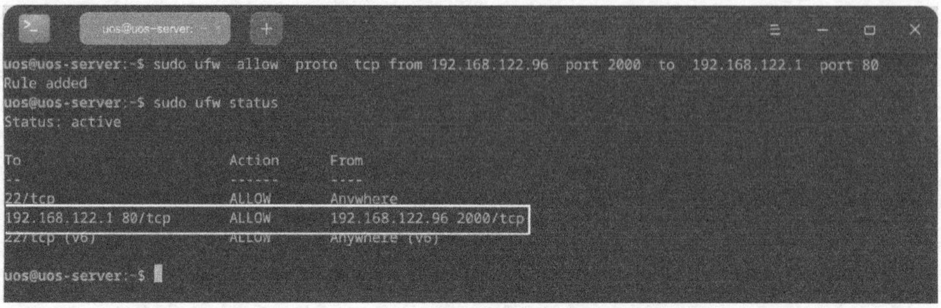

图 8-57　防火墙策略设置

实例：删除上述防火墙策略，命令如下：sudo ufw delete　allow　proto　tcp from 192.168.122.96　port 2000　to　192.168.122.1　port 80

图 8-58 显示策略已经被删除了。

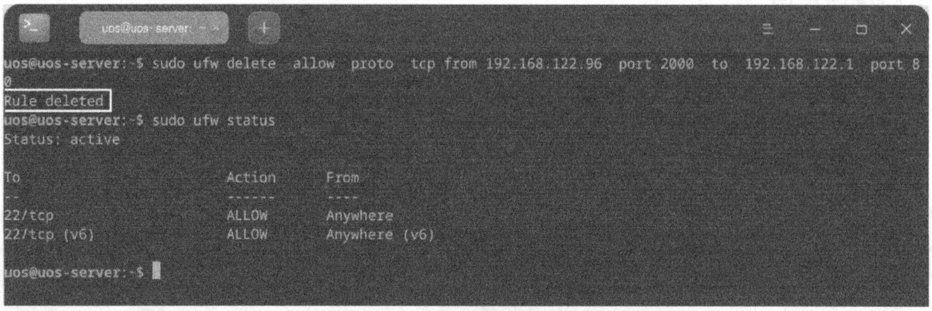

图 8-58　防火墙策略删除

⑤ 查看防火墙状态。

命令如下：

sudo ufw status

查看防火墙状态如图 8-59 所示。

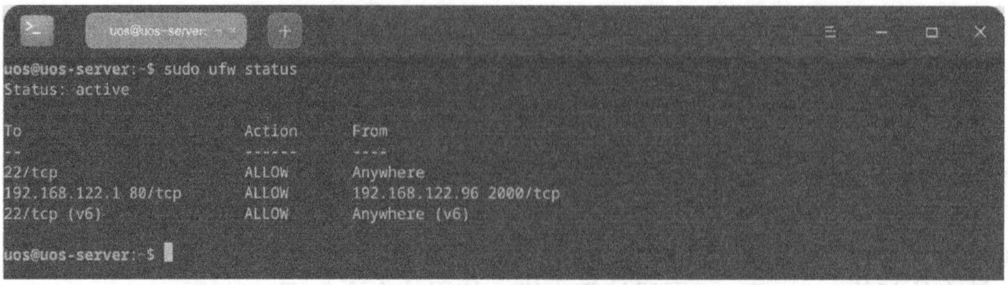

图 8-59　查看防火墙状态

2. UOS安全中心

UOS 安全中心是系统预装的安全辅助软件，主要包括首页体检、病毒查杀、安全防护、垃圾清理、安全等功能。

（1）首页。

打开安全中心，选择左侧导航栏的 “首页”。在首页单击“立即体检”按钮，进行系统体检，如图 8-60 所示。系统体检中，如图 8-61 所示，体检完后，可以对每个问题单独操作，比如账户密码安全等级较低、未设置锁屏时间等，单击“一键修复”按钮，可一键修复相关问题，如图 8-62 所示。

图 8-60　安全中心的系统体检

图 8-61　系统体检中

图 8-62　有问题的体检结果

（2）病毒查杀。

安全中心支持三种病毒扫描方式，分别为全盘扫描、快速扫描和自定义扫描，如图 8-63 所示。

打开安全中心，选择左侧导航栏的 “病毒查杀”。在病毒查杀界面，根据需求选择病毒扫描方式，扫描完成后会显示扫描结果。根据扫描结果，可以对每个风险项单独操作，也可以选择批量操作，如图 8-64 所示。

图 8-63　病毒查杀

图 8-64　异常现象

（3）安全防护。

打开安全中心，选择左侧导航栏的 “安全防护”。在安全防护界面，可以选择是否开启病毒防护、系统防护和网络防护功能，如图 8-65 所示。

图 8-65　安全防护

病毒防护功能默认开启，可以对接入计算机的 USB 存储设备进行病毒扫描。若发现 USB 存储设备文件有异常病毒，则可以进行相应的处理，保障系统避免病毒的侵害。

操作系统远程登录端口默认开启，当设置登录密码极其简单的时候，系统被入侵时容易被攻破。

远程访问控制对系统里有调用远程服务的应用进行管控，远程访问控制功能默认关闭。

联网控制对系统里的应用做联网的控制限制，联网控制功能默认关闭。

流量监控对系统里应用上网所使用的流量情况进行监控，流量监控功能默认关闭。

（4）垃圾清理。

操作系统在日常运行中会产生各种垃圾，当垃圾越来越多时，会影响系统的运行效率，浪费磁盘资源。建议定期清理垃圾，保障系统运行流畅，提升资源利用率，如图 8-66 所示。

图 8-66　垃圾清理

（5）安全工具。

打开安全中心，选择左侧导航栏的“安全工具”。在打开的安全工具界面，单击对应图标即可使用小工具。在流量监控界面，可查看当前联网应用和流量排名及查看应用互联网状态，如图 8-67 和图 8-68 所示。自启动应用仅显示启动器里的应用，包括应用名称、自启动状态和操作按钮。每个应用可选择允许或禁止开机自启动，如图 8-69 所示。联网控制用于设置启动器中单个应用联网的状态，每个应用或服务下拉框有三种选项。在 USB 安全界面，可以查看带存储功能的 USB 设备连接计算机的记录，还可以将常用的 USB 设备加入白名单，设置只允许白名单设备连接计算机，防止计算机数据泄露，如图 8-70 所示。在登录安全界面，可以设置密码安全等级，还可以设置密码到期提醒时间，定期更换密码。

图 8-67　查看当前联网应用和流量排名

图 8-68　查看应用联网状态

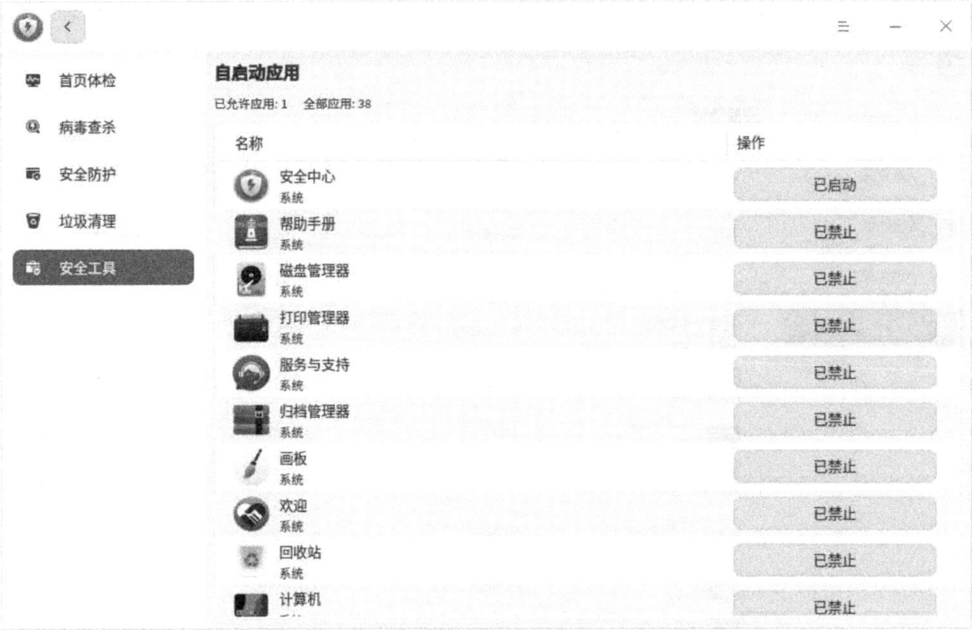

图 8-69　查看自启动应用

图 8-70　查看链接计算机的 USB 设备

知识总结

（1）TCP/IP 协议为传输控制协议/网际协议，是 Internet 中最基本的协议，也是全球使用最广泛的协议。TCP/IP 协议最核心的有主机名、IP 地址、子网掩码、域名、网关等网络参数。

（2）在国产操作系统中常用的网络调试命令有 ping、traceroute、arp、nslookup、telnet、ifconfig 等。

（3）在国产操作系统中有 4 种方式修改系统网络参数：命令方式、NetworkManager 方式、配置文件方式、控制中心方式。常见的命令方式有 ip address、ip link、route、hostnamectl 等。NetworkManager 是国产操作系统提供网络连接管理服务的软件，支持 nmcli 和 nmtui 两种管理工具。同时，也可以直接对 NetworkManager 的配置文件进行修改，重启 NetworkManager 服务后即可生效。

（4）通过 OpenSSH 服务器可以进行 SSH 加密远程管理，系统自带的远程协助软件，可以非常方便地进行局域网的桌面远程管理。

（5）国产操作系统一大特性就是安全，本书主要针对用户的账户安全、登录安全以及网络安全三个方面的相关安全设置做了简单介绍。在实际工作中，读者还需要更多的学习来进一步掌握国产系统安全设置相关的操作。

综合实训　国产操作系统网络与安全管理

【实训目的】

（1）掌握 TCP/IP 协议网络参数调试命令。

（2）掌握国产操作系统网络参数配置方法。

（3）掌握国产操作系统远程管理方法。

（4）掌握国产操作系统安全管理设置方法。

【实训内容】

（1）在国产操作系统上用命令解析新浪网域名的 IP 地址。

（2）在国产操作系统上用命令解析网关地址的 MAC 地址。

（3）在国产操作系统上用命令追踪访问百度所经过的路由器。

（4）通过 SSH 远程控制隔壁主机，并修改其主机名为 testhost。

（5）修改本机/etc/hosts 文件，添加 testhost 的主机名记录，并能通过 ping testhost 的测试。

（6）添加一条目的网段为 1.1.1.1 的路由，网关为本地网关。

（7）通过远程协助远程控制隔壁主机桌面，修改隔壁主机的 DNS 服务器为 114.114.114.114。

（8）给国产系统安装 ufw 防火墙，并设置默认禁止访问本机的策略。

（9）添加防火墙策略，允许局域网段访问本机。

火墙策略，禁止本机访问 8.8.8.8。

思考与练习

1. 选择题

（1）查看网络状态的命令是（　　）。

[A]netstat　　[B]ping　　[C]route　　[D]nslookup

（2）arp 命令能够将 IP 地址解析成（　　）。

[A]主机名　　[B]计算机名　　[C]域名　　[D]mac 地址

（3）（　　）命令可以显示和操作 IP 路由表。

[A]netstat　　[B]route　　[C]nslookup　　[D]traceroute

（4）以下（　　）命令无法修改国产操作系统主机名。

[A]hosts　　[B]nmtui　　[C]hostname　　[D]hostnamectl

（5）安全中心不支持以下哪种功能？（　　）

[A]病毒查杀　　[B]流量监控　　[C]计算机体检　　[D]补丁修复

（6）防火墙策略 5 元组不包含（　　）。

[A]源端口　　[B]源 IP 地址　　[C]协议　　[D]主机名

（7）以下（　　）是 TCP/IP 协议的网络参数。

[A]计算机名　　[B]账号　　[C]总线地址　　[D]MAC 地址

（8）设置防火墙策略的时候，其中 proto 表示（　　）意思。

[A]源 IP　　[B]目的端口　　[C]协议　　[D]MAC 地址

（9）以下（　　）方式设置的主机名不是永久生效的。

[A]修改/etc/hostname　　[B]hostname

[C]nmtui　　[D]hostnamectl

（10）nmcli 命令的（　　）参数用于查看系统的网络连接。

[A]connection　　[B]device　　[C]networking　　[D]monitor

2. 填空题

（1）国产操作系统支持__________和__________两种远程方式。

（2）国产操作系统网络管理软件 NetworkManager 包含__________和__________两种工具。

（3）本书从__________、__________和__________三个方面介绍了国产操作系统安全管理设置。

3. 判断题

（1）telnet 命令可以用来测试 TCP 端口是否连通。（　　）

（2）ping 命令只能测试 IP 地址连通性。（　　）

（3）国产操作系统设置 DNS 服务器的配置文件是/etc/resolv.conf。（　　）

（4）MAC 地址是唯一不变的。（　　）

（5）/etc/services 文件普通用户不能修改。（　　）

4. 简答题

（1）请简述如何在国产操作系统中实现 SSH 远程登录。

（2）请简单描述 nslookup 命令的作用。

（3）请写出禁止 1.1.1.1 访问 1.1.1.2 的 HTTP 服务的防火墙策略。

（4）请简述防火墙从安装到策略配置以及策略生效的过程。

参考文献

[1]统信软件技术有限公司. 统信 UOS 操作系统基础与应用教程[M]. 北京：人民邮电出版社，2021.

[2]张运嵩，刘正. Linux 操作系统基础项目教程[M]. 北京：人民邮电出版社，2021.

[3]张金石. Ubuntu Linux 操作系统[M]. 北京：人民邮电出版社，2020.

[4]曾德生，庞双龙. Linux 应用基础项目化教程[M]. 北京：电子工业出版社，2020.

[5]马丽梅，郭晴，张林伟. Ubuntu Linux 操作系统与实验教程[M]. 北京：清华大学出版社，2016.

反侵权盗版声明